当代生态环境规划丛书

长三角区域生态环境共同保护战略研究
——共建绿色美丽长三角

万 军 杨桂山 程翠云 葛察忠 董战峰 等 著

中国环境出版集团·北京

图书在版编目（CIP）数据

长三角区域生态环境共同保护战略研究：共建绿色美丽长三角/
万军等著. —北京：中国环境出版集团，2022.7
（当代生态环境规划丛书）
ISBN 978-7-5111-5208-4

Ⅰ.①长…　Ⅱ.①万…　Ⅲ.①长江三角洲—生态环境保护—
研究　Ⅳ.①X321.25

中国版本图书馆 CIP 数据核字（2022）第 129847 号

出 版 人　武德凯
责任编辑　葛　莉
责任校对　薄军霞
封面设计　金　山

出版发行　中国环境出版集团
　　　　　（100062　北京市东城区广渠门内大街 16 号）
　　　　　网　　址：http://www.cesp.com.cn
　　　　　电子邮箱：bjgl@cesp.com.cn
　　　　　联系电话：010-67112765（编辑管理部）
　　　　　发行热线：010-67125803，010-67113405（传真）
印　　刷　北京中科印刷有限公司
经　　销　各地新华书店
版　　次　2022 年 7 月第 1 版
印　　次　2022 年 7 月第 1 次印刷
开　　本　787×1092　1/16
印　　张　21.25
字　　数　410 千字
定　　价　148.00 元

当代生态环境规划丛书

学术指导委员会

总　序

　　保护生态环境，规划引领先行。生态环境规划是我国美丽中国建设和生态环境保护的一项基础性制度，具有很强的统领性和战略性作用。我国的生态环境规划与生态环境保护工作同时起步、同步发展、同域引领。1973 年 8 月，国务院召开了第一次全国环境保护会议，审议通过了《关于保护和改善环境的若干规定（试行草案）》，确定了我国生态环境保护的基本方针，即"全面规划、合理布局、综合利用、化害为利、依靠群众、大家动手、保护环境、造福人民"的"32 字方针"，"全面规划"就是"32 字方针"之首。

　　自 1975 年国务院环境保护领导小组颁布我国第一个国家环境保护规划《关于制定环境保护十年规划和"五五"（1976—1980 年）计划》以来，我国已编制并实施了 9 个五年的国家环境保护规划，目前正在编制第 10 个五年规划，规划名称经历了从环境保护计划到环境保护规划，再到生态环境保护规划的演变；印发层级从内部计划到部门印发，再升格为国务院批复和国务院印发，已经形成了一套具有中国特色的生态环境规划体系，为我国的生态环境保护发挥了重要作用。

　　党的十八大以来，生态文明建设被纳入"五位一体"总体布局，污染防治攻坚战成为全面建成小康社会的三大攻坚战之一，全国生态环境保护大会确立了系统完整的习近平生态文明思想，生态环境保护改革深入推进，生态环境规划也取得长足发展。这期间，生态环境规划地位得到提升，规划体系不断完善，规划基础与技术方法得到加强，规划执行效力显著提高，环境规划学科蓬勃发展，全国各地探索编制了一批优秀规划成果，对加强生态环境保护、打好污染防治攻坚战、提高生态文明水平发挥了重要作用。

　　党的十九大绘制了新时期中国特色社会主义现代化建设战略路线图，确立了建设美丽中国的战略目标和共建清洁美丽世界的美好愿景，是新时代生态环境保护的战略遵循。生态环境规划，要坚持以习近平生态文明思想为指导，以改善生态环境质量为核心，系统谋划生态环境保护的布局图、路线图、施工图，在美丽中国建设的宏伟征程中，进一步发挥基础性、统领性、先导性作用。

生态环境部环境规划院成立于 2001 年，是一个专注并引领生态环境规划与政策研究的国际型生态环境智库，主要从事国家生态文明、绿色发展、美丽中国等发展战略研究，开展生态环境规划理论方法研究和政策模拟预测分析，承担国家中长期生态环境战略规划、流域区域和城市环境保护规划、生态环境功能区划以及各环境要素和主要环保工作领域规划研究编制与实施评估，开展建设美丽中国和生态文明制度理论研究与实践探索。为了提高生态环境规划影响，促进生态环境规划行业研究和实践，生态环境部环境规划院于 2020 年启动"当代生态环境规划丛书"编制工作，总结全国近 20 年来在生态环境规划领域的研究与实践成果，与国内外同行交流分享生态环境规划的思考与经验，努力讲好生态环境保护"中国故事"。

"当代生态环境规划丛书"选题涵盖了战略研究、区域与城市、主要环境要素和领域的规划研究与实践，主要有 4 类选题。第一类是综合性、战略性规划（研究），包括美丽中国建设、生态文明建设、绿色发展和碳达峰、碳中和等规划；第二类是区域与城市规划，包括国家重大发展区域生态环境规划、城市环境总体规划、生态环境功能区划以及"三线一单"等；第三类是主要环境要素规划，包括水、气、生态、土壤、农村、海洋、森林、草地、湿地、保护地等生态环境规划等；第四类是主要领域规划，包括生态环境政策、风险、投资、工程规划等。

"当代生态环境规划丛书"注重在理论技术研究与实践应用两方面拓展深度和广度，注重与我国当前和未来生态环境工作实际情况相结合，侧重筛选一批具有创新性、引领性和示范性的典型成果，希望给读者一个全景式的分享。希望"当代生态环境规划丛书"的出版，可以为提升社会对生态环境规划与政策的认识、为有关机构编制实施生态环境规划、制定生态环境政策提供参考。

展望 2035 年，美丽中国目标基本实现，生态环境规划将以突出中国在生态环境治理领域的国际视野和全球环境治理的大国担当、系统谋划生态环境保护顶层战略和实施体系为目标，统筹规划思想、理论、技术、实践、制度的全面突破，统筹规划编制、实施、评估、考核、督查的全链条管理，建立国家—省—市县三级规划管理制度体系。

2021 年是生态环境部环境规划院建院 20 周年。值此建院 20 周年"当代生态环境规划丛书"出版之际，祝愿生态环境部环境规划院砥砺前行，不忘初心，勇担使命，在美丽中国建设的伟大征程中，继续绘好美丽中国建设的布局图、路线图、施工图。

中 国 工 程 院 院 士
生态环境部环境规划院院长
2020 年 1 月

前　言

　　长江三角洲（简称长三角）区域是我国经济发展最活跃、开放程度最高、创新能力最强的区域之一，在国家现代化建设和全方位开放格局中具有举足轻重的战略地位。2018 年 11 月，习近平总书记在首届中国国际进口博览会上宣布，支持长江三角洲区域一体化发展并上升为国家战略。2019 年 12 月，中共中央、国务院印发《长江三角洲区域一体化发展规划纲要》（以下简称《规划纲要》）。推进长三角区域一体化高质量发展成为新时期中国特色社会主义现代化建设的重要战略。

　　绿色是高质量发展的底色。《规划纲要》明确提出，坚持生态保护优先，把保护和修复生态环境摆在重要位置，加强生态空间共保，推动环境协同治理，夯实绿色发展生态基础，努力建设绿色美丽长三角。2020 年 8 月，习近平总书记在扎实推进长三角一体化发展座谈会上强调，长三角区域是长江经济带的龙头，不仅要在经济发展上走在前列，也要在生态保护和建设上带好头，不断夯实绿色发展基础。为深入贯彻习近平总书记关于长三角区域一体化发展要求，加强生态环境保护、促进高质量发展，贯彻落实《规划纲要》，生态环境部会同国家发展改革委、中国科学院以及上海市、浙江省、江苏省、安徽省（以下简称"三省一市"）生态环境厅（局），组织生态环境部环境规划院等技术单位，开展长三角区域生态环境保护规划研究，编制《长江三角洲区域生态环境共同保护规划》（以下简称《共保规划》）。

　　在生态环境部、国家发展改革委、中国科学院等单位指导下，生态环境部环境规划院联合中国科学院南京地理与湖泊研究所、中国国际工程咨询有限公司、上海市环境科学研究院、浙江省生态环境科学设计研究院、江苏省环境科学研究院、安徽省生态环境科学研究院、国家海洋环境监测中心、生态环境部南京环境科学研究所等单位，承担《共保规划》研究编制工作。技术组历时一年两个月，完成十八项专题研究课题，编制的《共保规划》由推动长三角一体化发展领导小组办公室印发。

　　为了便于有关机构、部门和专家学者能更好了解长三角区域生态环境共同保护的思路与要求，技术组将研究成果进行集成整理，形成了《长三角区域生态环境共同保护战略研究》。全书分为 13 章，包括区域生态环境形势分析、总体思路研究、区域绿色发展研究、区域大气环境共同保护研究、基于陆海统筹的水环境共同保护研究、区域船舶污染控制研究、区域土壤环境安全利用研究、区域应对气候变化研究、区域生态体系建设与生物多样性保护研究、区域固体废物协同共治研究、区域环境风险联合防控研究、重点地区生态环境跨界协调机制与政策研究、区域生态环境治理体系现代化建设研究等，基本涵盖了长三角区域生态环境保护的重点、难点、热点问题研究。

研究发现，近年来，三省一市政府和有关部门认真贯彻落实党中央、国务院关于生态文明建设和生态环境保护的决策部署，积极推动区域生态环境共保联治，促进高质量发展与高水平保护，取得显著成效。但是，长三角区域人口密集、资源开发强度大、城镇化发展水平高、开发历史悠久，生态环境面临一系列区域性、结构性突出问题：一是区域开发强度高，河湖水体及沿海滩涂占用，自然湿地萎缩明显，水环境质量改善效果不稳固，生物多样性保护面临威胁；二是区域资源能源消耗量大，结构性污染突出，以细颗粒物（$PM_{2.5}$）、臭氧（O_3）为特征的区域性大气污染明显，二氧化碳排放达峰压力大；三是区域内部生态环境差异大，解决跨界环境问题、实施生态补偿、协同推进生态环境共同保护的机制手段还有待完善；四是部分城市环境质量与经济社会发展水平尚不匹配，生态环境形势依然严峻。

研究提出，立足推进长三角一体化发展战略，从推动区域生态共同保护入手，聚焦2035年乃至更长时期建设绿色美丽长三角的战略目标，突破行政界限，按照"共推、共治、共保、共建、共创"的原则，探索制定分工合作、优势互补、统筹行动的共治联保方案，形成"1+1＞2"的一体化共赢局面。

研究建议，一是共同推进区域绿色发展布局优化、结构调整、生活方式转变，以"三线一单"（生态保护红线、环境质量底线、资源利用上线和生态环境准入清单）为基础，统筹构建生态环境分区管控体系，优化区域发展与保护格局，加强源头防控，推动部分地区和部分行业率先实现碳排放达峰。二是站在区域一体化的角度，以重点领域和关键环节为突破口，统筹解决太湖水环境保护与区域水源供给、长江水环境保护、京杭大运河环境保护、新安江—千岛湖生态补偿示范区建设、苏鲁皖豫地区空气污染的协同控制、机动车与船舶污染的协同防治、危险废物的合作处置等系统性、区域性、跨界性生态环境问题。三是在区域大的生态格局下，强化生态屏障、生态空间、生态廊道的共同保护，统筹山水林田湖草系统治理，建设沿江、沿河、沿湖、沿海生态防护带体系，强化河湖湿地系统建设，增强生态产品供给能力。四是共创跨区域跨部门协同共管格局，强化统一规划、统一标准、统一监测评价、统一执法监督，坚持引导性、激励性措施与强制性、惩罚性措施相结合，增强三省一市地方政府加强生态空间共保、推动环境协同治理的内生动力，积极解决区域生态环境保护资金投入不足、政策支持不够、监测监管能力不强的问题。

《长三角区域生态环境共同保护战略研究》由万军、葛察忠、杨桂山负责总体设计，万军、程翠云负责统稿。全书各章的具体分工如下：第 1 章由程翠云、杜艳春、李雅婷、路路撰写；第 2 章由程翠云、董战峰、张信、杜艳春撰写；第 3 章由程曦、蒋洪强、路路撰写；第 4 章由孙亚梅、冯悦怡、王燕丽撰写；第 5 章由续衍雪、万荣荣、孙宏亮、严冬、李方撰写；第 6 章由钟悦之、姚梦茵撰写；第 7 章由刘瑞平、宋志晓、孙宁撰写；第 8 章由曹丽斌撰写；第 9 章由徐昔保、金世超、欧维新、潘哲撰写；第 10 章由赵云皓、徐志杰撰写；第 11 章由曹国志、徐泽升撰写；第 12 章由苏伟忠、谭蕾、陈金晓撰写；第 13 章由杜艳春、程翠云、陈鹏撰写。

在长三角区域生态环境共同保护战略研究过程和本书编辑整理过程中，王金南院士全程给予悉心指导，郝吉明院士、吴丰昌院士等项目专家顾问团队及时给予指导帮助，生态环境部综合司及相关司局、国家发展改革委环资司、中国科学院科技局给予领导协调，上海市生态环境局、江苏省生态环境厅、浙江省生态环境厅、安徽省生态环境厅给予协调支持，上海市环境科学研究院、江苏省环境科学研究院、浙江省生态环境科学设计研究院和安徽省生态环境科学研究院提供全程支撑，谨此表示诚挚的感谢！

研究报告相关观点与数据，仅代表技术组在研究过程中的分析与考虑，涉及相关指标、任务、政策的表述，以《共保规划》和相关主管部门口径数据为准。由于时间仓促和技术组水平有限，疏漏和错误在所难免，还请读者多多谅解，并批评指正。

《长江三角洲区域生态环境共同保护规划》编制技术组

2021 年 10 月

目　录

第1章 区域基础与现状

长江三角洲（以下简称长三角）区域是我国经济发展最活跃、开放程度最高、创新能力最强的区域之一，是"一带一路"和长江经济带的重要交汇地带，在国家现代化建设大局和全方位开放格局中具有举足轻重的战略地位。

1.1 区域概况与发展历程

1.1.1 自然地理概况

长三角区域包括上海市、江苏省、浙江省、安徽省全域，共41个地级及以上城市，总面积为35.8万 km^2，2019年年末常住人口达2.27亿人。

长三角区域位于我国东部沿海地区与长江流域的接合部，是长江入海之前形成的冲积平原。地貌以平原、丘陵为主。其中，上海境内除西南部有少数丘陵山脉外，整体地势为坦荡低平的平原，是长江三角洲冲积平原的一部分，平均海拔4 m左右；江苏平原面积占69%，低山丘陵面积占14%，集中分布在西南和北部；浙江西南多为海拔1 000 m以上的群山，中部以丘陵为主，东北部为地势平坦的冲积平原；安徽地貌可分成淮河平原区、江淮台地丘陵区、皖西丘陵山地区、沿江平原区和皖南丘陵山地。长三角区域是我国河网密度最高的地区，河川纵横，湖泊众多，淮河、长江、钱塘江、京杭大运河蜿蜒奔腾，巢湖、太湖、西湖等湖泊星罗棋布。区域内气候温和湿润，四季分明，季节分配较均匀，年均气温为13~18℃，夏季高温多雨，冬季温和少雨，雨热同期，气候条件十分适宜农作物生长。

长三角区域矿产资源主要分布于安徽、江苏、浙江三省，其中江苏、安徽的矿产资源相对丰富，有煤炭、石油、天然气等能源矿产和大量的非金属矿产，另有一定数量的金属矿产。浙江的矿产资源以非金属矿产为主，多用于建筑材料的生产等。上海矿产资源相当贫乏，基本无一次常规能源，所需的能源都要靠其他省（区、市）的支援。但是，具有一定数量和较高质量的二次能源，产品主要有电力、石油产品、焦煤和煤气（包括液化石油气）。其他可以利用开发的能源还有沼气、风能、潮汐能及太阳能。区域内建设用地扩张较快，土地后备资源相对较少，人地矛盾较为突出。

长三角区域涉及长江、淮河、新安江三大流域，横跨暖温带、北亚热带、中亚热带3个气候带，生态系统类型多样，生态空间占区域总面积的 1/3 以上。生态资产价值呈南高北低分布，空间分异特征显著。拥有国家公园试点 1 个，各类自然保护区 178 个（国家级 24 个、省级 56 个、市县级 98 个），各类自然公园 477 个（国家级 201 个、省级 276 个）。物种多样性和遗传多样性丰富。

1.1.2　经济社会概况

长三角区域拥有面向国际、连接南北、辐射中西部的密集立体交通网络和现代化港口群，经济腹地广阔，自然条件优越，区位优势明显。改革开放以来，长三角区域以全国 3.7% 的土地面积和 16% 的人口数量，创造了全国 23.5% 的经济总量，是我国经济发展最活跃、开放程度最高、创新能力最强的区域之一，在全国经济版图中具有举足轻重的战略地位。

2019 年，长三角区域生产总值达到 23.7 万亿元。其中，江苏以 99 631.52 亿元居长三角区域首位，浙江次之（62 351.74 亿元），上海第三（38 155.32 亿元），安徽第四（37 113.98 亿元）。GDP 总量过万亿元的地区分别有上海、南京、无锡、苏州、杭州、宁波，池州和黄山地区生产总值未过千亿元。2010—2019 年 10 年间，长三角区域生产总值（GDP）在全国 GDP 总量中的占比一直保持在 23.69%～24.25%（图 1-1）。长三角区域 GDP 平均增速为 6.55%，高于全国平均水平 0.55 个百分点，其中，江苏苏州（5.6%）、盐城（5.1%）和镇江（5.8%），浙江台州（5.1%），安徽淮北（3.0%）、蚌埠（5.1%）、淮南（5.2%）及铜陵（-1.7%）低于全国平均水平（6.0%）。

2019 年，长三角区域人均 GDP 为 91 612.27 元（图 1-2）。上海人均 GDP（156 587元）为全国人均 GDP 平均水平（70 581 元）的 2 倍以上，安徽人均 GDP（58 072 元）则低于全国平均水平。安徽除合肥、芜湖、马鞍山以外的城市，苏北的连云港、宿迁，浙西南的丽水等人均 GDP 低于全国平均水平。长三角区域中心区与皖北、苏北、浙西南的发展存在较大落差，上海、苏南和浙北地区人均 GDP 较高。安徽阜阳人均 GDP 最

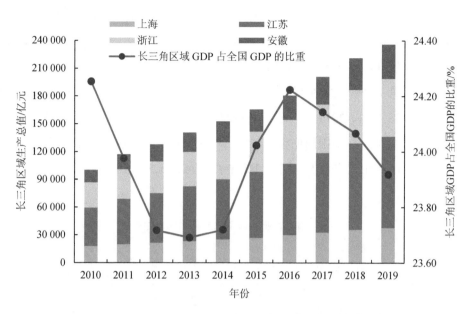

图 1-1　2010—2019 年长三角区域 GDP 规模

低，为 32 900 元，仅为排名第一位无锡市的 18.25%。长三角区域居民消费能力高于全国平均水平。近年来，长三角区域城乡居民收入差距总体稳定在 2.25∶1 左右。2019年，长三角区域城镇居民人均可支配收入达到 55 598.25 元，高于全国城镇居民人均可支配收入水平（42 359 元）。农村居民人均纯收入达 25 290.5 元，高于全国农村居民人均纯收入水平（16 021 元）。

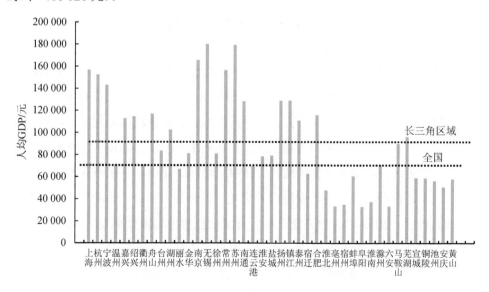

图 1-2　2019 年长三角区域人均 GDP 水平

回顾 2000—2019 年长三角区域三产结构变化可以看出（图 1-3），2000—2006 年是长三角区域第二产业迅速发展的时期，由 2000 年的 48.56% 上升至 2006 年 51.97%，第二产业比重持续攀升，经济增长主要依靠投资；近几年，随着经济转型，三次产业结构趋于改善，第一、第二产业比重在缓慢下降，第三产业比重持续提高，由 2000 年的 40.42% 上升至 2015 年 55.37%。2019 年，长三角区域三次产业结构调整为 4：40.6：55.4，呈"三、二、一"的格局。与全国同期相比，长三角区域第一产业比重比全国低 3.1 个百分点，第二、第三产业比重比全国分别高 1.6 个百分点和 1.5 个百分点（全国总体水平为7.1：39：53.9）。

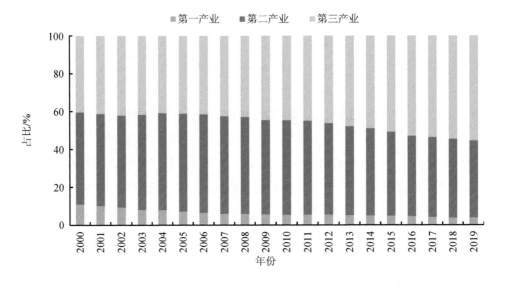

图 1-3 长三角区域三产结构演变

2019 年，长三角区域城镇人口达 15 490 万人（上海 2 144 万人、江苏 5 698 万人、浙江 4 095 万人、安徽 3 553 万人），占全国城镇人口的 18.3%。城镇化率达 67.3%，较全国平均水平（60.60%）高近 7 个百分点。区内城镇化发展空间差异大，高城镇化率的城市主要集中在传统长三角的沪苏浙三地，尤其集中在沿江沿海地区（图 1-4）。自 2010 年以来，长三角区域城镇化率持续增长，其中上海城镇化率一直维持在 90% 左右，稳居区域第一。由于经济的发展与产业结构的优化，以常州、嘉兴、芜湖等为代表的城市城镇化率增速较快。2010 年，沪苏浙三地所有城市已实现城镇化率大于 50%，而至 2019 年，安徽仍有近 1/3 的地级市城镇化率低于 50%，主要集中在安徽与河南交界的内陆地区，特别是安徽铜陵城镇化率出现负增长。安徽城镇化进程明显落后于沪苏浙三地。

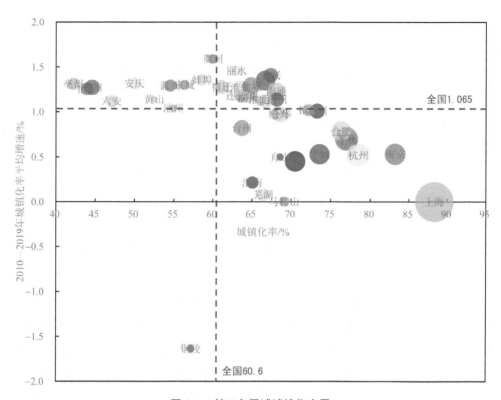

图 1-4　长三角区域城镇化水平

1.1.3　长三角一体化发展历程①

同守一片天、共饮一江水，长三角区域在历史上经历了漫长的分分合合过程后，经济社会已经形成了天然的联系。自中华人民共和国成立开始，长三角一体化发展战略大致可以划分为五个阶段。

第一阶段：中华人民共和国成立初期到改革开放的行政一体化阶段。中华人民共和国成立之初，长三角区域协调联动发展就已开始，包括 1949—1954 年中央施行的党政军一体化管理的"大行政区"体制。全国六大行政区中，华东行政区包括七省（地区）一市，即上海市、江苏省、浙江省、安徽省、山东省、江西省、福建省、台湾地区。在这一体制架构上，长三角区域属于同一行政区划。1958 年，"大行政区"体制撤销，推行以大城市为中心协调周边省级行政区经济发展的"经济协作区"体制，全国成立了七大经济协作区，而"华东经济协作区"成为长三角区域协调发展的平台。1960 年，实行由中共中央派出、具有全面指导区域党政工作职能的"中央局"体制，这一体制是"大行政区"和"经济协作区"体制的延续和继承，中共中央华东局成为协调长三角区域各

① 长三角的前世今生. http://t.m.china.com.cn/convert/c_vyyFuzj3.html.

省（市）合作的机构。此外，还应该指出的是，1958 年为解决上海农副产品供应和工业发展用地等，国务院将江苏省的上海县、嘉定县、宝山县、川沙县、南汇县、奉贤县、松江县、金山县、青浦县和崇明县共 10 个县，先后划入上海市行政区域，这也是通过行政区划调整协调长三角区域发展的一种尝试。

第二阶段：自改革开放到浦东开发开放的经济协商探索阶段。第一阶段的长三角协同行政格局是计划经济体制下的产物，加之各种原因，以上行政区划体制逐渐被撤销，长三角区域协同治理的体制机制也随之中断。直到改革开放，长三角区域协同治理才再次启动。1982 年 12 月，为推动长三角区域经济联动发展，国务院发布了《关于成立上海经济区和山西能源基地规划办公室的通知》，决定成立"上海经济区"，覆盖范围是以上海为中心，包括江苏的南通市、苏州市、常州市、无锡市，浙江的杭州市、湖州市、嘉兴市、绍兴市、宁波市，这 10 个城市，构成了最早的长三角经济区。1983 年，又成立了"上海经济区"领导机构——"国务院上海经济区规划办公室"，其职能主要是进行调查研究、制定区域规划、为中央提出建议等，并无实际行政管理权。1983 年 8 月召开了上海经济区规划工作会议，建立了上海经济区省、市长联席会议制度，这一制度成为长三角区域缔结协议的第一个程序性平台。此后，安徽省、江西省、福建省陆续成为经济区成员。在这期间，也探索成立了一些专项的协同治理机构和平台，包括 1984 年成立的太湖流域管理局和 1985 年设立的长江沿岸中心城市经济协调会。然而，这一波探索高潮随着 1988 年正式撤销国务院上海经济区规划办公室而中止。

第三阶段：自浦东开发开放到 21 世纪初期的自发协同发展阶段。1990 年，国家宣布开发开放浦东，长三角区域协调发展再次迎来一轮重大契机。正如邓小平同志 1991 年视察上海时所言：开发浦东，这个影响就大了，不只是浦东的问题，是关系上海发展的问题，是利用上海这个基地发展长江三角洲和长江流域的问题。抓紧浦东开发，不要动摇，一直到建成。这一轮的协同发展首先从城市之间的自发经济协作开始，1992 年，长三角区域政府经济技术协作部门自发建立长江三角洲协作办（委）主任联席会议制度，成员包括上海市、南京市、苏州市、常州市、无锡市、镇江市、扬州市、南通市、杭州市、湖州市、舟山市、嘉兴市、绍兴市、宁波市等 14 个城市。1997 年，长江三角洲协作办（委）主任联席会升级为由各市副市长和协作办（委）主任出席的长江三角洲城市经济协调会。上海市作为协调会常务主席方，在上海市政府合作交流办公室常设了联络处，执行主席方则按照城市名称的笔画顺序轮流担任。进入 21 世纪，长三角区域之间的经济往来更加密切，城市之间的协作已难以满足全面协同发展和治理的要求，规格更高、范围更广、领域更多的省级政府协同治理呼之欲出。2001 年，上海市、江苏省、浙江省两省一市政府领导经过共同磋商，发起建立"沪苏浙经济合作与发展座谈会"制度，为长三角省级政府之间的协同治理提供了更高的平台。2004 年，该会议由两年一次改为一年一次，并形成了更加完善的区域合作机制。

第四阶段：21 世纪初到 2018 年首届中国国际进口博览会召开的国家推动阶段。2007年 5 月，时任国务院总理的温家宝主持召开了长三角地区经济社会发展座谈会，由此再次拉开了国家推动长三角区域协同发展的序幕。2008 年 9 月，国务院颁布实施《关于进一步推进长江三角洲地区改革开放和经济社会发展的指导意见》；2010 年 5 月，国务院批复了《长江三角洲地区区域规划》；2014 年 9 月，出台的《国务院关于依托黄金水道推动长江经济带发展的指导意见》提到，长三角区域要建设以上海为中心，南京、杭州、合肥为副中心的城市群，这也是 21 世纪以来，官方文件首次将安徽纳入长三角区域；2016 年 5 月，国务院批准的《长江三角洲城市群发展规划》明确将上海市以及苏浙皖的25 个城市定为长三角城市群，并指出，长三角城市群要建设面向全球、辐射亚太、引领全国的世界级城市群。建成最具经济活力的资源配置中心、具有全球影响力的科技创新高地、全球重要的现代服务业和先进制造业中心、亚太地区重要国际门户、全国新一轮改革开放排头兵、美丽中国建设示范区。

第五阶段：2018 年首届中国国际进口博览会召开至今的一体化国家战略阶段。2018 年 11 月，习近平总书记在首届中国国际进口博览会上宣布，支持长江三角洲区域一体化发展并上升为国家战略。李克强总理在 2019 年《政府工作报告》中明确提出将长三角区域一体化发展上升为国家战略，编制实施发展规划纲要。2019 年 12 月，中共中央、国务院印发《长江三角洲区域一体化发展规划纲要》（以下简称《规划纲要》），并发出通知，要求各地区、各部门结合实际认真贯彻落实。2020 年 8 月，习近平总书记在合肥主持召开扎实推进长三角一体化发展座谈会并发表重要讲话，强调紧扣一体化和高质量抓好重点工作，推动长三角一体化发展不断取得成效。由此，长三角区域掀开了新的发展篇章，长三角区域一体化也进入了一个全新时代。

1.2　区域生态环境现状

1.2.1　空气质量持续改善

自《大气污染防治行动计划》（以下简称"大气十条"）实施以来，长三角区域环境空气质量得到持续改善。优良天数明显增加，$PM_{2.5}$、PM_{10}、SO_2、NO_2 年均质量浓度逐年下降。区域平均优良天数比例由 2013 年的 64.2% 上升到 2019 年的 76.5%，重污染天数显著降低。2019 年区域 $PM_{2.5}$ 平均质量浓度为 41 μg/m^3，比 2015 年下降 19.6%，其中上海、江苏、浙江、安徽同比分别下降 30.0%、21.8%、30.4%、12.7%。上海和浙江 PM$_{2.5}$ 平均质量浓度均达到国家空气质量二级标准，提前一年完成"十三五" PM$_{2.5}$ 和优良天数比例两项约束性指标改善任务。需特别指出的是，2016 年年底，长三角区域 PM$_{2.5}$ 平均质量浓度为 46 μg/m^3，比 2013 年下降了 34.3%，提前完成了 2017 年《大气十条》的目标[①]。2019 年区域 PM$_{10}$、SO$_2$、NO$_2$ 平均质量浓度分别为 65 μg/m^3、9 μg/m^3、32 μg/m^3，比 2015 年分别下降 16.7%、55.0%、0.0%。

1.2.2   水环境稳中向好

长三角区域地表水质量持续改善。2019 年，长三角区域 333 个地表水国控断面中，水质Ⅲ类及以上的占 82.0%，比 2015 年提高近 12 个百分点；劣Ⅴ类断面比例下降明显，2019 年为 0.9%，比 2015 年下降近 5 个百分点。22 个跨省界河流断面水质良好，Ⅲ类及以上断面占 72.7%。重点水体中，长江干流、新安江—千岛湖、太浦河水质总体优良，京杭运河整体水质呈现逐年向好趋势。太湖水质改善明显，水环境质量持续好转，太湖治理取得显著成效。与发生太湖蓝藻事件的 2007 年相比，2019 年湖体水质由劣Ⅴ类提升到Ⅳ类，高锰酸盐指数、氨氮、总磷和总氮浓度分别下降了 13.3%、86.8%、21.8% 和 53.4%；江苏省 15 条主要入湖河流水质从以Ⅴ类及劣Ⅴ类为主，改善到全部达到或优于Ⅲ类。分省（市）来看，三省一市年际地表水水质类别变化总体呈现Ⅰ~Ⅲ类断面比例逐年上升、劣Ⅴ类断面比例逐年下降的趋势。其中，江苏、浙江、安徽三省Ⅰ~Ⅲ类断面存在波动性，2018 年的Ⅰ~Ⅲ类断面比例较 2017 年分别下降约 4.8 个百分点、1 个百分点、1.2 个百分点（表 1-1）。

表 1-1   长三角区域各省（市）年际水质类别比例情况   单位：%

年份	上海市		江苏省		浙江省		安徽省	
	Ⅰ~Ⅲ类	劣Ⅴ类	Ⅰ~Ⅲ类	劣Ⅴ类	Ⅰ~Ⅲ类	劣Ⅴ类	Ⅰ~Ⅲ类	劣Ⅴ类
2015	60.0	20.0	62.2	6.1	81.6	2.9	68.9	6.6
2016	75.0	10.0	71.2	1.9	88.3	0.0	69.8	3.8
2017	90.0	0.0	73.1	1.0	94.2	0.0	76.4	2.8
2018	90.0	0.0	68.3	1.0	93.2	0.0	75.2	1.9
2019	90.0	0.0	77.9	0.0	96.1	0.0	77.4	0.9

---

① 2013 年 9 月，国务院颁布实施"大气十条"，明确要求到 2017 年，长三角区域细颗粒物浓度下降 20% 左右。

1.2.3　生态环境质量整体稳定

近年来，长三角区域生态系统格局总体保持稳定，林地、草地和水域面积无明显变化。其中，自 2010 年以来，在高强度的人类活动的作用下，上海生态系统空间结构变化快速。城镇生态系统先是快速扩张，2015 年后又明显减缓，"十三五"期间城镇生态系统占比甚至有所下降；农田生态系统先是被大量侵占，分布趋于破碎化，农田生态系统面积和占比快速降低，但 2015 年后趋势得到遏制，"十三五"期间，面积略有减少；湿地生态系统先是有所萎缩，但是 2015 年后面积和占比均明显增长；林地生态系统相对稳定，保持稳步增长态势。从生态环境状况指数（EI）来看，长三角区域生态环境处于优良状态，总体无明显变化。其中，2019 年，上海、江苏、安徽生态环境状况等级为良好，浙江为优。

截至 2019 年年底，长三角区域共有国家级自然保护区 23 个（上海 2 个、江苏 3 个、浙江 11 个、安徽 7 个），多于京津冀地区（北京 2 个、天津 3 个、河北 13 个，共 18 个）及粤港澳地区。人均绿地面积为 12.8 m^2（其中上海 8.2 m^2、江苏 14.7 m^2、浙江 13.73 m^2、安徽 14.67 m^2），较京津冀地区人均绿地面积（19.1 m^2）低 33 个百分点，较全国人均水平（14.1 m^2）低 9.2 个百分点，与其他发达国家城市差距更大（伦敦 22.8 m^2/人、巴黎 25 m^2/人）。

1.3　区域生态环境保护主要成效

1.3.1　深入推进大气污染综合防治

建成区域机动车信息共享平台，协同推进区域高污染车辆限行。制定实施长三角区域柴油货车污染协同治理行动方案、港口货运和集装箱转运专项治理实施方案等，区域同步提前实施轻型车"国六"排放标准、换用国六汽柴油，全面落实"三油并轨"。印发专项方案，推进区域柴油货车污染协同治理和港口专项治理。2016 年起，启动实施船舶排放控制区措施，加快落实长三角船舶排放控制区二阶段控制措施，船舶换用低硫油从靠泊期间全面拓展至控制区排放全过程，并积极探索运用"无人机"等新技术，加大船舶排放执法检查力度。两轮修订区域重污染天气应急联动方案，建立跨省预警机制。建成区域空气质量预测预报中心，定期开展气候会商、气象会商，根据每日预测预报情况，适时组织决策会商，开展区域应急联动，督促指导各地做好重污染天气应对工作。在较为不利的气象条件下，圆满完成第二届中国国际进口博览会的空气质量保障任务。

协同推进区域运输结构调整,2019 年长三角区域沿海主要港口的矿石、焦炭等大宗货物通过铁路和水路的疏港比例同比提高了 8.6 个百分点。落实区域秋冬季大气污染综合治理攻坚行动,完成改善目标。

1.3.2　全面加快水污染协同治理

开展长江经济带工业园区污水处理设施整治专项行动,推动长江经济带工业园区污水集中处理设施建设和达标运行。截至 2020 年 6 月,长三角区域 456 家应当建成污水集中处理设施的省级及以上工业园区,均已全部完成任务。开展长江经济带船舶和港口污染突出问题整治,积极推动长江经济带 400 总吨及以上船舶生活污水收集处置装置改造。截至 2020 年 6 月,上海、江苏、浙江改造任务已全部完成,安徽完成率为 76.7%。按照《城市黑臭水体治理攻坚战实施方案》的要求,自 2018 年开展城市黑臭水体整治环境保护专项行动以来,截至 2019 年年底,长三角区域共有黑臭水体 723 个,消除比例为 88.8%。其中,上海 67 个,消除比例为 100%;浙江 6 个,消除比例为 100%;江苏 419 个,消除比例为 89.3%;安徽 231 个,消除比例为 84.4%。加大太湖治理与保护力度,持续推进控源截污与生态修复工作。2019 年,编制印发了《江苏省打好太湖治理攻坚战实施方案》,实施控磷为主,协同控氮,减排扩容的流域污染控制策略,确保饮用水安全,确保不发生大面积湖泛。加快推进地下水污染防治。截至目前,长三角区域已全部完成加油站地下油罐防渗改造工作。推进地下水污染防治试点工作。2020 年,长三角区域共有 4 项地下水污染防治项目被纳入国家第一批地下水污染防治试点项目,共申请中央专项资金 2.26 亿元。安徽、浙江启动第三轮新安江生态协同治理;江苏、安徽签订滁河上下游横向生态补偿协议,启动洪泽湖生态补偿机制研究工作。

1.3.3　深入推进净土保卫战

稳步推进管控耕地土壤污染风险防范工作,开展涉镉等重金属重点行业企业排查工作,将 292 家企业纳入污染源整治清单,并完成 247 家整治。开展耕地土壤环境质量类别划分工作,长三角区域均完成耕地土壤环境质量类别划分工作,实施受污染耕地安全利用和严格管控,共完成 178.93 万亩[①] 的安全利用类任务和 3.52 万亩的严格管控类任务。加快推进重点行业企业用地土壤污染状况调查,自 2019 年以来,长三角区域将 29 440 个地块纳入重点行业企业用地调查,已于 2018 年全部完成基础信息调查和污染风险筛查,确定需开展初步采样调查地块 4 072 个。上海市已于 2019 年年底率先高质量完成企业用地调查工作。有序推进建设用地风险管控,长三角区域已发布 192 块建设用地土壤

---

① 1 亩≈1/15 hm^2。

风险管控和修复名录，公布 3 922 家土壤污染重点监管单位名录。浙江台州推动土壤污染综合防治先行区建设，启动台州市土壤污染防治条例起草工作；重点开展电镀、拆解等行业整治，实施固废拆解、电镀企业"圈区管理"；试验筛选重金属低累积品种并分步推广。

1.3.4　加强生态空间共同保护

按照 2017 年 2 月中共中央办公厅、国务院办公厅发布的《关于划定并严守生态保护红线的若干意见》，开展生态保护红线划定工作。目前，三省一市生态保护红线划定方案已经国务院批准，并分别由省（市）人民政府发布实施。上海、江苏、浙江、安徽的陆域生态保护红线面积比例分别为 1.4%、8.21%、23.82% 和 15.15%。已完成长三角区域省（市）生态保护红线评估优化方案并上报国务院。开展"绿盾"强化监督工作。根据最新梳理台账，区域三省一市各级自然保护区共涉及人类活动问题点位 2 792 个，整改完成率均在 60% 以上。其中，上海各级自然保护区共涉及人类活动问题点位 9 个，其中问题整改完成 3 个，整改中 1 个，无须整改点位 5 个，整改完成率为 75.0%；江苏各级自然保护区共涉及人类活动问题点位 484 个，其中问题整改完成 283 个，整改中 107 个，未整改 8 个，无须整改点位 86 个，整改完成率为 71.1%；浙江各级自然保护区共涉及人类活动问题点位 82 个，其中整改完成 47 个，整改中 16 个，未整改 12 个，无须整改点位 7 个，整改完成率为 62.7%；安徽各级自然保护区共涉及人类活动问题点位 2 221 个，其中问题整改完成 631 个，整改中 140 个，未整改 9 个，无须整改点位 1 441 个，整改完成率为 80.9%。

1.3.5　推动打好农业农村污染治理攻坚战

加快农村环境整治工作，三省一市完成 2 779 个建制村环境整治工作。其中，上海和江苏、浙江提前完成"十三五"期间整治任务，安徽省完成比例为 85.3%。江苏、浙江、安徽积极推动"千吨万人"饮用水水源保护区划定工作，完成率分别为 90%、99%、96.8%（上海市不涉及农村"千吨万人"饮用水水源划定保护工作）。三省一市加快推进县域农村生活污水治理专项规划编制、农村生活污水治理现状摸底调查、农村黑臭水体排查等工作。目前，均已完成县域农村生活污水治理专项规划编制工作。经初步摸底调查，浙江和上海农村生活污水治理率均达到 80% 以上。浙江、安徽已完成农村黑臭水体排查，江苏完成排查的县（市、区）比例为 79%。基本实现生活垃圾治理收运处置体系三省一市行政村全覆盖。上海、江苏、浙江和安徽畜禽粪污综合利用率分别为 98%、96.7%、92% 和 92.8%，达到畜禽粪污综合利用率 75% 以上的目标要求，规模养殖场粪污处理设施装备配套率分别为 100%、98.3%、99.2%和 91.5%。三省一市均已实现主要农作物化肥和农药使用量负增长。上海、江苏、浙江、安徽农作物秸秆综合利用率分别为 96%、95%、96%和 92%，农膜回收率分别为 80%、80.5%、90.7%和 79.2%，基本达到任务目标要求。三省一市积极推动农业农村生态环境监管监测工作，开展环境管理信息平台建设，对农村"千吨万人"饮用水水源水质和日处理 20 t 及以上农村生活污水处理设施出水进行监测。

1.3.6　加强区域生态环境共同保护能力建设

（1）相继建立区域大气污染和水污染防治协作机制

长三角区域生态环境合作由来已久，生态环境协作机制日趋完善。2008 年年底，苏浙沪主要领导召开座谈会，进一步明确了区域合作新的机制框架和重点合作事项，环境保护也成为区域合作的重要专题之一。2009 年，首次长三角区域环境合作联席会议召开。此后，与区域合作相衔接，各省（市）环保部门轮值牵头推进区域大气联防联控、流域水污染综合治理、跨界污染应急处置、区域危险废物环境管理等方面合作。

2013 年 9 月，在国务院出台实施的《大气污染防治行动计划》中，明确要求在京津冀、长三角、珠三角地区建立区域大气污染防治协作机制，加强污染联防联控。同年 12 月，环境保护部向国务院上报《关于成立长三角区域大气污染防治协作小组的请示》并获批通过。2014 年 1 月，长三角区域大气污染防治协作小组第一次工作会议在上海召开，会议审议通过《长三角区域大气污染防治协作小组工作章程》，组建由上海市、江苏省、浙江省、安徽省，以及环境保护部、国家发展改革委、工业和信息化部、财政部、住房和城乡建设部、交通运输部、中国气象局、国家能源局等 8 个部门组成（2016 年又增补科技部为成员单位）的协作小组。

2015 年 4 月，国务院印发《水污染防治行动计划》（以下简称"水十条"），要求建立全国水污染防治工作协作机制，京津冀、长三角、珠三角等地区要于 2015 年年底前建立水污染防治联防联控协作机制。同年 11 月，环境保护部向国务院上报《关于成立水污染防治相关协作机制的请示》并获批通过。2016 年 12 月，长三角区域大气污染防治协作小组第四次工作会议暨长三角区域水污染防治协作小组第一次工作会议在杭州召开。会议审议通过《长三角区域水污染防治协作小组工作章程》，组建由三省一市，环境保护部、国家发展改革委、科技部、工业和信息化部、财政部、国土资源部、住房和城乡建设部、交通运输部、水利部、农业部、国家卫生计生委、国家海洋局等 12 个部门组成的长三角区域水污染防治协作小组，在运行机制上与大气污染防治协作机制相衔接，机构合署，议事合一。

（2）加强区域联动共保保障机制建设

落实《规划纲要》有关要求，聚焦上海、江苏、浙江、安徽共同面临的系统性、区域性、跨界性的突出生态环境问题，加强生态空间共保，推动环境协同治理，夯实长三角区域绿色发展基础，共同建设绿色美丽长三角，制定实施《长江三角洲区域生态环境共同保护规划》。推动长江三角洲区域固体废物和危险废物联防联治机制建立，制定《推进长江三角洲区域固体废物和危险废物联防联治实施方案》。组建长三角区域生态环境协作专家委员会，促进生态环境联合研究中心建设，举办"绿色长三角论坛"。建设长三角区域国家环境保护重点实验室和国家环境保护工程技术中心，支持生态环境部南京环境科学研究所、江苏省环境监测中心、上海市环境科学研究院等科研单位，建立土壤环境管理与污染控制、地表水环境有机污染物监测分析、城市大气复合污染成因与防治等 8 个国家环境保护重点实验室。中钢集团马鞍山矿山研究院有限公司、浙江省生态环境科学设计研究院、上海金桥（集团）有限公司等单位建立矿山固体废物处理与处置、水污染控制、废弃电器电子产品回收信息化与处置等 14 个国家环境保护工程技术中心。建成区域空气质量预测预报中心和城市大气复合污染成因与防治重点实验室，实现区域重点城市预报预警信息、空气质量常规监测数据、重点源在线数据和部分超级站数据的常态化共享；太湖流域管理局和两省一市水利（水务）部门、生态环境部门已实现信息联网共享。签署了《长三角区域环境保护领域实施信用联合奖惩合作备忘录》，统一严重失信行为标准。联合开展区域大气和水源地执法互督互学，共同提升执法能力。

1.4　区域生态环境保护面临的主要问题

1.4.1　结构性压力尚未根本缓解

产业结构偏重。2019 年，区域规模以上工业企业达 11.83 万家，重工业企业占比达 60%以上。长三角区域化工园区数量占全国化工园区数量的 15%，在全国 47 家超大型化工园区及大型化工园区中，长三角区域的占比超过 70%，石化产业占工业总产值的 1/5 左右，给区域 VOCs、臭氧污染等防治带来巨大压力。上海市的石化、钢铁行业总产值占全市工业总产值的 13%左右，而总能耗占规模以上企业能耗比重达到 70%，两大行业 SO_2、NO_x 排放量分别占到全市工业领域总排放量的 55%和 72%。江苏省火力发电量、钢铁和水泥产量均居全国前三，农药原药、染料产量均占全国总产量的 40%以上。浙江省纺织印染和造纸产量分别位居全国第一位、第三位，增加值分别占全省规模以上工业增加值的 8.4%、1.9%，但废水排放量却占重点工业源的 41.3%、16.6%。安徽省产业结构仍以第二产业为主，水泥、钢材等高耗能行业保持快速增长。

能源结构偏煤。2019 年，长三角区域煤炭消费总量约 5 亿 t，每平方千米煤炭消费量为 1 741.65 t，是全国平均水平的 6 倍。上海市近 4 500 万 t 煤炭消费量全部集中于发电、钢铁和化工等 7 类企业。江苏省单位面积煤耗是全国的 6.5 倍，158 个工业园区煤炭消费比重高达 77%，天然气消费比重仅为 12%。根据《安徽省煤炭消费减量替代工作方案（2018—2020 年）》，安徽省 2020 年煤炭消费总量较 2015 年下降 5% 左右，但"十三五"期间，全省煤炭消费总量不降反升。

交通运输结构不合理且调整进展明显滞后。长三角区域港口吞吐量位居世界前列，各省（市）货运量均在全国前十，区域铁路货运量占比不足 3%，主要依靠柴油动力运输，柴油消耗量是全国平均水平的 5 倍。2019 年的区域铁路货运量比 2017 年降低 0.26%，其中安徽下降 10.6%、上海下降 0.2%，铁路货运总量不升反降，与京津冀地区（同比增长 26.2%）相比，存在较大差距。此外，京津冀及周边地区 7 省（市）正在推进淘汰国三及以下营运柴油货车 100 万辆，目标是实现国三及以下柴油货车基本清零，而长三角区域尚未制定相关目标。长三角区域运输结构调整工作进展滞后，是其 NO_2、O_3 浓度明显偏高的重要原因，需要予以重点关注。

长三角区域用地供求紧张，不足全国 1/26 的土地面积承载了全国约 1/6 的人口数量，产生了全国约 1/4 的 GDP，产业和建设用地需求量迅速扩大，土地集约利用水平还需进一步提高。

1.4.2   区域性生态环境问题突出

空气质量全面达标难度大，复合型污染加剧。2019 年，长三角区域 41 个城市全年平均超标天数比例为 23.5%，高于全国平均水平（18.0%）5.5 个百分点。区域 $PM_{2.5}$ 年均浓度虽自 2013 年以来逐年下降，但超过国家标准 0.2 倍，仍有 30 个地级及以上城市 $PM_{2.5}$ 年均浓度超过国家二级标准，占城市总数的 73.17%。区域 $PM_{2.5}$ 浓度高值前 10 位的城市为宿迁市、铜陵市、滁州市、宿州市、蚌埠市、阜阳市、淮南市、亳州市、淮北市、徐州市，主要分布在苏北、皖北地区，空间分布特征主要与各地区经济发展水平、产业结构、人口密度、地形地貌和气候条件相关。超标污染主要发生在秋冬季。同时，区域 O_3 超标污染日渐频繁，以 O_3 为首要污染物的天数也明显增加。在其他 5 项大气污染物浓度逐年下降的态势下，O_3 浓度波动上升，其污染问题凸显。

水环境持续向好的基础仍不稳固，陆海统筹的生态环境治理制度亟须完善。部分河道生态流量不足、岸线硬质化，水下"荒漠化"现象较为普遍，水体自净能力较差，水生态系统仍较脆弱。特殊气象条件下，蓝藻异常增殖现象仍有发生。部分老城区、城乡接合部、城中村的污水纳管不到位，污水收集管网最后 100 m 的问题还未有效解决。部分城区还存在污水管网破损、串管、雨污分流不彻底等问题。农村生活污水处理长效运维体系仍需进一步完善。湖库受到富营养化威胁。近岸海域水质差，2019 年，上海市海域劣于四类的监测点位占 69.2%；江苏省近岸海域劣四类海水面积比例为 0.8%，尚未完成入海河流消除劣五类的目标；浙江省四类和劣四类占 56.7%，比上年上升 13.9 个百分点。重要河口海湾中，杭州湾、长江口水质为全国最差。

部分区域土壤污染问题突出，工业废弃地污染较为严重。大量的工业企业遗留场地环境安全隐患依旧存在，城市土地更新较快造成风险管控难度加大。根据全国污染地块信息系统数据，浙江省污染地块共 136 块，地块个数在全国排名第二，约占全国 1/10。农田受工业企业和农用投入品的污染叠加影响，在设施农业高强度生产条件下，农药、重金属、抗生素等污染问题逐渐凸显。

区域固体废物污染事件频发，缺乏区域协调处理机制。多数城市固体废物处理设施处于满负荷或超负荷运转状态。例如，上海市生活垃圾、危险废物、医疗废物、一般工业固体废物等仍将持续增长，既有设施能力不足。固体废物、危险废物非法转移倾倒现象长期存在。2016 年 7 月，2 万 t 上海垃圾转移倾倒苏州太湖；2017 年 10 月，向长江安徽铜陵段转移倾倒 2 525.89 t 工业污泥；2018 年 4 月，江苏省查实盐城市滨海县化工园区尚莱特医药化工、三甲药业化学、永太科技、中正生化、世宏化工等 5 家化工企业以托运园区生活垃圾为名，非法倾倒并填埋近 400 t 的化工废料；2018 年 4 月 18 日，安徽芜湖再现 4 000 t 工业垃圾沿长江跨省非法倾倒的案件。

生态系统功能退化问题突出，生态安全格局亟待维护。受多年工业化、城市化、工程建设及不合理资源开发活动的影响，生态系统格局变化剧烈，较大面积的耕地、湿地和草地被城市化建设占用，沿江两岸城市周边区域植被覆盖度呈显著下降趋势。根据《全国生态状况变化（2010—2015 年）遥感调查评估报告》，城镇面积的增加主要来自耕地、湿地和草地，其中耕地占比最大。另外，林地保护受到较大压力。

区域性、布局性问题突出，饮用水安全面临挑战。长三角区域主要河流兼具城市供水、纳污、航运、排涝等诸多功能，城市供水取水口与排污口犬牙交错，干流航运危险品泄漏污染水源事件时有发生，饮用水安全风险仍将长期存在。长三角区域是我国石化产业最强的区域之一，长江沿线现有各类化工园（片）区 38 个、涉重生产片区 14 个，还有一批化工园区正在建设和规划中，其中又以苏南一带发达地区最多，对饮用水水源地造成极大的安全风险。长三角区域突发环境事件数量在过去十多年里均呈现明显下降趋势，但事件总数依然偏高，在全国的占比从 2015 年的 2.92% 提高到 2017 年的 7.95%。从分省情况来看，上海市 2005—2017 年发生的突发环境事件次数最少，安徽次之，浙江和江苏发生次数相对较多。

1.4.3 治理体系与治理能力亟待改进

跨区域协调机制尚不健全。长三角区域虽然总体上构建了分工明确、协作顺畅的联合治污机制，但距离"横向到边、纵向到底、环环相扣、无缝对接"的要求还有一定差距。长三角区域省与省之间、城市与城市之间、流域上下游左右岸、陆域和海域生态环境统筹保护还需加强，生态环境保护法规标准不衔接，信息交流共享不通畅，区域发展差异明显，碳达峰碳中和、饮用水水源保护、垃圾处理、危险废物处理、环境风险防控、机动车与船舶污染控制、海洋污染防控等呼唤新的区域合作机制和治理模式。

生态环境相关规划与标准不统一。长三角区域生态环境相关规划分属不同省（市）、不同部门，相互之间缺乏协同，规划之间存在诸多重叠、冲突和矛盾，这也导致各省（市）推进生态环境建设的任务有差异。同时，各地在法规、规章以及执法依据、执法程序、执法规范等方面存在不统一现象，地区环境准入标准也存在差异，环境政策洼地现象依然存在。

生态环境基础设施未能共建共享。长三角毗邻区域可以共同投资建设环境基础设施，但在废弃物处置上存在"邻避效应"，各自为政，基础设施布局缺乏统筹、合理安排，城市间废弃物处置缺乏协同联动、共治共享机制，上海、杭州等大城市处置设施超负荷运转与苏浙皖部分地区处置设施"吃不饱"并存。

生态环境治理能力亟待提高。生态环境治理投入渠道单一，以政府投入为主。2015—2017 年，三省一市城市环境基础设施政府投入占全社会投入比例分别为 53.9%、54.1%、60.8%，呈逐年升高趋势，但综合运用排污权交易、绿色信贷、资源有偿使用等市场手段还不充分，市场化投融资机制有待进一步完善。生态环境监管基础与生态环境监管的重大需求不匹配，管理的科学化、精细化、信息化水平亟待提高。

第2章 区域生态环境共同保护总体思路

紧扣一体化高质量发展和生态环境共同保护,按照"共推、共保、共治、共建、共创"的原则,聚焦上海、江苏、浙江、安徽共同面临的系统性、区域性、跨界性突出的生态环境问题,加强生态空间共保,推动环境协同治理,夯实长三角区域绿色发展基础,共同建设绿色美丽长三角,着力打造美丽中国建设先行示范区。

2.1 战略定位

加强长三角区域生态环境共同保护,是深入贯彻落实《规划纲要》的重要举措。围绕长三角区域要在经济发展上走在前列,也要在生态保护和建设上带好头的要求,从领先国内重点区域的战略地位出发,将长三角区域生态环境共同保护定位为:

一是服务长三角区域建设成为全国发展强劲活跃的增长极,打造"绿色长三角"。处理好绿水青山和金山银山的关系,提高资源集约节约利用水平和经济发展效率,显著提升绿色发展水平。

二是保障长三角区域建设成为全国可持续高质量发展样板区,打造"美丽长三角"。按照建设美丽中国先行示范区、高质量发展的要求,统筹山水林田湖草协同治理,系统谋划区域生态环境共保联治的战略定位、指导思想、目标任务、政策措施和保障体系,率先实现质量变革、效率变化。

三是推动长三角区域率先基本实现环境治理现代化引领区,打造"良治长三角"。落实各类主体责任,提高市场主体和公众参与的积极性,大力推动环境治理体系与治理能力现代化建设,形成导向清晰、决策科学、执行有力、激励有效、多元参与、良性互动的环境治理体系,确保长三角区域走在全国环境治理现代化建设前列。

四是支撑长三角区域建设成为区域一体化生态环境保护联治示范区，打造"共治长三角"。按照"一体化"意识和"一盘棋"思想，探索区域一体化的生态环境共保联治制度体系和路径模式，形成可复制、可推广的经验，为全国其他区域一体化发展提供生态环境保护联治示范。

五是促进长三角区域建设成为新时代改革开放新高地，打造"绿色创新长三角"。坚决打破条条框框的束缚，创新体制机制，充分发挥市场机制、科技手段、信息技术等作用，加快各类生态环境保护改革试点举措集中落实、率先突破和系统集成，推动形成协同共进的生态环境保护新格局，将全力打造生态文明新高地。

2.2   总体要求

2.2.1   总体思路

以习近平新时代中国特色社会主义思想为指导，全面贯彻党的十九大和十九届历次全会精神，深入贯彻习近平生态文明思想，统筹推进"五位一体"总体布局，协调推进"四个全面"战略布局，坚持以人民为中心，坚持新发展理念，坚持稳中求进工作总基调，紧扣区域一体化高质量发展和生态环境共同保护，把保护修复长江生态环境摆在突出位置，共推绿色发展、共保生态空间、共治跨界污染、共建环境设施、共创协作机制，突出精准治污、科学治污、依法治污，完善生态环境共保联治机制，夯实长三角区域绿色发展基础，共同建设绿色美丽长三角，着力打造美丽中国先行示范区。

2.2.2   基本原则

生态优先，绿色发展。深入践行"绿水青山就是金山银山"理念，以生态环境协同共保促进经济高质量一体化发展，打造具有国际竞争力的绿色发展示范区。

以人为本，生态惠民。率先改善区域生态环境质量，提高环境健康保障水平，增加优质生态产品供给，显著提升人民群众生态环境福祉。

共保联治，共建共享。聚焦系统性、区域性、跨界性的突出生态环境问题，坚持一体化保护治理，全面探索区域联动、分工协作、协同推进、合作共赢的生态环境共保联治新路径。

先行先试，示范引领。总结各地实践经验，积极创新区域生态环境保护机制政策，强化科技与产业支撑，合力打造生态环境治理体系和治理能力现代化示范区。

2.3 战略目标

2.3.1 总体目标

以率先实现高质量发展和生态环境根本好转、推进生态环境一体化保护、建设美丽中国先行示范区为统领，紧扣区域一体化高质量发展和生态环境共同保护，把保护修复长江生态环境摆在突出位置，狠抓生态环境突出问题，突出精准治污、科学治污、依法治污，率先实现生态环境根本好转，成为青山常在、绿水长流、空气常新的生态型城市群。以生态环境高水平保护促进并支撑经济高质量发展，为全国生态环境保护和美丽中国建设探索有益经验。经过 5～15 年，长三角区域生态环境一体化保护达到较高水平，生态环境质量实现根本好转，生产生活方式实现全面绿色生态化转型，生态屏障功能强大，江河湖海修养生息，清水走廊保障有力，新型污染防控有效，环境质量全面提升，区域生态环境一体化保护治理机制健全，整体达到全国领先水平，建成美丽中国先行示范区。

2.3.2 近期目标

到 2025 年，长三角区域生态环境一体化保护取得实质性进展，生态环境共保联治能力显著提升，绿色美丽长三角建设取得重大进展。

——绿色生产和生活方式加快形成。产业结构、能源结构、运输结构进一步优化，绿色产业健康发展，简约适度、绿色低碳、文明健康的生活方式得到普遍推广，单位 GDP 能耗、二氧化碳排放持续下降。

——区域生态环境质量持续提升。区域突出环境问题得到有效治理，PM$_{2.5}$ 平均浓度总体达标，地级及以上城市空气质量优良天数比例达到 80%以上，长江、淮河、钱塘江等干流水质优良，跨界河流断面水质达标率达到 80%，土壤安全利用水平持续提升，"无废城市"示范区域基本建成，核与辐射安全得到有效保障，生态保护红线得到严格管控，跨区域跨流域生态网络基本形成，生物多样性得到有效保护，生态系统服务功能稳步增强，优质生态产品供给能力不断提升。

——区域生态环境协同监管体系基本建立。环境污染联防联治机制有效运行，区域生态补偿机制更加完善，生态环境治理体系和治理能力现代化水平明显提高。

2.3.3 远期目标

到 2035 年，生态环境质量实现根本好转，绿色发展达到世界先进水平，区域生态环境一体化保护治理机制健全，生态绿色一体化示范区成为我国展示生态文明建设成果的重要窗口，绿色美丽长三角建设走在全国前列。

长三角区域本身也是国家区域发展的重要板块。在全国要发挥示范引领作用，目标制定考虑四个方面：

一是从国家生态环境治理样板区、美丽中国先行示范区的角度，提出具有示范意义同时切实可行的目标指标，如空气环境、水环境的质量改善，森林覆盖率，湿地保有率等。

二是从区域高质量发展与生态环境高水平保护协同推进角度，提出促进绿色高质量发展的指标，如单位 GDP 能耗、单位 GDP 二氧化碳排放量、单位 GDP 污染物排放量等。

三是从区域一体化协同治理、高水平治理等角度，提出区域特征性指标，如河口与近岸海域水质指标，长江和大陆岸线保护指标，污水处理、固体废物处置水平，重要跨界水体指标。

四是从治理能力现代化角度，提出区域一体化的区域环境基础设施，生态环境监测监管、重大科研、区域应急基础设施，能力建设以及生态文化，公众参与等方面指标。

2.4 战略重点

长三角区域生态环境共同保护贯彻"共推、共保、共治、共建、共创"的基本理念，共同促进提升绿色高质量发展水平，共同维护区域生态安全格局，共同推进生态环境治理，共同建设区域性生态环境基础设施与合作共享平台，共同制定监管标准、制度，构建协作共享机制，不断提升区域生态环境治理体系与治理能力现代化水平。

一是共同推进区域绿色高质量发展。坚持生态优先、绿色发展，协同推进区域产业结构、能源结构、运输结构、农业用地结构战略性调整，加快推进高污染、高排放、高风险产业转型升级和布局调整，优化能源结构，加强"三线一单"协调生态环境分区管控。

二是共同保护重要生态空间和饮用水水源。强化生态屏障、生态空间、生态廊道的共同保护，维护以淮河、长江、钱塘江以及皖西浙西生态屏障、京杭大运河、沿海生态带为基础的"三横三纵"生态安全格局，形成"一屏一带四廊"的生态体系，建设沿江、沿海、沿河、环湖的生态廊道体系。统筹保护长江、太湖、新安江等区域战略性水源。

三是共同防治区域性、跨界性环境污染。以提升区域生态环境质量为核心，推动长江、新安江—千岛湖、京杭大运河、太湖、巢湖、太浦河、淀山湖等重点跨界水体环境治理，严格保护和合理利用地下水，加强机动车与船舶污染的协同管理，联合开展大气污染综合防治，有效控制温室气体排放，陆海统筹协同推进长江口、杭州湾和近岸海域污染防治，协同建立长江、海洋环境风险防范机制，共同制定分工合作、优势互补、统筹行动的共治方案，形成"1+1＞2"的一体化共赢局面。

四是共同建设环境基础设施。充分调动市场力量，推动建设高质量污水治理设施，加强港口船舶污染物接收、转运及处置设施的统筹规划建设，探索建立区域统一的固体废物资源回收基地和危险废物资源处置中心，推动"无废区域"建设，建立统一、有效的生态环境监测体系。

五是共同分享环境监管信息。发挥区域空气质量监测超级站作用，建设重点流域水环境综合治理信息平台，推进生态环境数据共享和联合监测，加大生态环境智慧智能监管力度。

六是构建协作共赢的区域合作机制。建立完善长江、新安江、太湖等生态补偿机制，探索建立区域碳排放权、排污权等交易机制，构建区域环保产业统一市场，搭建信息技术交流共享平台，推动建立区域绿色发展基金等。

第3章 区域绿色发展评价与分区指导研究

以区域资源环境承载力为先决条件，实施绿色发展战略，推进经济结构战略性调整和产业转型升级，强化供给侧结构性改革，促进区域优化发展，探索不同的区域发展模式，积极构建绿色低碳发展的新格局。

3.1 区域绿色发展基础与形势

3.1.1 区域绿色发展指数

2017年12月，国家统计局、国家发展改革委、环境保护部、中央组织部联合发布《2016年生态文明建设年度评价结果公报》（表3-1、表3-2、图3-1）。根据评价结果，2016年，上海、江苏、浙江、安徽绿色发展指数分别为81.83、80.41、82.61和79.02，分别排名全国第4、第9、第3和第19位。其中，生态保护指数是长三角区域三省一市的共同短板，2016年，上海、江苏、浙江、安徽生态保护指数分别排名在全国第28、第31、第16、第22位。

表3-1 2016年生态文明建设年度评价结果排序

地 区	绿色发展指数排名	资源利用指数排名	环境治理指数排名	环境质量指数排名	生态保护指数排名	增长质量指数排名	绿色生活指数排名	公众满意程度/%
北 京	1	21	1	28	19	1	1	30
福 建	2	1	14	3	5	11	9	4

地 区	绿色发展指数排名	资源利用指数排名	环境治理指数排名	环境质量指数排名	生态保护指数排名	增长质量指数排名	绿色生活指数排名	公众满意程度/%
浙 江	3	5	4	12	16	3	5	9
上 海	4	9	3	24	28	2	2	23
重 庆	5	11	15	9	1	7	20	5
海 南	6	14	20	1	14	16	15	3
湖 北	7	4	7	13	17	13	17	20
湖 南	8	16	11	10	9	8	25	7
江 苏	9	2	8	21	31	4	3	17
云 南	10	7	25	5	2	25	28	14
吉 林	11	3	21	17	8	20	11	19
广 西	12	8	28	4	12	29	22	15
广 东	13	10	18	15	27	6	6	24
四 川	14	12	22	16	3	14	27	8
江 西	15	20	24	11	6	15	14	13
甘 肃	16	6	23	8	25	24	23	11
贵 州	17	26	19	7	7	19	26	2
山 东	18	23	5	23	26	10	8	16
安 徽	19	19	9	20	22	9	23	21
河 北	20	18	2	30	13	25	19	31
黑龙江	21	25	25	14	11	18	12	25
河 南	22	15	12	26	24	17	10	26
陕 西	23	22	17	22	23	12	21	18
内蒙古	24	28	16	19	15	23	13	22
青 海	25	24	30	6	21	30	30	6
山 西	26	29	13	29	20	21	4	27
辽 宁	27	30	10	18	18	28	29	28
天 津	28	12	6	31	30	5	7	29
宁 夏	29	17	27	27	29	22	16	10
西 藏	30	31	31	2	4	27	31	1
新 疆	31	27	29	25	10	31	18	12

注：本表中各省（区、市）按照绿色发展指数值从大到小排序。若存在并列情况，则下一个地区排序向后递延。

表 3-2　2016 年生态文明建设年度评价结果

地　区	绿色发展指数	资源利用指数	环境治理指数	环境质量指数	生态保护指数	增长质量指数	绿色生活指数	公众满意程度/%
北　京	83.71	82.92	98.36	78.75	70.86	93.91	83.15	67.82
天　津	76.54	84.40	83.10	67.13	64.81	81.96	75.02	70.58
河　北	78.69	83.34	87.49	77.31	72.48	70.45	70.28	62.50
山　西	76.78	78.87	80.55	77.51	70.66	71.18	78.34	73.16
内蒙古	77.90	79.99	78.79	84.60	72.35	70.87	72.52	77.53
辽　宁	76.58	76.69	81.11	85.01	71.46	68.37	67.79	70.96
吉　林	79.60	86.13	76.10	85.05	73.44	71.20	73.05	79.03
黑龙江	78.20	81.30	74.43	86.51	73.21	72.04	72.79	74.25
上　海	81.83	84.98	86.87	81.28	66.22	93.20	80.52	76.51
江　苏	80.41	86.89	81.64	84.04	62.84	82.10	79.71	80.31
浙　江	82.61	85.87	84.84	87.23	72.19	82.33	77.48	83.78
安　徽	79.02	83.19	81.13	84.25	70.46	76.03	69.29	78.09
福　建	83.58	90.32	80.12	92.84	74.78	74.55	73.65	87.14
江　西	79.28	82.95	74.51	88.09	74.61	72.93	72.43	81.96
山　东	79.11	82.66	84.36	82.35	68.23	75.68	74.47	81.14
河　南	78.10	83.87	80.83	79.60	69.34	72.18	73.22	74.17
湖　北	80.71	86.07	82.28	86.86	71.97	73.48	70.73	78.22
湖　南	80.48	83.70	80.84	88.27	73.33	77.38	69.10	85.91
广　东	79.57	84.72	77.38	86.38	67.23	79.38	75.19	75.44
广　西	79.58	85.25	73.73	91.90	72.94	68.31	69.36	81.79
海　南	80.85	84.07	76.94	94.95	72.45	72.24	71.71	87.16
重　庆	81.67	84.49	79.95	89.31	77.68	78.49	70.05	86.25
四　川	79.40	84.40	75.87	86.25	75.48	72.97	68.92	85.62
贵　州	79.15	80.64	77.10	90.96	74.57	71.67	69.05	87.82
云　南	80.28	85.32	74.43	91.64	75.79	70.45	68.74	81.81
西　藏	75.36	75.43	62.91	94.39	75.22	70.08	63.16	88.14
陕　西	77.94	82.84	78.69	82.41	69.95	74.41	69.50	79.18
甘　肃	79.22	85.74	75.38	90.27	68.83	70.65	69.29	82.18
青　海	76.90	82.32	67.90	91.42	70.65	68.23	65.18	85.92
宁　夏	76.00	83.37	74.09	79.48	66.13	70.91	71.43	82.61
新　疆	75.20	80.27	68.85	80.34	73.27	67.71	70.63	81.99

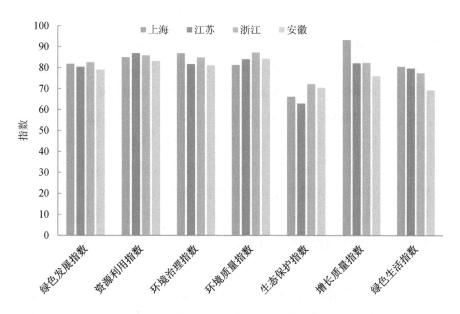

图 3-1　2016 年长三角区域生态文明建设年度评价结果

3.1.2　区域绿色发展成效

3.1.2.1　上海

（1）强化生态空间管控

全面落实主体功能区划。上海市于 2012 年出台了《上海市主体功能区划》，以区县为单元，划分四类主体功能区（分别是都市功能优化区、都市发展新区、新型城市化地区、综合生态发展区），并提出将市域空间划分为城镇空间、农业空间和生态空间。通过大力推动"两规合一"、修编城市总体规划等举措，在区县层面已经基本完成"三区三线"的划定工作，使得城镇空间、农业空间和生态空间在区县层面精准落地；同时，市委组织部结合主体功能区四类分区，明确并实施考核相关政策。

划定并严守生态保护红线。上海市将生态空间范围内具有特殊重要生态功能、必须强制性严格保护的区域全部划入生态保护红线内，并且与《上海市城市总体规划（2017—2035）》《上海市主体功能区划》充分衔接，最终形成了上海市生态保护红线划定方案。2018 年 2 月，方案经国务院批复同意，建立了生态保护红线管控机制。从建立责任体系、完善监督机制，建立监测、评估、考核机制，完善政策激励机制，建立动态增加机制等五方面抓好生态保护红线的落实。

推动"多规合一"。上海市以城市总体规划和土地利用总体规划为主体，统筹人口分布、经济布局、环境保护、国土利用、基础设施等各类涉及空间安排的规划，统筹空间、规模、产业三大结构，统筹生产、生活、生态三大布局，实现"一张蓝图"。同时，建立了空间合一、时间合拍的空间规划体系。在空间维度上，通过制定总体规划、单元规划、详细规划，分层分级落实总体规划的目标和指标；在时间维度上，充分衔接国民经济和社会发展中长期规划，通过制订近期行动规划和年度实施计划，统筹协调城市总体规划与国民经济和社会发展中长期规划的各阶段发展目标和时序安排，做到同步、有序实施。建立"三大空间、四条控制线"的空间分区管制体系。以国土资源环境综合承载力评价为基础，强化土地用途管制和空间管制。统筹优化市域生态、农业和城镇"三大空间"，促进空间复合利用，建立生态保护红线、永久基本农田保护红线、城市开发边界和文化保护控制线"四线"管控体系。

（2）推动供给侧结构性改革

促进"三高一低"企业退出，持续优化环保指标。自"十三五"时期以来，上海市提前完成国家下达的化解及淘汰落后产能任务并坚持自我加压。2016—2018年，共完成市级产业结构调整项目3 962项。截至目前，除宝钢外，焦化炉、钢铁冶炼全部关停，焦炭、铁合金、平板玻璃、皮革鞣制全行业退出，铅蓄电池、砖瓦行业完成整合，外环线内传统纺织印染、危险化学品生产企业完成调整，全市钢铁冶炼产能已整合压缩至2 000万t以内，水泥行业已无熟料生产。

突出重点区域，成片优化整治地区环境质量。按照"突出重点区域调整，成片优化整治地区环境质量"的原则优化产业布局，实现了从"单项拔点"向"成片整治"转型，着力支撑工业区转型升级、"198"区域土地减量、生态环境综合治理、郊野公园和外环生态经济圈建设。2015年，出台了《关于进一步加强本市部分区域生态环境综合治理工作的实施意见》，重点打击违法排污、违法用地、违法建设、违法生产经营、造成重大安全隐患等5类违法行为。2015—2017年，共消除50个市级地块内的违法用地21 045亩，拆除违法建筑2 225万 m^2，关闭无证及淘汰企业9 922家；在陆续确定的666个区级地块和一大批街镇级地块内，拆除违法建筑6 771万 m^2，基本消除"五违"问题集中成片区域。2018年，进一步巩固生态环境综合整治和违法违规建设项目清理整治成果，建立"散乱污"企业动态管理机制，完成"散乱污"整治700余家。2018年，启动实施重点区域调整专项10个，推动金山二工区、奉贤星火开发区等16个重点区域调整转型，验收完成奉贤海湾、浦东合庆等10个重点区域专项工作。

促进绿色制造和绿色产品生产供给。研究制定了绿色工厂、绿色园区指标体系及评价方法。印发《上海市绿色制造体系建设实施方案（2018—2020年）》，全面启动"1121"（创建100家绿色工厂、100项绿色产品、20个绿色园区、10条绿色供应链）工程。将全市首批 200 余家企业、园区列入重点培育对象。其中，12 家工厂、1 个园区、2 条供应链、10 项产品入选国家级绿色制造示范项目，涵盖电子信息、成套装备、生物医药、化工等上海市重点行业。20 个绿色制造系统集成项目获工信部立项支持，立项数量居全国首位，共获得中央财政补助资金 3.134 亿元，拉动绿色改造投资 35 亿元。项目实施以来，节能、减排、降耗效果显著，行业示范效应初步显现。

推动循环发展。加快国家和上海市各类试点示范项目推进。开展国务院办公厅印发的《生产者责任延伸制度推行方案》试点——废铅酸蓄电池"销一收一"网络体系建设的方案研究；推进国家"城市矿产"示范基地、临港再制造产业示范基地、园区循环化改造试点、循环经济教育示范试点、餐厨废弃物无害化处置和资源化利用试点等项目建设，完成国家第二批汽车零部件再制造试点工作。加快园区循环化改造，制定《上海市工业园区循环化改造评价标准（试行）》，明确了包含 24 家国家级园区、32 家市级园区的改造任务清单，确定了改造方案，改造工作均已启动实施。完善回收体系建设。开展生活垃圾分类全流程体系建设，同时积极推进居民源"生活垃圾分类清运网络"和"再生资源回收网络"的"两网融合"工作，推动实现垃圾减量和资源增量。进一步梳理构建各类废弃物的处置模式。对上海市建筑垃圾、餐厨废弃物、废弃食用油脂等，加大科技研发力度，支持多元处置模式的探索，加强全过程回收、处置、利用和监管体系建设。鼓励和引导绿色消费，大力推动资源综合利用、再制造、再生品使用，削减一次性用品使用，鼓励发展废旧物资的"共享式"消费模式，实施绿色建材等产品强制推广和使用。

推进节能环保产业发展。产业能级不断提升，2018 年，上海市节能环保产业总产值 1 418.72 亿元，首次超过 1 400 亿元；超临界发电机组、高效电梯等节能技术装备形成明显竞争优势；污水处理、烟气治理等环保技术装备蓬勃发展、形成规模；旧金属回收、新型建材、再制造等资源综合利用领域优势更加巩固；40 余项先进节能节水、环保、资源综合利用技术装备入选国家推荐目录。产业推动机制不断健全，相继揭牌成立上海市环境第三方治理产业联盟、再制造产业联盟、土壤修复产业联盟，引导行业规范化发展；加强节能环保技术产品推广，打造了"生态文明建设沙龙""绿品慧"等线上线下推广平台。围绕绿色设计平台建设、绿色关键工艺突破、绿色供应链系统构建，实施一批系统集成项目。此外，推进金山二工区产业升级，深入开展项目招商，谋划潜在节能环保服务合作方向。

（3）强化环保科技支撑

强化重点领域科技支撑研究。在大气污染防治方面，主要开展了"上海大气活性有机物污染特征、来源及防控对策研究"等课题研究，对大气复合污染的防控提出进一步建议。在水污染防治方面，主要开展了"上海市饮用水水源地抗生素等新型污染物环境风险调查评估与控制对策"等课题研究,对全市水源地保护、黑臭水体治理和生态保护红线等重点领域提出了主要措施、政策体系和体制建议;开展了"太浦河流域水环境安全与污染防控对策研究",对跨界保护重点领域提出了主要措施、政策体系和体制建议。在土壤环境保护方面,开展了"上海市农用地土壤环境质量类别划分技术方法研究"等课题研究,对上海市农用地土壤环境质量类别进行了划分,对潜在污染场地分类分级管理体系和重点监管企业土壤环境保护制度的建立提供了有力的科技支撑。在固体废物处置方面,设立了"750 t 级生活垃圾焚烧炉烟气 NO_x 一体化控制技术研究与示范"等科研项目,解决了大容量焚烧炉燃烧不均匀、气化熔融一体化处理本土技术储备不足、建筑垃圾分选和资源化利用难度大等行业产业共性关键问题。

加强科研创新平台及能力建设。大气方面,建成了 1 个国家环境保护城市大气复合污染成因与防治重点实验室、1 个上海市大气颗粒物污染防治重点实验室以及 1 个上海市长三角区域空气质量预测预报中心,并以此为核心,建成了国内大气环境顶尖科研与技术平台,集中攻克了电厂、锅炉、柴油车、船舶的 VOCs 治理技术难题,破解了以 $PM_{2.5}$ 为核心的东部地区典型气象条件下的大气重污染形成机制、动态来源解析以及大气环境承载力等科学难题,成为支撑我国东部地区大气环境研究与预测预报技术的重要技术力量。水方面,建立了水源地水质预警指标体系和新兴污染物监测体系、太湖流域和区域协同监管的水文水质测报预警系统和应用平台,支撑了上海水源集约化建设和西南五区居民水质提高;构建水环境预警监控网络和预警决策系统、平原河网污染源生态治理技术体系以及水资源智能调度应用系统,提升了平原河网水生态环境综合管控能力。土壤方面,建成了国家环境保护城市土壤污染控制与修复工程技术中心、上海环境岩土工程技术研究中心、上海污染场地修复工程技术研究中心、上海环境保护建设用地污染风险防控与修复技术工程中心、上海污染场地修复产业技术创新战略联盟等科研创新平台,成为支撑上海市乃至长三角区域和我国城市化地区土壤污染防治的重要技术力量;建立了典型行业污染场地水土协同的安全利用评价体系和复垦地块土壤-地下水协同防控与修复关键技术体系;重点突破复合污染场地治理修复技术"瓶颈",形成了基于风险管控的污染场地综合评估及治理修复技术体系;创新研制了污染土壤集成处理大型工程装备、多功能集成机械斗,以及适用于软土地质条件的双泵式原位多相抽提处理系统,实现了土壤修复工程专业装备自主研发的重大突破。固体废物方面,通过一系列技术攻关,目前上海市生活垃圾超大容量焚烧炉低 NO_x 燃烧控制技术、超清洁生活垃圾气化熔融一体化技术、建筑垃圾分离分选和资源化利用技术均达到国内领先水平。此外,批准建设了"上海市环境保护化学污染物环境标准与风险管理重点实验室""上海市环境保护环境大数据与智能决策重点实验室"和"化工行业污染物全过程控制工程技术中心"

等平台。

（4）推动区域绿色协调发展

促进长三角区域绿色协调发展。自 2016 年以来，上海市坚决贯彻落实习近平总书记关于推进长江经济带发展的系列讲话精神，牢固树立和贯彻落实创新、协调、绿色、开放、共享的发展理念，坚持生态优先、绿色发展，以改善生态环境质量为核心，共抓大保护，不搞大开发，全面推进上海生态环境保护各项工作，特别是以长三角区域大气、水污染防治协作机制为抓手，共同抓好长三角区域大保护工作。圆满完成南京青奥会、G20 峰会、世界互联网大会、国家公祭日、进博会等国家及国际重要赛事和活动的环境保障工作。

推进机制建设和科研合作。组织修订大气和水两个协作小组工作章程，组建了长三角区域生态环境协作专家委员会和生态环境联合研究中心，签订了《长三角区域环境保护标准协调统一工作备忘录》《长三角区域环境保护领域实施信用联合奖惩合作备忘录》，实现了区域 12 个超级站和 420 余个国控、省控常规站点的数据联网共享。开展专题调研，在长三角区域一体化发展的国家战略背景下，研究深化全方位、深层次的环境保护合作。

推进长江经济带高质量发展。上海市坚持"共抓大保护、不搞大开发"的导向，深入推进实施《长江经济带发展规划纲要》，出台了《关于贯彻〈国务院关于依托黄金水道推动长江经济带发展的指导意见〉的实施意见》《上海市推动长江经济带发展实施规划》《上海市深入推动长江经济带生态优先绿色高质量发展的实施方案》等文件。实施贯彻国家长江经济带"共抓大保护"专项检查、饮用水水源地安全保护、化工污染整治、非法码头非法采砂整治、入河排污口清查、干流岸线保护与利用检查、长江生态环境问题整改等专项行动。

推进江海联运与交通基础设施建设。2017 年年底，作为全球最大自动化码头的洋山深水港区四期工程开港试运行，上海市海空港国际枢纽地位得到进一步巩固。推进长江多式联运实施方案落实，完善上海国际航运中心现代集疏运体系建设，推动沪通铁路、沪苏湖铁路、沪乍杭铁路规划建设，加快长江西路隧道和沿江通道越江隧道建设。编制上海市内河港区布局规划，全面推进内河高等级航道建设，有序推进大芦线航道大治河段、平申线航道等的整治工程。

推进崇明世界级生态岛建设。印发实施《上海市崇明区总体规划暨土地利用总体规划（2017—2035）》，加强与江苏省南通市的规划协调，努力实现世界级生态岛的共建共享。启动崇明世界级生态岛建设第四轮三年行动计划（2019—2021 年）编制工作，对照世界先进水平，推进一批重点项目。以崇明世界级生态岛建设为抓手，积极申报建设长江经济带绿色发展试点示范区。

3.1.2.2 江苏

（1）强化生态空间管控

全面落实主体功能区规划。一是强化规划引领，牢固树立主体功能区推动发展理念。近年来，通过规划编制、推广落实等系列工作，特别是在党代会报告、政府工作报告、五年规划纲要及相关生态文明建设政策文件中，与时俱进地对实施主体功能区规划、加强主体功能区建设提出明确要求、做出部署安排，按照主体功能区定位谋划发展日益成为全省上下基本共识和根本遵循。2018 年 7 月，省发改委与省海洋与渔业局联合印发实施《江苏省海洋主体功能区规划》，实现陆域国土空间和海域国土空间主体功能区规划的全覆盖。二是加强政策支持，不断强化主体功能区规划实施体系保障。2017 年，省政府办公厅出台《关于建立健全主体功能区建设推进机制的指导意见》，根据新形势、新要求，提出建立适应主体功能区要求的生态治理、政策配套、考核评价、空间衔接、组织实施"五大机制"。2018 年，省委、省政府制定出台《关于完善主体功能区战略和制度的实施意见》，进一步明确完善主体功能区战略和制度的关键抓手、重点举措。此外，还制定了《江苏省水环境区域补偿实施办法（试行）》《江苏省节约集约用地"双提升"行动计划》等政策文件；印发了《江苏省生态补偿转移支付暂行办法》《江苏省生态红线区域保护规划》，进一步健全主体功能区规划实施政策体系。三是坚持因地制宜，加快推动主体功能区规划落地见效。充分发挥市县实施主体功能区战略的主体责任，加强部署落实，13 个设区市都已印发实施了有关落实主体功能区规划的实施性文件。注重政策配套，苏州、常州、镇江等地在规划管控、产业准入、土地管理等方面强化政策引导，推动主体功能区战略在空间开发、产业布局、城市功能、生态建设和特色发展等方面的具体落实。

严守生态保护红线。一是扎实做好国家生态保护红线划定及后续工作。在全国率先印发《江苏省国家级生态保护红线规划》（苏政发〔2018〕74 号）。配合生态环境部制定国家生态保护红线管理办法，在南京市江宁区开展生态保护红线勘界立标试点，将更多江苏经验体现在全国管理办法中。二是积极提升省级生态保护红线管控水平。为做好与全省生态保护红线划定方案的对接工作，印发了《关于做好省级生态保护红线相关校核工作的函》（苏环函〔2018〕151 号），组织开展全省生态保护红线校核工作。在原有管控要求的基础上，制定全省生态保护红线管理办法，进一步提升管控水平，更加贴近江苏实际。起草江苏省生态保护空间增补奖励办法，建立"政府+市场"调控、统筹生态空间优化配置激励机制，有效保护生物多样性和保障区域生态安全。三是严格开展生态保护红线区域管理考核。按照"一个规划、两个办法、一个细则"的有关要求，下达 2016

年度、2017 年度省级生态补偿转移支付资金累计超过 30 亿元。完成各地 2015 年度、2016年度、2017 年度生态保护红线区域监督管理年度考核,考核结果上报省政府并向各地通报。

积极推动"多规合一"。注重以主体功能区规划为基础统筹各类空间性规划,按照《国家发展改革委关于"十三五"市县经济社会发展规划改革创新的指导意见》,下发江苏省贯彻落实的具体意见,明确省推动市县规划改革创新的主要方向、重点任务和工作保障。开展省级空间规划总体思路研究,深化对空间治理的重要意义、路径方向和制度建设的认识。积极争取将淮安市、句容市、姜堰区纳入国家"多规合一"试点范围,全面完成国家赋予的各项改革试点任务。根据国家部署要求,组织开展省资源环境承载能力监测预警评估工作,力争全面摸清全省资源环境承载能力现状详情,为细化落实、动态修订主体功能区规划提供基础支撑。

(2)加强供给侧结构性改革

大力淘汰落后产能。工信部、国家发展改革委、财政部等十六个部门印发《关于利用综合标准依法依规推动落后产能退出的指导意见》后,江苏迅即印发《关于利用综合标准依法依规推动落后产能退出的实施意见》(苏政传发〔2017〕225 号),建立淘汰落后产能协同推进机制。开展钢铁、煤炭、水泥、平板玻璃等重点行业淘汰落后产能"回头看"行动,组织各市对相关生产企业进行全面排查,退出水泥、平板玻璃行业落后产能企业 18 家,退出产能水泥 480 万 t、平板玻璃 175 万 t 重量箱,实现了全省钢铁、煤炭、水泥、平板玻璃等重点行业落后产能彻底出清。

稳步推进绿色制造体系建设。印发实施《江苏省绿色制造体系建设实施方案》,以创建绿色工厂、绿色园区、绿色供应链和设计开发绿色产品为重点,推进绿色制造体系建设,以点带面引领提升绿色制造水平。发布 2017 年度和 2018 年度绿色制造示范创建计划,加强指导推进。累计创建国家绿色工厂 97 家、绿色园区 9 家、绿色供应链管理企业 4 家,数量居全国第一。一批绿色制造系统集成示范项目获国家财政扶持。

深入推动重点用能单位节能降耗。制定并实施《江苏省工业领域能效领跑行动实施方案》,组织筛选发布一批能效"领跑者"企业名单,积极申报国家高能耗行业能效"领跑者",组织同行业以国家和省内能效"领跑者"为标杆,开展能效对标达标活动,推动行业持续提升能效水平。东台中玻获得平板玻璃行业能效"领跑者",灵谷化工进入合成氨行业能效"领跑者"入围企业。持续推进重点用能单位能源管理体系建设,全省有 922 家企业通过评价或认证。推进"百千万"行动,将 1 134 家重点用能单位纳入"百千万"行动,分解落实"十三五"期间及各年度能耗总量和节能目标。

推进废物资源综合利用。一是推进工业废弃物综合利用。制定《江苏省工业固体废物资源综合利用评价管理实施细则(暂行)》,启动新能源汽车动力蓄电池回收利用试点工作。溧阳天山水泥窑协同处置生活垃圾项目被列入国家试点，吴江东吴水泥、徐州龙山水泥建成水泥窑协同处置工业固体废物、污泥、飞灰等固体废物装置。全省一般工业固体废物资源综合利用率保持在 90% 以上。二是加强农业废弃物综合利用。坚持疏堵结合，大力开展秸秆机械化还田，实施秸秆收储利用按量补助，支持秸秆综合利用社会化服务体系建设。2016—2018 年，累计投入部省级资金超过 32.5 亿元，扶持秸秆机械化还田和离田利用，在 20 个县（市、区）实施中央秸秆综合利用整县推进试点，引导各类新型农业经营主体购置大马力拖拉机及配套秸秆还田机等。目前，全省已形成秸秆能源化、肥料化、饲料化、基料化和原料化"五化"并重、各具特色的利用格局，利用途径得到进一步拓展，市场化、产业化水平稳步提升。截至 2018 年年底，全省秸秆综合利用率约达 93%。

加快发展节能环保产业。开展节能环保产业行业梳理、关键共性技术发展目录研究修缮，编制节能环保集群培育实施方案，明确发展目标、重点任务、培育举措。持续支持实施重点产业化项目。积极组织企业申报工信部的环保装备制造行业（大气治理）规范企业，经公告，江苏有 6 家符合规范条件，数量在全国位居前列。

（3）提高环保准入门槛

严格项目环评准入。在项目环评审批时，严格执行国家和省相关的法律、法规、政策和标准，积极完善空间、总量、项目"三位一体"的环境准入和调控机制。充分发挥项目环评审批在产业结构调整中的作用，对高能耗、高污染和产能过剩行业的建设项目坚决从严、不予审批，对符合产业政策和环保要求的重大项目，畅通环评审批"绿色通道"，提供优质、高效服务。加强对地方环保部门审批项目管理，及时调度各地项目环评审批情况，开展环评技术复核，抽查基层审批的项目环评情况，对发现的问题及时整改。

推动战略环评。组织实施长三角战略环评江苏省子项目。2017 年，在提交了江苏子项目中期评估报告的基础上，进一步完善了江苏省子项目产业与经济发展、水资源水环境、大气、生态评价专题报告，形成江苏省子项目战略环评报告。连云港市于 2016 年完成全国首个地市级战略环评试点，2017 年，再度被环保部列为"三线一单"试点城市。利用战略环评成果，为"三线一单"划定技术方案的制定和"三线一单"成果的落地提供有益经验。

积极推进规划环评审查。推进国家级、省级开发区及含化工定位的园区规划环评审查工作，要求近年来升格为国家级的开发区及时编制规划环评报告并报环保部审查，组织规划环评满 5 年的开发区开展规划环评跟踪评价工作。同时，严格规划环评与项目环评联动要求，未及时开展园区规划环评跟踪评价的，环保部门暂停受理区内建设项目的环境影响评价文件。2017 年，在总结前期规划环评工作经验的基础上，结合省政府最新要求，出台了《关于切实加强产业园区规划环境影响评价工作的通知》（苏环办〔2017〕140 号），要求规划环评报告在结论和审查意见中明确"三线一单"相关管控要求，并推动将管控要求纳入规划。为推动规划环评审查意见落地，截至 2018 年年底，省生态环境厅共审查规划环评 19 项，审核跟踪评价 7 项。省商务厅等部门联合报请省政府印发了《江苏省以"区域能评、环评+区块能耗、环境标准"取代项目能评、环评试点工作方案（试行）》（苏政办发〔2017〕19 号），选择 5 个省级开发区，加大改革创新力度，深化环评审批制度改革，建立完善符合江苏开发区实际情况的行政审批工作新机制。

扎实开展"三线一单"编制工作。2018 年 1 月，成立了江苏省长江经济带战略环评及"三线一单"编制工作技术团队。4 月，成立江苏省长江经济带战略环评及"三线一单"划定项目协调小组，并编制了《长江经济带战略环评江苏省"三线一单"编制工作技术方案》。5 月，印发了《关于印发江苏省"三线一单"编制工作实施方案的通知》（苏环办〔2018〕169 号）。各设区市陆续成立项目协调小组，组建市级技术团队，统筹安排财政预算。省、市两级技术团队根据实施方案和技术方案分工要求开展研究工作。截至 2018 年年底，"三线一单"编制工作基本完成。各设区市技术团队在"三线"成果的基础上，共划定 4 431 个环境管控单元，并针对每个单元结合"三线"管控要求制定准入清单。其中，沿海、沿江、环太湖区域 10 个设区市实行高精度管控，最小管控单元划至乡镇街道以下，其他 3 个设区市实行一般精度管控，最小管控单元划至乡镇街道。"三线一单"数据信息平台建设与编制工作同步开展。全省通过统一的数据底图、统一的传输网络，实现行政边界、生态保护红线等矢量数据省、市、县三级共享，地市细化的管控单元数据可通过信息平台即时同步更新。现已集成了"三线一单"编制成果、环境质量自动监测数据、"一企一档"数据、环评审批四级联网报送数据、排污许可等实时数据，为下一步探索"三线一单"、环评审批、排污许可综合应用打下了坚实基础。

（4）推进区域绿色协调发展

加快推进重点地区绿色协调发展。一是打造太湖生态保护圈，实施保护优先战略，推进污染企业加快退出，加强环湖地区生态修复与治理。二是建设长江生态安全带，优化长江岸线及洲岛岸线开发布局，逐步降低岸线开发利用率，转移沿江重污染企业，优化长江排污口和取水口布局，强化饮用水水源地风险防控和区域环境综合整治。三是构建苏北苏中地区生态保护网。2017 年 1 月，省政府颁布《苏北苏中地区生态保护网建设实施方案》，积极构建"三纵三横三湖"生态保护网络，坚持生态优先，发展绿色产业，加强污染防治，打造清水廊道，保护良好湖泊，守护"蓝色国土"。四是推进生态保护引领区和特区建设。省政府办公厅出台《关于推进生态保护引领区和生态保护特区建设的指导意见》（苏政办发〔2017〕73 号），在太湖上游宜兴、武进开展生态保护引领区建设试点，两地编制完成生态保护引领区建设方案；依托盐城湿地珍禽国家级自然保护区、泗洪洪泽湖湿地国家级自然保护区启动生态保护特区建设，分别起草制定盐城生态保护特区、泗洪生态保护特区建设方案，报省政府研究。五是推进大运河文化带生态长廊建设。成立江苏大运河文化带生态长廊建设领导小组，召开协调会议，制定江苏大运河文化带生态长廊建设方案，初步确定重点任务，有关部门开展了专题调研。

推进"一带一路"绿色化建设。一是不断拓宽与"一带一路"沿线国家进行环保对话交流。持续巩固现有"一带一路"沿线国家合作，并依托省级交往与工作平台积极持续拓宽渠道，与以色列、阿联酋、俄罗斯、捷克、新加坡等"一带一路"重点国家开展人员交流、环保专题培训与高层互访，推动双方就环境管理、政策法规、污染防治与清洁技术、环保产业合作等专题开展务实对话交流。二是推动产业对接与合作。举办江苏省国际环保新技术大会和"一带一路"及"走出去"专场论坛，推动企业对接及技术展示，积极推动省内优秀环保企业"走出去"，在项目建设、园区建设中开展环境服务。

落实长江经济带共抓大保护要求。印发《江苏省长江经济带生态环境保护实施规划》，明确七大类 27 项规划任务。根据国家发展改革委、环境保护部、水利部联合印发的《长江经济带生态环境保护重点突破工作方案》，编制印发了《江苏省长江经济带生态环境保护重点突破实施方案》，进一步明确部门职责分工，落实责任主体，加大对沿江化工企业和非法占用码头的整治力度，降低沿江地区资源能源消耗水平和重化工业比重。全面实施环评登记表备案管理。

3.1.2.3 浙江

（1）生态空间管控

全面编制实施市县环境功能区划，明确了各行政区域内不同环境功能分区的范围面积、主导功能和环境目标，突出管控措施的差异化和管用性，严格实行负面清单制度，进一步优化整合环境空间资源，促进生产布局相对集中，推动国土空间开发格局优化。严格环境准入制度，制定了生活垃圾焚烧、燃煤发电产业环境准入指导意见，并对化学原料药、废纸造纸、印染、电镀、农药、生猪养殖、热电联产、染料、啤酒、涤纶、氨纶、制革、黄酒酿造等产业环境准入指导意见进行了修订。落实"放管服"和"最多跑一次"的改革要求，深入推进环境审批制度改革。省生态环境厅把 97.5% 的环评审批权限下放至市县，全面清理了与生态环境系统脱钩的 16 家环评机构，全面实施环评登记表备案管理。在省级特色小镇、省级及以上开发区（产业集聚区）全面推行"区域环评+环境标准"改革，实施改革进展情况通报制度，截至 2018 年年底，全省已实施改革区域达 238 个，改革区域环评编制时间平均缩减 65%，编制费用平均降低 55%。省本级全面实施环评审批环节代办制，积极探索"标准地"环境准入改革，研究提出 34 个行业新增工业项目"标准地"单位排放增加值控制性指标。

完成全省生态保护红线的划定。2017 年 7 月，省委办公厅、省政府办公厅印发《关于全面落实划定并严守生态保护红线的实施意见》。随后，省政府常务会审议通过了《浙江省生态保护红线划定方案》，并及时报送环境保护部、国家发展改革委。经国务院同意，2018 年 7 月，省政府发布《浙江省生态保护红线》，全省生态保护红线总面积为 3.89 万 km^2，占全省面积和管辖海域的 26.25%，构建了"三区一带多点"生态保护红线空间分布格局。其中，陆域生态保护红线面积为 2.48 万 km^2，占全省陆域面积的 23.82%；海洋生态保护红线面积为 1.41 万 km^2，占全省管辖海域面积的 31.72%。

启动省域生态环境保护空间规划研究。积极推动"多规合一"，参与省域空间规划编制，积极参与划定生态空间，及时提供生态保护红线划定成果，构建省域生态环境安全格局。浙江省域空间规划已经完成省级部门审查，市县"多规合一"也取得了积极进展。全面编制实施环境功能区划，2014 年，浙江省成为全国首个通过省域环境功能区划试点验收的省份。2016 年，省政府又批复市县环境功能区划。浙江成为全国首个实现生态环境空间管制制度全覆盖的省份，为启动省域生态环境保护空间规划研究奠定了较好基础。

（2）淘汰落后和过剩产能

严格落实国家淘汰落后产能和化解严重过剩产能工作要求，全面实施年度淘汰产能目标任务。2016—2018 年，全省工业行业共淘汰 30 多个行业 6 423 家企业的落后和严重过剩产能，三年均超额完成全省年度淘汰产能涉及 1 000 家企业的目标任务。2016 年，已全面完成国家下达的钢铁压减产能五年目标任务。不断深化涉水行业污染整治，开展铅蓄电池、电镀、制革、印染、造纸、化工等重污染行业和地方特色行业整治提升，全省累计关停淘汰涉水企业 3 万多家，整治提升企业 9 000 多家。全面实施"低散乱"块状行业整治提升"十百千万"计划和"四无"企业（作坊）整治专项行动。2016—2018 年，全省累计整治和淘汰"低散乱"企业（作坊）11.37 万家，三年均超额完成省定年度整治"低散乱"企业（作坊）10 000 家的目标任务。

（3）强化绿色科技创新引领

浙江省已拥有 6 个国家级环保科技创新平台，40 多个省级环保科技研发机构和平台，覆盖了生态环境保护科技各领域。"十二五"水专项示范工程的实施取得积极成果，积极推进"十三五"水专项课题，共争取国拨经费 1.61 亿元。依托浙江省"五水共治"，"十三五"水专项项目（课题）在太湖流域研究建立了水环境长效管理、水污染控制与治理两大技术体系，并实现省域推广应用，为水环境质量持续改善和"水十条"考核目标的完成提供技术支撑。搭建省环保公共科技创新服务平台，针对各地技术需求，带领专家前往各地开展"点对点"服务，指导各地打赢污染防治攻坚战。培育了一批辐射带动效果显著、市场竞争力强的龙头骨干企业，截至 2017 年年底，浙江省共有环保上市企业 14 家，营业收入达 296.63 亿元。环境监测、大型电除尘、垃圾焚烧等技术装备已接近或达到国际先进水平，并出口美国、日本、英国等 30 多个国家和地区。扎实推进绿色制造工程，2016—2018 年，全省共入选国家绿色工厂 64 家、绿色园区 3 个，19 个项目被列入国家绿色制造系统集成项目，数量居全国前列。

（4）积极推进区域绿色协调发展

深入贯彻习近平总书记重要批示精神，坚持保护优先、绿色发展，坚决推进长江经济带战略实施和高质量发展工作，积极推进长三角一体化发展和大湾区大花园大通道大都市区建设。坚持"共抓大保护、不搞大开发"，建立规划政策体系和工作推进体系，把保护和修复长江生态环境摆在首要位置。印发《浙江省参与长江经济带生态环境保护行动计划》，实施长江经济带生态环境保护规划浙江省实施方案，突出统筹山水林田湖草系统治理，努力把浙江省率先建成长江经济带水清地绿天蓝的绿色生态区和生态文明建设先行示范区。认真落实长三角区域一体化发展三年行动计划要求，依托长三角大气和水污染防治协作机制，持续强化区域流域污染联防联控和监管联动，实施新安江流域第三轮跨省生态补偿，推进太湖流域水环境综合治理，不断拓展与区域各省、市的环保领域合作，推进长三角环境质量持续改善。

3.1.2.4 安徽

（1）生态保护红线划定和空间规划研究

划定生态保护红线。依据环境保护部办公厅、国家发展改革委办公厅印发的《生态保护红线划定指南》（环办生态〔2017〕48 号），安徽省环境保护厅、安徽省发展改革委组织编制了《安徽省生态保护红线划定方案》，征求了省直有关单位、各市人民政府意见，通过了国家生态保护红线专家组成员的论证和国家生态保护红线部际协调领导小组审议，经安徽省政府第 122 次常务会议和安徽省委常委会议审议通过。2018 年 2 月，环境保护部、国家发展改革委正式复函安徽省人民政府，《安徽省生态保护红线划定方案》得到国务院同意。安徽省生态保护红线总面积为 21 233.32 km^2，约占全省总面积的 15.15%，主要分布在皖西山地和皖南山地丘陵区等水源涵养、水土保持及生物多样性维护重要区域，长江干流及沿江湿地、淮河干流及沿淮湿地等生物多样性维护重要区域。

强化生态空间管控。安徽省协调推进合肥都市圈、芜马宣、皖北、安池铜协调发展，编制实施蚌淮（南）、宿淮（北）城市组群城镇体系规划，支持区域中心城市加快发展，规划建设城际和城乡一体化综合交通体系。实施以县城为重点的城市设计与"双修"（生态修复、城市修补），改善城镇生态功能、居住品质，增强对农业转移人口的吸引力和承载力。在铜陵市启动城市环境总体规划试点，目前铜陵城市环境总体规划编制已完成，六安城市环境总体规划正在实施。同时，积极推进全省"三线一单"编制工作，截至 2018 年 12 月，初步完成"三线一单"编制。推进各类园区的跟踪评价，初步完成列入生态环境部长江经济带产业园区环境影响跟踪评价清单的 41 个园区跟踪评价的编制和评审。

（2）构建绿色发展模式

以方案统领全省绿色发展。根据《安徽省五大发展行动计划》，制定《安徽省绿色发展行动实施方案》，作为推进全省绿色发展行动的统领性文件。根据该方案，每年制定工作要点和施工图，细化分解工作任务，明确分月工作计划，强力推进绿色发展。对重点任务落实责任到单位、到具体联系人，制作跟踪调度作战图，实施挂图作战，按月调度并通报。

建立健全绿色发展推进工作机制。成立由省委书记、省长任组长的省实施五大发展行动计划领导小组，同时成立了由分管副省长任组长的省实施绿色发展行动专项领导小组，专项领导小组下设办公室，由安徽省生态环境厅具体负责日常工作。制定出台了《安徽省实施绿色发展行动工作制度》和《安徽省实施绿色发展行动考评办法》，建立并完善了信息报送、工作月报、督查通报、考核评比等系列工作制度和办法。

建立绿色发展重点项目库。在省重大项目平台的基础上，建立绿色发展行动重点项目库，对入库项目实施动态管理，按月调度、通报。2017 年度入库项目 532 个，总投资 6 080 亿元，2017 年计划投资 579 亿元，实际完成投资 756 亿元，占年度总投资计划的 131%；2018 年入库项目共 454 个，总投资 4 977.3 亿元，2018 年计划投资 452 亿元，实际完成项目投资 564 亿元，占年度投资计划的 124.8%，超额完成年度投资计划。

（3）建立健全能源消耗总量和强度"双控"制度

严格目标管理和评价考核。省政府印发《"十三五"节能减排实施方案》，将国家下达的安徽省"十三五"节能减排约束性目标分解下达至各市和主要行业部门。以省节能办名义印发《安徽省"十三五"市级人民政府能源消耗总量和强度"双控"考核体系实施方案》，健全能源双控评价考核和奖惩制度。

严格源头管控和过程监管。印发《安徽省固定资产投资项目节能审查实施办法（暂行）》，严格执行高能耗项目能源消费等量置换制度。完善节能预警监测制度，实施能源总量和强度指标双监测、双预警，会同省统计局按季度公布各市能源消耗双控"晴雨表"，接受社会公众监督。

强化措施统筹。联合转发《"十三五"全民节能行动计划》，全面推进工业、建筑、交通运输、公共机构、居民用能等重点领域节能。举办安徽省节能宣传周和低碳日活动启动仪式，推动形成政府率先垂范、企业积极行动、公众广泛参与的全民节能氛围。加强重点用能单位管理，组织省内重点用能单位按计划开展能源审计工作，深入挖掘节能潜力。加强能效"领跑者"制度建设，组织开展重点行业能效"领跑者"遴选。

深化循环经济试点示范。支持铜陵金桥经开区列入 2017 年国家循环化改造重点支持园区，并支持 9 家园区开展省级园区循环化改造试点创建。协助铜陵经开区等 3 家单位顺利通过国家组织的园区循环化改造试点和"城市矿产"示范基地终期评估验收。完成合肥经济开发区、芜湖经济开发区、淮北经济开发区、霍邱经济开发区 4 家国家循环经济示范试点的省级中期评估及验收工作，为通过国家评估验收打好基础。

（4）扩大绿色产品供给

实施大规模国土绿化行动，开展森林城市、城镇、村庄和园林城市、县城、城镇创建。合理规划建设各类城市绿地，优化城市绿地布局，使城市森林、绿地、水系、河湖、耕地形成完整的生态网络。改造老旧公园，提升公园绿地综合服务功能。修复破坏的山体、河流、湿地、植被，增加城市绿地等生态空间。进一步增加城市人均公园绿地面积和提高城市建成区绿地率。以"三线"补绿扩带、"三边"扩绿改造和城乡绿化见缝插绿为重点，加快推进"三线三边"和城乡绿化增量提质行动。按照道路林荫化、村庄园林化、农民庭院花果化等要求，建设环村绿化带，开展进村道路绿化和庭院绿化，大力发展乡土、珍贵树种和特色林果、花卉苗木，形成由道路与河岸乔木林、房前屋后果木林、公园绿地休憩林、村庄周围护村林构成的村庄绿化格局。

（5）积极推进长江经济带绿色发展

2018 年 6 月，省委、省政府出台《关于全面打造水清岸绿产业优美丽长江（安徽）经济带的实施意见》，并作为全省生态文明建设的"一号工程"，积极推进长江经济带绿色发展。采取举措和取得的成效包括：一是完善工作推进机制，长江经济带各市县成立实施绿色发展行动专项小组，落实机构和人员，形成工作推进、会议调度等工作机制。二是长江经济带各市县制定绿色发展年度工作要点和施工图，细化分解工作任务，扎实推进绿色发展工作。三是以项目建设为抓手，推行绿色发展目标任务的实现。建立长江经济带绿色发展重点项目库，并对项目进展情况进行调度通报。全省长江经济带 8 市纳入项目库的重点建设项目共 206 个，总投资 2 400.9 亿元，2018 年计划投资 228.4 亿元，截至 2018 年年底，实际完成投资 283 亿元，超额完成年度投资计划。四是将长江经济带绿色发展工作推进情况纳入绿色发展年度目标考核。五是积极开展调查研究，组织开展了长江沿岸各市绿色发展情况调研,总结经验做法,分析存在的问题,提出改进对策,为进一步科学推动长江经济带绿色发展提供依据。

3.1.3　区域绿色发展面临的机遇与挑战

3.1.3.1　重要机遇

(1)党中央绘制绿色发展蓝图,绿色发展成为重大发展理念

党的十八大把生态文明建设纳入"五位一体"总体布局,融入经济建设、政治建设、文化建设、社会建设各方面和全过程,确立了建设美丽中国的宏伟目标。十八届五中全会又将绿色发展作为新发展理念之一,强调绿色是永续发展的必要条件和人民对美好生活追求的重要体现。党的十九大对生态文明建设和绿色发展战略的进一步明确和设计,彰显了党中央、国务院坚持绿色发展的坚定决心,"绿水青山就是金山银山"的绿色发展理念正在形成。

(2)长三角一体化发展带来重要机遇

当前,中央对长三角一体化发展的关注,也上升到了一个前所未有的高度。2018年5月,习近平总书记在《关于推动长三角一体化发展有关情况的报告》上做了重要批示,核心有三个方面:一是要实现更高质量一体化,这是总体目标;二是上海发挥龙头作用,苏浙皖三省要各扬所长,这是推进路径;三是要引领长江经济带发展,服务全国发展大局,这是根本落脚点。中央对长三角区域发展定位,以及习近平总书记的重要指示要求,将推动长三角区域绿色、高质量发展进入新阶段。

(3)加快经济高质量发展,有利于推动生态环境压力高位舒缓

长三角区域是我国经济最具活力、开放程度最高、创新能力最强的区域之一,是"一带一路"和长江经济带的重要交汇点,在国家现代化建设大局和全方位开放格局中具有举足轻重的战略地位,对全国经济社会发展发挥着重要支撑和引领作用。未来随着高质量发展提速,四大结构调整深入推进,全面推动节能环保和低碳循环经济发展,能源消费增长速度进一步收窄,化学需氧量、氨氮、二氧化硫、氮氧化物等主要污染物新增量预计明显回落。生态环境压力的舒缓为将生态优势转化为经济发展优势提供了契机。

(4)全社会形成绿色发展高度共识,绿色生产和生活方式正在逐渐形成

当前,推进生态文明建设、走绿色发展之路的思想认识高度统一,全社会致力于可持续发展,坚定走生产发展、生活富裕、生态良好的文明发展道路,建设绿色美好家园,促进人与自然和谐共生。长三角区域三省一市各级政府重视程度、企业绿色发展意识、公众和社会组织参与和监督环境保护的积极性都在迅速提高,这种社会共治模式为加快

推进绿色发展、循环发展、低碳发展创造了有利条件。

3.1.3.2　面临的挑战

（1）经济高质量发展还需要加强

虽然长三角区域整体经济发展水平位居全国前列，但区域间经济发展不平衡的问题依然严峻。从人均 GDP 来看，2018 年，上海市人均 GDP 超过 13 万元，江苏省人均 GDP 超过 11 万元，浙江省人均 GDP 接近 10 万元，安徽省人均 GDP 不足 5 万元，内部经济规模差距明显。区域经济在运行过程中存在两种效应，即"极化效应"和"扩散效应"。所谓发挥"龙头"作用就是要优先发展经济核心地区，然后通过核心区域的扩散效应，带动落后地区的经济发展。从经济联系强度指标来看，江苏、浙江、安徽对上海的经济联系量均不高（表 3-3）。可见，上海作为"龙头"的扩散效应不够突出。安徽对上海和浙江的经济联系量并不高，且在高质量一体化发展的各项指标中，绝大多数指标值均落后于沪苏浙，总体上看，尚未深度融入长三角一体化进程。

表 3-3　2018 年长三角区域三省一市的经济联系强度

地区	指标	上海	江苏	浙江	安徽
上海	联系量	—	6.981 1	4.750 6	0.772 3
	隶属率/%	—	55.83	38.00	6.18
江苏	联系量	6.321 8	—	12.753 7	13.909 7
	隶属率/%	19.17	—	38.66	42.17
浙江	联系量	7.891 9	12.753 7	—	1.298 8
	隶属率/%	35.96	58.12	—	5.92
安徽	联系量	0.772 3	13.909 7	1.317 8	—
	隶属率/%	4.83	86.94	8.24	—

数据来源：南京大学长江产业经济研究院《长三角地区高质量一体化发展水平研究报告（2018 年）》。

长三角区域经济增长迅速，但经济增长方式仍未根本转变。传统高污染行业（如印染、造纸、化工、酿造等）在工业中仍占较高份额，高新技术产业和服务业比重仍然相对较小。区域产业发展的过程中，产业结构和布局未得到很好规划，部分地区尤其是村镇，高能耗高污染的化工、印染等行业依然是支柱产业，区域并未真正形成优化的经济发展模式。未来随着长三角区域城镇人口规模不断扩大和人口的持续净流入，产业结构和经济转型压力不断提升。资源环境约束持续趋紧，重化工业所占比重仍然较大，都将成为经济转型面临的重要挑战。短期内，产业结构由"重"转"轻"的形势较为严峻，经济结构转型升级面临内外部挑战，实现绿色发展、高质量发展的压力大。

长三角城乡、区域间发展差距大，各区县经济社会发展进程不一、梯度差异鲜明，尤其是上海、苏南、浙北、皖北与皖南、苏北、浙南的经济发展水平以及产业结构呈现巨大差异。随着未来长三角区域经济进一步发展，经济欠发达、生态环境好的县区发展经济意愿强烈。这些区域既要通过发展经济实现生活水平的大幅提升，又要作为整个区域的生态屏障，不能以牺牲环境来发展经济。因此，区域发展不平衡加大了统筹解决长三角区域生态环境问题的难度，如何实现这些区域的"绿水青山"向"金山银山"有效转变，破解区域经济发展不平衡和生态环境产品供给不平衡的难题，是长三角区域三省一市在绿色发展转型中面临的重大问题。

（2）绿色生产生活方式尚未完全形成

人口规模快速增长，城镇化和老龄化对生态环境造成潜在挑战。推动落实主体功能区战略、构建分布合理的产业格局还需加强，部分区域国土空间开发不尽合理。传统产业转型升级较慢，新兴产业发展不足，战略性新兴产业、高技术产业增加值占规模以上工业增加值比重较低，产业调整升级面临阵痛。部分区县的能源结构、运输结构、用地结构等结构调整见效较慢，还需要下深功夫。推动生活方式和消费方式向简约适度、绿色低碳、文明健康方向转变还不够，垃圾分类处置、绿色低碳消费的观念还不浓厚，政府、企业、公众共治的绿色行动体系还需加快构建，绿色机关、绿色家庭、绿色学校、绿色社区创建还需持续用力。

（3）节能降耗与环境质量改善压力较大

长三角区域工业发达，生态环境相对脆弱。2017 年，上海市单位 GDP 废水排放量相对较高，江苏省单位 GDP 耗电量相对较高，浙江省、安徽省单位 GDP 耗电量、废水排放量均相对较高。2017 年，江苏省和安徽省 $PM_{2.5}$、PM_{10} 年均浓度均远远高于《环境空气质量标准》（GB 3095—2012）二级浓度限值，大气污染较为严重。上海市和浙江省的空气质量优于江苏省和安徽省，但是上海市和浙江省的 $PM_{2.5}$ 年均浓度略高于或刚刚达到《环境空气质量标准》（GB 3095—2012）二级浓度限值（表 3-4）。

表 3-4　2017 年长三角区域生态环境指标

项目	上海	江苏	浙江	安徽
单位 GDP 耗电量/（kW·h/万元）	498.48	676.37	809.96	711.01
单位 GDP 废水排放量/（万 t/亿元）	6.92	6.70	8.77	8.65
$PM_{2.5}$ 年均浓度/（μg/m³）	39	49	35	56
PM_{10} 年均浓度/（μg/m³）	55	81	57	88

（4）绿色发展配套制度政策保障有待完善

生态环境保护"党政同责、一岗双责"落实不够，部分基层干部对"生态优先、绿色发展"和"共抓大保护、不搞大开发"的理念把握不够全面、认识不够深刻、落实不够系统。少数领导干部对"绿水青山就是金山银山"的理念认知不足，走深走实产业生态化、生态产业化的办法不多，统筹协调生态环境保护与经济发展的主动性不够，统筹保护生态和保障民生的研究不够，推进山水林田湖草保护、修复的系统性还有待加强。在推进生态文明建设过程中，改革的思维、创新的制度深度运用还不够，未能充分体现出示范的作用。生态环境保护责任还需强化。"管发展必须管环保，管行业必须管环保，管生产必须管环保"的责任落实还有差距，齐抓共管的责任机制仍需强化。绿色发展法治体系、制度体系、执法监管体系和治理能力体系还不健全，吸引社会资本进入绿色转型、生态文明建设领域的体制机制和政策措施尚不明晰，政府监管职责缺位、越位、交叉错位等问题依然存在。全民参与绿色发展的动员机制、激励机制、宣传教育机制等有待完善。

3.2　创造适宜不同功能的绿色空间模式

严格落实主体功能定位。严格落实《长江三角洲城市群发展规划》，健全基于主体功能区的区域政策，根据优化开发区域、重点开发区域、限制开发区域等不同主体功能区的定位，加快调整完善财政、产业、投资、人口流动、建设用地、资源开发、环境保护等政策，推动各地严格按照主体功能定位优化区域规划、重大项目布局，对不同主体功能区的产业项目实行差别化市场准入政策，在限制开发的重点生态功能区实行产业准入负面清单。在优化开发区域实施更严格的环保准入标准，加快推动产业转型升级，区域内禁止新建燃油火电机组、热电联供外的燃煤火电机组、炼钢炼铁、水泥熟料、平板玻璃（特殊品种的优质浮法玻璃项目除外）、电解铝等项目，新建项目清洁生产水平要达到国内领先。重点开发区域要坚守生态底线，防止污染转移和过度开发，推动区域产业聚集化和绿色化发展。限制开发区域要依托资源和生态优势，重点发展生态旅游、生态农业等资源特色产业，落实重点生态功能区产业准入"负面清单"制度。

3.2.1　大力推进绿色城镇化

创建国家城乡规划体制改革试点省。出台区域新型城镇化规划和长三角区域空间规划，根据资源环境承载能力，构建科学合理的城镇化宏观布局，严格控制特大城市规模，增强中小城市承载能力，促进大中小城市和小城镇协调发展。尊重自然格局，依托现有山水脉络、气象条件等，合理布局城镇各类空间，保持特色风貌，注重城市历史文化传承,实现历史文化遗产的永续利用,防止"千城一面"。科学确定城镇开发强度,提高城镇土地利用效率、建成区人口密度,划定城镇开发边界,从严供给城市建设用地,推动城镇化发展向内涵提升式转变。严格落实新城、新区设立条件和程序。强化城镇化过程中的节能理念,大力发展绿色建筑和低碳、便捷的交通体系。丰富绿道内涵,提升综合服务能力。加强城市立体绿化,推进绿色生态城区建设。统筹建设城市综合管廊,建设"海绵城市"。所有县城和重点镇都要具备污水、垃圾处理能力。加强城乡规划"三区四线"(禁建区、限建区、适建区,绿线、蓝线、紫线、黄线)管理,杜绝大拆大建。大力推进国家新型城镇化综合试点和省新型城镇化"2511"试点。

3.2.2 持续推进美丽乡村建设

加快新农村建设,强化规划引领,完善农村基础设施和公共服务设施,加强村庄环境整治,建设有地方特色的幸福美丽乡村。编制完善县域村庄规划,强化规划的科学性和约束力。加强农村基础设施建设,强化山水林田路综合治理,推进村村通自来水工程、通信网络工程和新农村公路建设。加快农村电网和危旧房改造,支持农村环境集中连片整治,开展农村垃圾专项治理,加大农村污水处理和改厕力度。加快转变农业发展方式,走产出高效、产品安全、资源节约、环境友好的现代农业发展道路。

3.3 构建特色多样的绿色产业发展模式

发挥上海的"龙头带动"作用,苏浙皖各展所长。在更高质量推进长三角区域一体化发展的背景下,上海与长三角区域其他省之间的关系,应是合作、平行、协同的关系,注重衔接,整合资源,不断促进功能布局互动,形成分工合理、优势互补、各具特色的空间格局。过去,上海在一体化当中的作用主要体现在对外开放方面,在更高质量一体化发展阶段尚未充分发挥其"龙头作用"。对于上海而言,应加快创建系统性、制度化的对内开放体系和平台,逐步退出一般性、劳动密集型、能耗高的制造业,集中发展现代服务业,加快壮大国内民营经济,参与国际竞争;对于江苏和浙江而言,应加快建设世界级先进制造业集群,协调发展好制造业集群与服务业集群,以产业集群为载体,将行政边界模糊化,形成合理的空间布局和产业链配套,从而将长三角区域打造成为交易成本和制造成本综合较低、具有全球竞争力的世界级城市群。对于安徽而言,应立足实际,加快经济追赶步伐,避免高端要素被虹吸的边缘化风险,同时主动与苏浙沪对接,努力凸显以一体化为突破口、实现区域协调发展的重大战略意图。

3.3.1 强化创新驱动发展

实施创新驱动发展战略，系统推进全面创新改革试验，建立符合生态文明建设领域科研活动特点的管理制度和运行机制。加强重大科学技术问题研究，开展能源节约、资源循环利用、新能源开发、污染治理、生态修复、农业绿色科技等领域关键技术创新攻关。强化企业技术创新主体地位，充分发挥市场对绿色产业发展方向和技术路线选择的决定性作用，推动相关服务业发展。完善科技创新体系，支持生态文明领域工程技术类研究中心、实验室和实验基地建设，完善科技创新成果转化机制，加快成熟适用技术的示范和推广。培育生态文明科技人才队伍，加快推进长三角区域国家自主创新示范区建设。

3.3.2 推动工业绿色转型

优化产业结构，实施传统产业绿色化升级改造。推动制造业智能化发展，采用先进适用节能低碳环保技术改造提升传统产业，发展壮大服务业，合理布局基础设施和基础产业。积极化解产能严重过剩矛盾，充分发挥市场机制的"倒逼"作用，综合运用差别电价、惩罚性电价、阶梯电价、信贷投放等经济手段，推动落后和过剩产能主动退出市场。严格执行环保、安全、质量、能耗等标准，对达不到要求的责令整改，整改仍不达标的依法关停退出。实施传统产业绿色化升级改造，全面推进钢铁、电力、化工、建材、造纸、印染等行业能效提升、清洁生产、循环利用等专项技术改造，选择标杆企业，研究建立企业环保领跑者制度。强化节水减污，造纸、印染等重点行业实施行业取水量和污染物排放总量协同控制，电力、钢铁、纺织、造纸等高耗水行业达到先进定额标准。

发展高增长新兴产业。大力发展战略性新兴产业和云计算、大数据、物联网等高增长产业，推动高端新型电子信息、生物医药、半导体照明（LED）、新材料、新硬件等产业成为新的支柱产业，扶持新能源、节能环保等产业成为优势产业。着力建设一批战略性新兴产业重大项目，深入开展长三角战略性新兴产业区域集聚试点。实施大数据战略，推动大数据、互联网技术与先进制造业、现代农业、现代金融、现代物流、现代商业、现代交通、节能环保、医疗健康等产业深度融合创新。大力发展电子商务，加快形成网络化、智能化、服务化、协同化的经济形态，催生发展高增长的新产业新业态。实施"互联网+"行动计划，开展工业互联网创新融合试点，为企业提供技术、产品和业务撮合。引导有条件的创业基地积极建设"互联网+"小镇，推进互联网与特色产业深度融合，培育互联网创新型企业，推动互联网产业形成集聚规模。

全面施行清洁生产。以全过程控制为原则，建立清洁生产体系，高水平规划和建设清洁生产示范园区，实施工业园区清洁生产示范工程。完善清洁生产促进机制，鼓励企业自主实施清洁生产。加大清洁生产审核的力度。建立和完善在线监控系统，构建对重点污染源的监管、监测、监察联动工作链，强化不能稳定达标排放企业的深度治理。引导推广清洁生产。提升清洁生产技术开发能力和推广应用水平，开展重大关键共性清洁生产技术产业化应用示范。加强清洁生产技术标准体系、审核技术指南等清洁生产技术支撑体系建设。探索建立生态产品、清洁产品设计标志制度，引导企业广泛采用清洁生产技术进行产品设计，按照绿色产品的要求加快升级换代，实现产品生命周期全过程的资源利用和生态影响最小化。建立清洁产品采购销售制度。加强企业、园区清洁生产培训。建设一批清洁生产示范企业和园区。

3.3.3　推动绿色服务业发展

加强绿色金融业发展。加强现代金融与现代产业的相互融合、互动发展，通过发展科技金融、能源金融、交通金融、供应链金融、环境金融等，推动生产要素资源和知识产权资本化，促进金融资本有效支持各省（市）现代产业体系建设。大力发展银行、证券、保险等金融服务业，积极拓展农信社、村镇银行、小额贷款公司、股权交易市场、信托投资和典当业。创新金融业态，支持发展中小板、创业板，支持券商、基金、期货、创投的发展。以融资租赁、企业孵化、风险投资、信用担保、小额贷款、产权交易等平台建设为重点，拓展资产证券化、外币商业票据、中间业务等金融新业务和新产品，为企业发展提供宽领域、多层次的融资支持。加快推进和完善出口货物贸易人民币结算和管理业务。

大力发展商务服务业。以打造若干个世界级中央商务区（CBD）为切入点，大力发展以总部经济、知识产权服务、企业管理、法律服务、咨询策划、会计审计、广告包装、市场调查、征信服务等为主要内容的商务服务，为企业发展提供优质的营商软环境。培育发展人力资源服务，加强职业教育培训，发展集教育、实训和鉴定等功能于一体的职业院校，鼓励采取订单式培养模式满足企业的人才需求，打造全国性的专业技能培训基地，强化产业发展的人力资源支撑。依托各省（市）电子、家电、服装、家具、陶瓷、照明等优势产业，打造一批规模大、优势突出、整合能力强的大型综合展会和专业品牌展会。充分发挥现有会展品牌效应，推动广交会、高交会、中博会等品牌展会与地方特色专业展会的联动发展，促进会展业态创新，探索"展会+基地+交易"的发展模式。

加强信息服务产业发展。大力推进信息服务与产业发展的深度融合，提高产业的信息化程度。积极利用现代信息技术发展新一代信息服务业，推进产业的自动化、智能化发展。实施"信息化与工业化深度融合牵手工程"，通过开展"百场千企"交流对接活动，扶持和鼓励制造业企业运用信息技术提高企业生产制造、管理、营销和售后服务的能力和水平。引导软件和信息服务企业面向制造企业大力发展嵌入式软件、高端工业软件，打造面向行业应用的软件产品体系，提供行业整体解决方案。充分利用物联网、5G移动通信网、三网融合、四网融合、云计算等新一代信息技术，推动制造业的装备自动化、产品数字化和管控一体化。积极发展基于物联网的生产服务业，重点发展物联网服务，加快开发物联网服务商业模式，加快建设商用物联网系统。大力发展基于云计算的移动电子商务，打造一批专业性强的电子商务平台，构建功能完善的电子商务支撑体系，推进电子签名与电子认证，打造国际电子商务中心。

促进科技服务与创意设计。大力发展以研究开发、检验检测、科学交流与推广为主体的科技服务业和以文化创意、工业设计为主体的创意设计服务业，促进产品创新，提高产品附加值，提升产业竞争力。以先进制造业、高新技术产业和战略性新兴产业为重点，积极发展应用研究、技术孵化、技术推广、技术交易、技术咨询、知识产权保护等科技研发服务业。鼓励工业龙头企业整合资源，将研发中心、技术中心、重大产业技术平台等组建成专业化、社会化的具有科技研发、技术推广和工业设计等功能的服务型企业。构建一批共性技术服务平台。大力扶持和培育各类检测、检验、测试、鉴定等技术服务。依托各省（市）优势产业，建设一批技术产权交易平台、科技成果与专利信息平台、检验检测认证平台和标准化服务平台，推动技术服务业的专业化、规模化、规范化发展。加快推进创意设计服务业与制造业的互动与融合，鼓励发展产品设计、机械设计、外观设计、包装设计等工业设计服务和广告策划、视觉与形象、动漫和网络游戏等文化创意服务。培育一批创新能力强的创意设计服务企业，打造世界级工业设计基地和区域性文化创意中心，提升制造业的创新水平。

积极发展生态旅游业。①推动全域旅游示范区建设。加强国家级全域旅游示范区建设。根据国家关于全域旅游示范区创建与验收标准要求，结合各市县特色，以旅游业为优势产业，通过旅游综合协调管理机制建设、区域资源的有机整合、"旅游+"产业深度融合发展、旅游产品体系和产业链的建设健全、旅游公共服务体系的配套完善、城乡休闲环境的集中整治和社会共同参与，在因地制宜发展旅游特色产业、旅游信息化、旅游就业、社会共建共享、旅游带动经济社会全面发展等方面做出示范。着力推进省级全域旅游示范区建设。以有条件的地级市、旅游强县和旅游特色县为基础，充分借鉴中国优秀旅游城市、旅游强县建设经验，积极开展省级全域旅游示范市县建设，为国家级全域旅游示范区创建打好基础。省级全域旅游示范市县原则上要统筹规划和建设若干个重点示范片区、示范项目、旅游小镇、乡村旅游示范片区或旅游产业集聚区，使其发挥示范引领和辐射带动作用。鼓励创建单位积极引进科研院校与规划设计单位智力支持，引进战略投资合作伙伴。②推进旅游发展生态化。适度合理开发旅游资源，以生态环境承载能力确定开发强度和最大接待人数,减少旅游活动对生态环境的破坏。加强全市旅游规划环境影响评价,开展旅游经济生态环境敏感性评价,对重点旅游景区开展环境监测。促进旅游景区建设的绿色化,鼓励在建设过程中采用绿色、低碳、环保材料。加强旅游景区废水、废气以及固体垃圾的处理。支持旅游景区使用可再生能源、节能环保交通工具,降低能耗。加强环保宣传,推进旅游景区生态文化教育基地试点建设。

3.3.4 大力发展现代生态农业

构建现代农业产业体系。树立大农业观念,科学编制全省现代农业总体规划与功能区划、"十三五"现代农业发展规划。优化产品结构、产业结构和产地布局,推动粮经饲统筹、农林牧渔结合、种养加一体、一二三产业融合发展。着力推进农业供给侧改革,做强农业主导产业,做优特色效益农业,构建优势明显、产出高效、产品安全、资源节约的江南特色现代农业新格局。

大力发展生态农业。加强农业生态环境治理,统筹考虑种养规模和环境消纳能力,扶持发展种养结合、种地养地结合、林下立体经营等生态循环农业,重点推广双季稻-绿肥、蔬菜-中季稻种植、稻鱼共生、菜鱼共生、养殖-沼气-种植、林菌共育、林药共生等生态种养模式,修复农业生态、恢复生物多样性,建设美好清洁田园。开展渔业资源调查,加大增殖放流力度,加强海洋牧场建设,发展现代渔业和远洋渔业。大力发展节水农业,制定优势农作物节水节肥技术规范,推广喷灌滴灌、水肥一体化等技术,促进农业节本降耗。开展人工影响天气常态化作业,改善农村生态环境,增加农业可用水量。制定以绿色生态为导向的农业补贴制度实施方案。

推进农业废弃物资源化利用。开展规模化养殖场和农林产品加工废弃物综合利用试点,推广生态养殖、循环水养殖、沼液沼气生产、农家肥积造等技术,实施秸秆还田、畜禽粪肥还田,提倡使用有机肥、种植绿肥。加快可降解农膜研发和应用,引导使用加厚或可降解农膜,支持企业回收废旧农膜。鼓励利用畜禽养殖废弃物制作肥料,建立农药包装废弃物收集处理系统,开展区域性病死畜禽无害化处理及资源化利用试点示范。支持利用废旧木料和木材采伐、加工剩余物生产人造板、生物质能源,提高木材综合与循环利用水平。

3.3.5 大力发展绿色低碳产业

大力发展低碳环保产业。大力发展以"低碳"为特征的节能环保、新能源、互联网、生物、新材料、生态旅游、文化创意等新兴产业,形成以高科技产业和现代服务业为主的低碳产业体系。实施节能环保产业重大技术装备产业化工程,推动低碳循环、治污减排、监测监控等核心环保技术、成套产品、装备设备研发。鼓励环保企业优化联合，尽快形成一批具有竞争力的节能环保品牌和龙头企业。推动节能环保技术咨询、系统设计、设备制造、工程施工、运营管理等专业化服务综合发展，推动环保产业链上下游整合，大力发展环境服务综合体。

提升清洁低碳能源发展水平。推动核电、风电、太阳能光伏发电等新材料、新装备的研发和推广，推进生物质发电、生物质能源、沼气、地热、浅层地温能、海洋能等应用，发展分布式能源，建设智能电网，完善运行管理体系。完善全省天然气主干管网规划和各城市燃气管网规划，实现天然气管道通达全省有用气需求的工业园区和长三角产业集聚区。推广工业节能技术装备、高效节能电器和 LED 绿色照明，大力发展节能与新能源汽车，加强配套基础设施建设。

增加绿色产品有效供给。加快构建绿色制造体系，强化产品全生命周期绿色管理。推行节能低碳产品、环境标志产品和有机产品认证、能效标识管理，建立统一的绿色产品体系，增强绿色供给。完善绿色采购制度，制定政府绿色采购产品目录，统筹推行绿色产品标识、认证。建立绿色包装标准体系，推动包装减量化、无害化和材料回收利用，逐步淘汰污染严重、健康风险大的包装材料。开展电器电子产品生产企业生态设计试点示范，建设一批绿色示范工厂和绿色示范园区。积极推广绿色供应链试点经验，鼓励各地选择排污量大、产业链长、绿色转型潜力大的行业、工业园区，充分发挥链主企业和龙头企业牵头作用，深入推进绿色供应链环境管理。

3.4 打造资源节约循环低碳模式

3.4.1 加强资源节约利用

加强水资源节约利用。强化水资源开发利用控制、用水效率控制、水功能区限制纳污"三条红线"，将水资源管理控制指标纳入各地经济社会发展综合评价体系，实施最严格的水资源管理制度。严格实行用水总量控制，制定主要江河流域水量分配和调度方案，强化水资源统一调度。着力构建长三角区域水资源宏观配置格局。建设一批骨干水源工程，提高防洪保安能力、供水保障能力、水资源与水环境承载能力。合理制定非常规水源利用规划，推动再生水、雨水等非常规水源利用，同时开展雨水蓄积利用示范工作，将非常规水源纳入水资源统一配置。把节约用水贯穿于经济社会发展和群众生产生活全过程，进一步优化用水结构，切实转变用水方式，建设节水型社会。大力推进农业节水，加快大中型灌区续建配套和节水改造，推广管道输水、喷灌和微灌等高效节水灌溉技术，用好节水灌溉设备购置补贴政策；严格控制水资源短缺和生态脆弱地区高用水、高污染行业发展规模。加快企业节水改造，重点抓好钢铁、火力发电、化工等高用水行业节水减排技改以及重复用水工程建设，提高工业用水的循环利用率；加大城市生活节水工作力度，逐步淘汰不符合节水标准的用水设备和产品，大力推广生活节水器具，加快城市供水管网改造，降低供水管网漏损率。深化非常规水源利用，大力推进再生水、矿井水、雨水利用等工程建设；建立用水单位重点监控名录，强化用水监控管理。

加强能源节约利用。严格落实节能评估审查制度，新建高能耗项目单位产品（产值）能耗必须达到国内先进水平，用能设备必须达到一级能效标准。严格执行火电企业发电排序规定，安排煤耗低、能效高、排污少的机组优先发电；在重污染天气要严格限制老旧火电机组的发电量。加强节能工作，实现全市单位 GDP 能耗逐年降低。推进高能耗行业企业节能改造和能量系统优化，开展节能技术装备产业化示范，重点抓好电力、化工、造纸、建材等耗能行业和年耗万吨标准煤以上企业的节能，鼓励和支持企业进行节能系统改造。重点实施区域热电联产、余热余压利用、电机系统节能、燃煤工业锅炉（窑炉）改造、能量系统优化等节能工程。重点推进技术改造、节能改造等重点节能项目建设。

深化土地资源集约利用。实行建设用地总量控制制度。提高建设用地利用效率，强化建设用地开发、土地投资、人均用地指标的整体控制，严格推行开发强度核准。科学配置城镇工矿用地，合理确定新增用地规模、结构和时序。严格控制农村集体建设用地规模。严格耕地总量控制。全面完成永久基本农田划定并实施特殊保护，探索实行耕地轮作休耕制度试点。加大高标准基本农田建设力度，加强土地整治项目的建后管护，严防边整治边撂荒。进一步提高节约集约用地水平，引导项目建设不占或少占耕地；对确需占用耕地的，要根据耕地后备资源状况，严格执行建设用地占用耕地审查程序，建立以补定占、占优补优的机制。实行新增建设用地占用耕地总量控制。探索逐步实施耕作层剥离再利用制度，建设占用耕地特别是基本农田的耕作层应当予以剥离，用于补充耕地的质量建设。严格耕地保护责任追究制度，落实各级政府保护耕地的主体责任。积极开展土地整治。建立城镇低效用地再开发、废弃地再利用的激励机制，对布局散乱、利用粗放、用途不合理、闲置浪费等低效用地进行再开发，对因采矿损毁、自然灾害毁损、交通改线、居民点搬迁、产业调整形成的废弃地，实行复垦再利用，提高土地利用效率和效益，促进土地节约集约利用。因地制宜盘活存量建设用地，清理闲置土地，充分利用荒山、荒沟、荒滩和荒坡地。合理开发地下空间。以促进耕地集中连片、增加有效耕地面积、提升耕地质量为目标，开展农用地整治，优化用地结构和布局。在不破坏生态环境的前提下，适度开发宜农后备资源。

推进绿色矿山建设。以能源资源基地建设和国家规划矿区建设为重点，坚持资源开发与环境保护协调发展的原则，严格落实矿产开发管理功能分区与采矿权设置区划要求，建立完善绿色矿山标准体系和管理制度，按照绿色矿山建设要求提高资源开发准入门槛，大力推进资源节约与综合利用，提高开采回采率、选矿回收率和综合利用率。严格执行保护性开采特定矿种开采总量制度，严格控制采石场设置总数，促进矿业结构调整与矿业布局优化。以国家级绿色矿山建设试点为依托，以省级绿色矿山创建为抓手，通过创新管理机制、完善绿色矿山建设标准、探索制定绿色矿山激励机制等，引领和加快推进各省（市）绿色矿山建设，实现绿色矿业发展目标。

科学开发利用海洋资源。编制实施海洋主体功能区规划，科学统筹海岸带（含海岛地区）、近海海域、深海海域三大海洋保护开发带，重点建设一批集中集约用海区、海洋产业集聚区和滨海经济新区，推动海陆空间统筹利用试点，构建海洋经济发展新格局。严格控制海洋开发强度，在适宜开发的海洋区域，加快调整经济结构和产业布局，积极发展海洋战略性新兴产业，严格生态环境评价，提高资源集约节约利用和综合开发水平，最大限度地减少对海域生态环境的影响。控制发展海水养殖，科学养护海洋渔业资源。开展海洋资源和生态环境综合评估。建立自然岸线保有率控制制度，有序开发利用岸线资源，加强重要岸线的战略预留。

3.4.2　发展循环经济

制订循环发展引领计划，积极构建循环型产业体系。推进石化、钢铁、建材、再生资源等重点行业循环化发展。深入推进工业园区循环化改造和工业"三废"资源化利用，减少单位产出物质消耗，提高全社会资源产出率和循环利用率。建设工业资源综合利用基地和示范工程，支持"城市矿产"示范基地建设，提高建筑垃圾、大宗工业固体废物、废旧金属、废旧塑料、废弃电器电子产品综合利用水平，推进再制造产业化、餐厨废弃物无害化处理和资源化利用。探索生产者责任延伸制度，鼓励工业企业在生产过程中协同处理城市废弃物。加强再生资源回收体系建设，探索推广逆向物流回收渠道、"互联网+回收"智能回收等模式。开展重点行业企业清洁生产审核。支持企业实施清洁生产，推进传统制造业绿色改造，推动建立绿色循环发展产业体系。加快建设循环型农业体系，建设一批农业循环经济示范区。推进秸秆综合利用、农村户用沼气和畜禽养殖沼气工程建设，促进有机肥料还田。

3.4.3　推动低碳发展

有效控制温室气体排放。建立区域碳排放总量控制分解落实机制，开展碳强度年度目标责任评价考核，推动绿色低碳发展指标评价。推进能源革命，加快能源技术创新，建立清洁低碳、安全高效的现代能源体系。持续优化能源结构，推动传统能源清洁低碳利用，发展清洁能源、可再生能源，加强长三角区域煤炭消费减量管理，不断提高非化石能源在能源消费结构中的比重，加快实现各省（市）化石能源消费和碳排放峰值。

推进绿色建筑发展。深入开展绿色建筑行动，完善建筑节能与绿色建筑标准体系，严格执行建筑节能强制性标准，按照先主城后远郊、先公建后居建的原则，逐步推动绿色建筑标准的强制执行。以江水源热泵技术为重点，因地制宜地推动可再生能源建筑规模化应用。大力推行合同能源管理模式，加强既有公共建筑节能运行管理。推进绿色建筑施工和绿色建材认证，组织开展绿色建材产业化示范。以住宅为重点，以建筑工业化为核心，加大对建筑产品生产的扶持力度，推进建筑产业现代化。

3.5　倡导绿色生活消费模式

3.5.1　提高全民生态文明意识

充分利用报纸杂志、广播电视、互联网络、宣传长廊、社区板报等各种方式，开展持久的绿色发展宣传推广活动。结合世界环境日、世界地球日、国际湿地日、国际生物多样性日、世界水日、世界防治荒漠化和干旱日等纪念日或活动日，开展一系列形式多样的主题宣传活动。多渠道推动绿色生活宣传，形成提倡节约和保护环境的价值取向，在全社会树立环境是资源、环境是资产、破坏环境就是破坏生产力、保护环境就是保护生产力、改善环境就是发展生产力的生态意识。提高党政领导干部、各层次管理人员、公众、中小学生的生态意识。重视面向决策层的环境宣传，通过环境状况简报等，定期向县、乡两级决策层通报本地区环境污染和生态破坏的状况及变化趋势，两级决策层定期举办有关环境与发展研讨会，及时解决重大生态环境问题。政府部门要深入开展绿色办公，在办公过程中的节能、降耗、废物循环等方面率先采取行动，以此引导企业、公众对生态文化的关注与热情参与。将环保教育纳入全市各级教育体系，通过夏令营、冬令营、知识竞赛和征文比赛等多种形式的课外活动，努力普及生态环境保护教育。

3.5.2 倡导绿色生活消费方式

倡导绿色生活方式。倡导"合理需求、环保选购、重复使用、分类回收"的绿色消费理念，引导消费者转变消费观念，建立崇尚自然、追求健康的生活方式，在追求生活舒适的同时注重环保、节约资源和能源。开展生活垃圾分类回收。以政府推动为主导，大力推动垃圾分类试点工作，制定细化的分类指南，统一标准，统一设施，统一设置，引导社区居民分类投放。大力推进餐饮住宿行业的清洁生产和绿色服务。实施绿色设计和绿色采购，构建清洁的生产过程，开辟绿色客房，开设绿色餐厅。采取建议客人有偿购买或不使用的相关措施，尽量减少一次性木筷、快餐盒和桌布以及客房牙刷、梳子、剃须刀等六小件的使用。把是否使用环保用品作为酒店、宾馆评星的准入门槛，降低绿色餐饮企业的税费标准。鼓励居民绿色出行。近距离出行提倡采用自行车或步行，市内远距离出行鼓励使用公共交通，出差和旅游优先使用铁路等交通工具。组织开展"每周少开一天车"等环保出行活动。鼓励消费者购买低排量汽车和新能源汽车，限制购买和使用超标高油耗汽车。引导车辆和行人自觉遵守交通规则，文明驾驶，减少人为交通拥堵。

严格政府绿色采购。落实《节能产品政府采购实施意见》和《环境标志产品政府采购实施意见》，优先将再生材料生产的产品、通过环境标志认证的产品或通过 ISO 14000 认证企业的产品列入采购计划，逐步提高政府采购中可循环使用的产品、再生产品以及节能、节水、无污染的绿色产品的比例，禁止采购能源效率低的产品和国家明令淘汰的产品和设备。建立政府采购评审体系和监督制度，保证节能和绿色采购工作落到实处。发挥政府采购的政策导向作用，扩大通过低碳认证、环境认证的政府采购范围。

大力推行绿色办公。制定政府和公共机构节约用电、节约用水、节约用纸等方面定额和效能标准，加强对政府机构建筑物空调、照明系统的节能改造，建立健全促进节约的约束和奖励制度。推行电子政务和规范指南，推广多媒体会议方式，强化纸张节约和回收利用，提倡无纸化办公；提高办公用品利用效率，提倡使用再生纸。推进办公用品废弃物的分类回收管理。大力推广节水型卫生器具（设备），鼓励有条件的单位建立中水回收利用系统和雨水收集系统，逐步推行利用中水养护绿地。完善公务车辆配置标准、压缩配置规模，优先采购小排量、低油耗、低排放车辆，倡导绿色出行。鼓励政府机构高层建筑电梯分时段运行或隔层停开。

完善绿色消费政策机制。一是积极推进环境保护"领跑者"制度的实施。完善生产者责任延伸制度，结合"互联网+"行动计划实施，推行绿色供应链管理。拓展环保领跑者制度覆盖的产品范围，提升财政补贴力度，完善环保领跑者产品标识机制。二是完善财税制度。利用价格补贴机制，积极引导消费者购买节能与新能源汽车、高能效家电、节水型器具等节能环保低碳产品。由以生产端补贴为主改变为以消费端补贴为主。三是探索建立产品环境绩效标识制度。根据能效标识管理制度，针对各行业制定相应的环境绩效标识指标、标准等，并制定统一的标识管理办法及奖惩机制，探索建立自愿性产品环境绩效标识政策体系与规范方法体系。四是建立基于名录的产品绿色供应链政策机制。针对"双高"产品以及环境管理其他重点关注产品，在产品环境绩效标识的基础上，建立覆盖基础原材料类产品、中间制成品、终端消费品在内的产品绿色供应链政策机制，探索建立产品导向的环境成本合理分担机制。

第4章 区域大气环境共同保护研究

紧抓区域大气污染突出问题，共同实施 PM$_{2.5}$ 和 O$_3$ 浓度"双控双减"，强化能源消费总量和强度"双控"，打造绿色化、循环化产业体系，加强机动车（船）污染防控，深化区域大气污染联防联控机制与政策创新，推动区域空气质量共同改善。

4.1 区域大气环境现状分析与问题诊断

4.1.1 区域大气环境质量现状

2019 年，长三角区域 41 个城市优良天数比例平均为 76.5%，同比下降 3.2 个百分点；超标天数比例平均为 23.5%，其中轻度污染占 19.5%，中度污染占 3.5%，重度污染占 0.6%，无严重污染。以 PM$_{2.5}$、O$_3$、PM$_{10}$ 和 NO$_2$ 为首要污染物的超标天数分别占总超标天数的 44.3%、49.5%、5.1%和 1.3%，无以 SO$_2$ 和 CO 为首要污染物的超标天数。除 PM$_{2.5}$、O$_3$ 质量浓度略超标外，长三角区域其他四项污染物质量浓度均达标；除 O$_3$ 质量浓度同比上升、NO$_2$ 和 CO 质量浓度同比持平外，其他三项污染物质量浓度同比均大幅下降（图 4-1）。长三角区域 PM$_{2.5}$ 平均质量浓度为 41 μg/m^3，同比下降 2.4%，比 2015 年下降 19.6%；O$_3$ 日最大 8 小时平均第 90 百分位数质量浓度为 164 μg/m^3，同比上升 7.2%，比 2015 年上升 27.1%；PM$_{10}$、SO$_2$ 平均质量浓度分别为 65 μg/m^3、9 μg/m^3，分别同比下降 3.0%、10.0%，NO$_2$ 平均质量浓度和 CO 第 95 百分位数质量浓度分别为 32 μg/m^3 和 1.2 mg/m^3，均同比持平，四项比 2015 年分别下降 16.7%、55.0%、0.0%、20.0%。

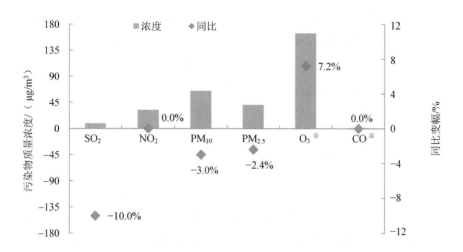

注：①O_3 为日最大 8 小时平均 90 百分位数质量浓度；②CO 为第 95 百分位数质量浓度，单位为 mg/m^3（未在此图显示）。

图 4-1 2019 年长三角区域主要污染物质量浓度及同比情况

分省（市）来看（图 4-2），上海市 2019 年环境空气质量达到国家二级标准，优良天数比例为 84.7%，同比持平，与 2015 年相比上升 9.1 个百分点；六项污染物平均质量浓度均达标，但有四项同比上升。其中，$PM_{2.5}$ 平均质量浓度为 35 $\mu g/m^3$，同比上升 2.9%。O_3 日最大 8 小时平均第 90 百分位数质量浓度为 151 $\mu g/m^3$，同比上升 3.4%；NO_2 平均质量浓度为 42 $\mu g/m^3$，同比上升 7.7%；CO 第 95 百分位数质量浓度为 1.1 mg/m^3，同比上升 10.0%；PM_{10} 平均质量浓度为 45 $\mu g/m^3$，同比下降 6.2%；SO_2 平均质量浓度为 7 $\mu g/m^3$，同比下降 22.2%。

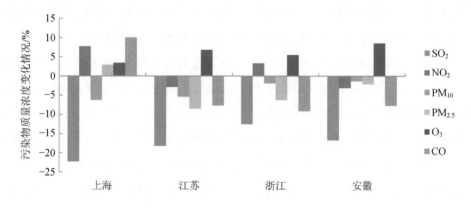

图 4-2 三省一市空气质量同比变化情况

江苏省优良天数比例为 71.4%，同比下降 3.0 个百分点，与 2015 年相比下降 0.7 个百分点；除 $PM_{2.5}$、O_3 略超标外，其他四项污染物平均质量浓度均达标；除 O_3 外，五项质量浓度均同比下降。其中，O_3 日最大 8 小时平均第 90 百分位数质量浓度为 173 μg/m³，同比上升 6.8%（图 4-2）；$PM_{2.5}$ 平均质量浓度为 43 μg/m³，同比下降 8.5%；PM_{10} 平均质量浓度为 70 μg/m³，同比下降 5.4%；SO_2 平均质量浓度为 9 μg/m³，同比下降 18.2%；NO_2 平均质量浓度为 34 μg/m³，同比下降 2.9%；CO 第 95 百分位数质量浓度为 1.2mg/m³，同比下降 7.7%。江苏省 13 个城市环境空气质量无一达到国家二级标准，13 个城市 $PM_{2.5}$ 均超标，O_3 仅南通和盐城达标，PM_{10} 还有徐州、常州、淮安、扬州、镇江和宿迁等 6 个城市超标。

浙江省优良天数比例为 88.6%，同比下降 0.4 个百分点，与 2015 年相比上升 4.6 个百分点；六项污染物平均质量浓度均达标，除 NO_2 和 O_3 外，四项质量浓度均同比下降。其中，NO_2 平均质量浓度为 31 μg/m³，同比上升 3.3%；O_3 日最大 8 小时平均第 90 百分位数质量浓度为 154 μg/m³，同比上升 5.5%；$PM_{2.5}$ 平均质量浓度为 30 μg/m³，同比下降 6.3%；PM_{10} 平均质量浓度为 52 μg/m³，同比下降 1.9%，SO_2 平均质量浓度为 7 μg/m³，同比下降 12.5%；CO 第 95 百分位数质量浓度为 1.0 mg/m³，同比下降 9.1%。浙江省 11 个城市中，宁波、温州、金华、衢州、舟山、台州和丽水等 7 个城市环境空气质量达到国家二级标准，杭州、嘉兴、湖州和绍兴等 4 个城市未达到二级标准。

安徽省优良天数比例为 71.8%，同比下降 5.4 个百分点，与 2015 年相比上升 9.6 个百分点；六项主要污染物中，PM_{10}、$PM_{2.5}$ 和 O_3 超标；除 O_3 外五项质量浓度均同比下降。其中，$PM_{2.5}$ 平均质量浓度为 46 μg/m³，同比下降 2.1%；O_3 日最大 8 小时平均第 90 百分位数质量浓度为 165 μg/m³，同比上升 8.6%；PM_{10} 平均质量浓度为 72 μg/m³，同比下降 1.4%；SO_2 平均质量浓度为 10 μg/m³，同比下降 16.7%，NO_2 平均质量浓度为 31 μg/m³，同比下降 3.1%；CO 第 95 百分位数质量浓度为 1.2 mg/m³，同比下降 7.7%。安徽省 16 个城市中，仅黄山环境空气质量达到国家二级标准，合肥、芜湖、淮南、马鞍山、淮北、安庆、滁州、阜阳、宿州、亳州和池州等 11 个城市 $PM_{2.5}$、O_3 均超标。

"十三五"期间约束性指标进展方面，上海优良天数比例为 84.7%，与 2015 年相比上升 9.1 个百分点；$PM_{2.5}$ 平均质量浓度为 35μg/m³，相比 2015 年下降 30.0%。江苏优良天数比例为 71.4%，与 2015 年相比下降 0.7 个百分点；2015 年的 13 个 $PM_{2.5}$ 未达标城市，$PM_{2.5}$ 平均质量浓度为 43μg/m³，相比 2015 年下降 21.8%。浙江优良天数比例为 88.6%，与 2015 年相比上升 4.6 个百分点；2015 年的 10 个 $PM_{2.5}$ 未达标城市，$PM_{2.5}$ 平均质量浓度为 32μg/m³，相比 2015 年下降 30.4%。安徽优良天数比例为 71.8%，与 2015 年相比下降 9.6 个百分点；2015 年的 14 个 $PM_{2.5}$ 未达标城市，$PM_{2.5}$ 平均质量浓度为 48μg/m³，相比 2015 年下降 12.7%。

如表 4-1 所示，上海市和浙江省的 $PM_{2.5}$ 质量浓度下降幅度和优良天数比例两项约束性指标进展均超额完成 2019 年年度目标及"十三五"考核目标。江苏省优良天数比例进度稍慢，安徽省两项约束性指标均滞后。

表 4-1 2019 年"十三五"约束性指标进展

省（市）	PM$_{2.5}$ 质量浓度/（μg/m³）				优良天数比例/%		
	质量浓度	同比变化/%	相比 2015 年变化/%	考核目标	比例	同比变化/%	相比 2015 年变化/%
上海	35	2.9	−30.0	−20	84.7	0.0	9.1
江苏	43	−8.5	−21.8	−20	71.4	−3.0	−0.7
浙江	32	−3.0	−30.4	−18	88.6	−0.4	4.6
安徽	48	−2.0	−12.7	−18	71.8	−5.4	−9.6

秋冬季大气污染综合治理攻坚进展方面，2019 年 10 月—2020 年 1 月，长三角区域 41 个城市 PM$_{2.5}$ 质量浓度范围为 21～81 μg/m³，平均为 51 μg/m³，同比下降 5.6%。PM$_{2.5}$ 平均质量浓度最低的 3 个城市依次是舟山、黄山和丽水，分别为 21 μg/m³、28 μg/m³、30 μg/m³；质量浓度最高的城市是亳州和阜阳，均为 81 μg/m³；其次是淮北，为 79 μg/m³。从改善幅度看，长三角区域 41 个城市中，32 个城市 PM$_{2.5}$ 平均质量浓度同比下降，1 个城市同比持平，另外 8 个城市同比不降反升。31 个城市 PM$_{2.5}$ 平均质量浓度降幅满足秋冬季改善目标进度要求。降幅排名前 3 位的绍兴、宁波和合肥，同比分别下降了 21.6%、17.5% 和 17.5%。反弹幅度最大的 3 个城市为温州、金华和宿迁，同比分别上升 10.3%、8.1% 和 6.2%。

4.1.2 区域大气环境问题分析

4.1.2.1 区域污染传输通道分析

选取长三角区域主要城市作为受体点，利用 HYSPLIT 模型对 2013—2018 年长三角区域进行 72 h 后向轨迹聚类分析[①]。聚类结果显示，依据气流轨迹方向和移动速度，将长三角区域气流轨迹分为 5 类：北部沿海气流（聚类 A）、东北海面气流（聚类 B）、西南内陆气流（聚类 C）、西北内陆气流（聚类 D）和东南海面气流（聚类 E）。其中，聚类 A 和聚类 D 气流移动速度较快（图 4-3）。

从 2013—2017 年长三角区域 5 类气流出现的概率占比分布可知，除 2013 年海面气流对长三角区域贡献较小外（聚类 B 和聚类 E 出现概率仅占 28%），其他年份内陆气流（聚类 A、C、D）和海面气流（聚类 B、E）对区域的贡献占比分别约为 60% 和 40%，

① 研究成果引自上海市生态环境局科研课题"2018 年上海市清洁空气行动计划跟踪评估"。

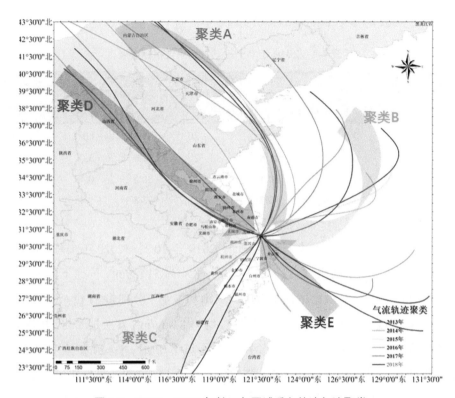

图 4-3   2013—2018 年长三角区域后向轨迹气流聚类

海面气流则有利于大气污染物的稀释扩散，而来自内陆的气团是长三角区域高质量浓度颗粒物污染的主要传输途经，说明内陆气流对长三角区域空气质量有主导影响。2013—2017 年，来自西北内陆的 D 类气流出现概率变化不大，基本维持在 17%～20%；2013 年和 2015 年，北部沿海气流（聚类 A）出现概率较高，为 33%、32%，2017 年，西南内陆气流（聚类 C）出现概率明显高于其他年份，高约 3%～14%（图 4-4）。

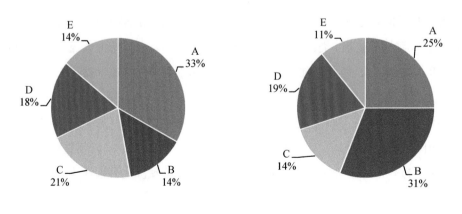

2013 年   2014 年

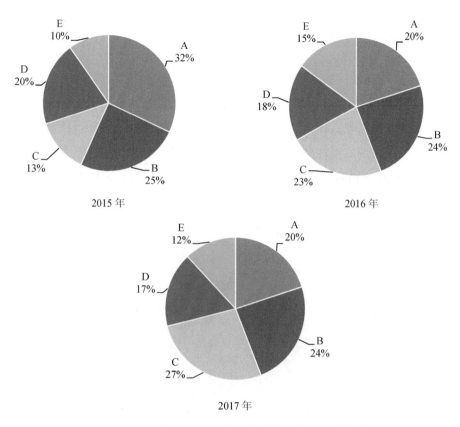

图 4-4　2013—2017 年长三角区域气流轨迹占比变化

从 2017 年、2018 年 1—10 月长三角区域 5 类气流出现的概率占比分布可知，2018年 1—10 月，来自北部沿海的 A 类气流出现概率大幅上升，较 2017 年同期上升了 16 个百分点；来自东部海域（聚类 B）和西南内陆气流（聚类 C）出现概率较 2017 年同期有明显下降，分别下降了 9 个百分点和 12 个百分点；其他气流出现概率与 2017 年同期基本持平（图 4-5）。

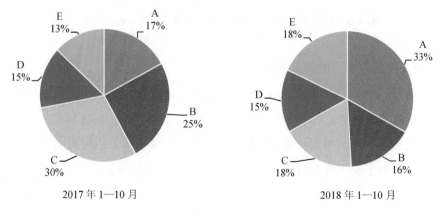

图 4-5　2017 年 1—10 月和 2018 年 1—10 月长三角区域气流轨迹占比变化

4.1.2.2 区域 PM₂.₅ 来源解析

（1）PM₂.₅ 区域内外传输来源识别

长三角城市 PM₂.₅ 区域内外传输平均贡献占比分布如图 4-6 所示。从 3 个区域贡献占比情况来看，本地贡献占比为 31%～58%，是影响大多数城市 PM₂.₅ 质量浓度最大的区域来源；长三角区域对沿江腹地城市 PM₂.₅ 质量浓度贡献较为显著，总体贡献占比为 21%～47%；区域外传输对各城市也均有较为稳定比例的贡献，占比为 14%～32%。

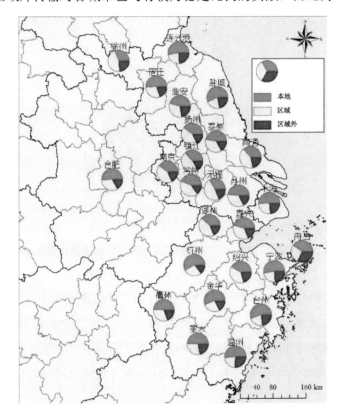

图 4-6   长三角城市 PM₂.₅ 区域内外传输平均贡献占比分布

（2）PM₂.₅ 区域内城市间传输关系分析

长三角城市间 PM₂.₅ 传输平均贡献矩阵分布情况，如图 4-7 所示。从城市贡献占比情况来看，各城市本地均是其最大的贡献来源；从城市相互影响情况来看，扬州以南至舟山以北区域邻近城市间相互传输影响较为显著；对区域影响范围较大的城市主要是苏州、无锡、上海和宁波，这些城市主要对邻近的苏南及浙北城市有一定传输影响。

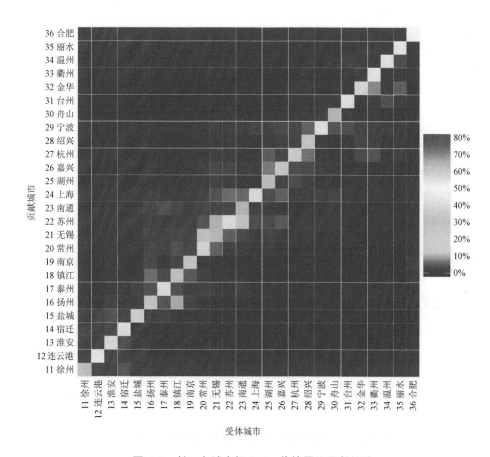

图 4-7　长三角城市间 PM₂.₅ 传输平均贡献矩阵

（3）PM₂.₅ 区域排放来源解析

长三角主要城市 PM₂.₅ 排放来源平均占比分布情况如图 4-8 所示。从徐州、宿迁、连云港、淮安、盐城等苏北城市 PM₂.₅ 区域排放来源看，工业源、扬尘源、移动源和农业源是最主要的贡献源，工业源的锅炉贡献占比为 10%～28%，是最大的工业排放来源。扬尘源贡献占比为 13%～35%，贡献较为突出；移动源和农业源平均贡献占比分别为 6% 和 7%。江苏南部的 8 个城市与苏北城市相比，PM₂.₅ 同样受工业锅炉和扬尘源影响较大，其贡献占比分别为 13%～25% 和 14%～28%。同时，从其他排放部门来看，电厂、工艺过程源和移动源总体贡献占比分别为 4%～6%、10%～17% 和 7%～14%。农业源对各城市 PM₂.₅ 浓度平均贡献占比约为 5%；钢铁行业对常州、无锡、苏州影响较为显著，平均贡献占比分别约为 6%、3% 和 2%；非道路移动源（主要为船舶）对南通约有 9% 的浓度贡献。

上海 PM₂.₅ 排放源贡献中，从部门分布来看，工业锅炉、工艺过程、移动源和扬尘源是贡献最为显著的排放源，贡献占比分别为 5%、11%、11% 和 16%。

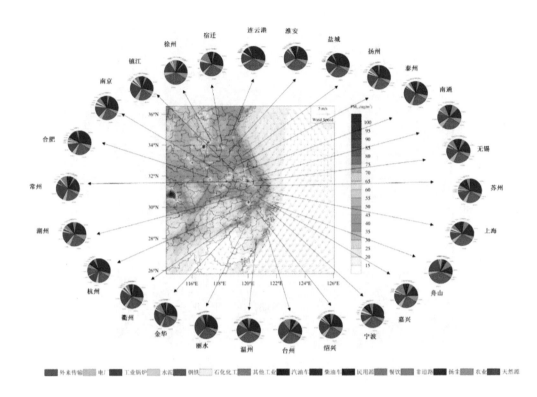

图 4-8　长三角主要城市 PM$_{2.5}$ 排放来源平均占比分布

浙江北部的湖州、嘉兴、杭州、绍兴、宁波、舟山、台州等城市，电厂和工业锅炉等固定燃烧源贡献占比分别为 3%～5% 和 10%～27%，水泥、钢铁和其他工业等工艺过程源贡献占比为 6%～17%。杭州、宁波、湖州和绍兴受扬尘源影响较为显著，占比为 23%～33%；农业源贡献占比为 5%～9%，较其他季节偏低。浙江南部的金华、衢州、温州和丽水，PM$_{2.5}$ 工业源中，工业锅炉和工艺过程贡献占比分别为 16%～28% 和 5%～11%，移动源、扬尘源和农业源贡献占比分别为 5%～9%、23%～26% 和 5%～7%。

安徽合肥市从排放部门贡献占比分布来看，电厂、工业锅炉、工艺过程、移动源、扬尘源、民用源和农业源贡献占比分别为 5%、13%、9%、8%、29%、8% 和 6%，与长三角其他城市相比，扬尘源和民用源贡献占比更为显著。

总体看来，长三角城市 PM$_{2.5}$ 排放主要来自电厂、工业锅炉、工艺过程、扬尘、移动源和农业源，贡献占比分别为 2%～6%、10%～28%、3%～17%、11%～35%、5%～16% 和 4%～9%。从占比分布来看，工业燃煤仍是 PM$_{2.5}$ 最大的排放来源。移动源对上海等大城市影响较为显著，同时，一次扬尘排放影响仍较为突出。

4.1.3　区域主要大气污染源分析

4.1.3.1　产业结构依然偏重

（1）随着产业结构调整力度加大，重工业逐渐进入平台期，工业增量对经济增长贡献逐渐降低

2016 年，长三角、京津冀、珠三角（广东省）重点区域及区域内各省（市）工业总产值中，装备制造业比重均最高，分别为 41.4%、29.7% 和 47.5%。长三角区域第二大行业和第三大行业则分别为化工和纺织服装，2016 年在区域工业总产值中占比分别为 16.4% 和 7.7%；而京津冀区域第二大行业和第三大行业分别为钢铁和化工，2016 年占比分别为 18.0% 和 9.4%；珠三角区域第二大行业为化工，占工业总产值比重为 10.1%，此外，电力、纺织和食品加工各占 5%。综上可知，三大区域工业结构不尽相同，除装备制造业外，长三角区域以化工、纺织为主，其次为钢铁、石化、电力；京津冀区域以钢铁、化工为主；珠三角（广东省）则以化工为主。

（2）重化工产品产量仍维持高位，产业结构与布局不合理

长三角区域重化工业高度聚集，虽然近年来产业结构调整力度加大，但粗钢、水泥、石化化工等重化产品产量仍维持高位，偏重的产业结构未实现根本性改变。2018 年，长三角区域火力发电量占全国的 23%，生铁、粗钢、钢材、水泥、平板玻璃产量分别占全国的 15%、18%、18%、18%、13%，乙炔、化学纤维、硫酸、烧碱等石化化工行业产品产量分别占全国的 25%、74%、13% 和 19%。从三大区域横向对比可知，除钢铁、焦炭、平板玻璃产量低于京津冀以外，长三角区域的火力发电量、水泥产量、乙烯、化纤、硫酸、烧碱、化肥等石化化工行业产品产量均居三大区之首（图 4-9）。长三角区域内，江苏和安徽产业结构相对偏重，钢铁、焦炭、水泥等高能耗产业产量比重偏高；浙江平板玻璃、化学纤维产量相对较高，分别占全国的 5% 和 46%，位列长三角第一；上海乙烯产量比重占全国的 9.4%，居长三角区域之首（图 4-10）。

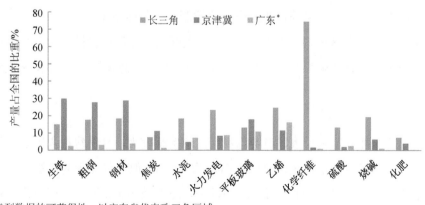

注：* 考虑到数据的可获得性，以广东省代表珠三角区域。

图 4-9　2018 年重点区域主要工业产品产量占全国比重

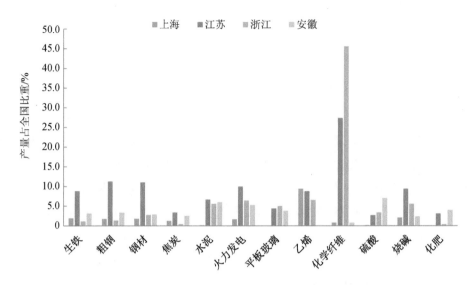

图 4-10　2018 年长三角各省（市）主要工业产品产量占全国比重

（3）主要工业产品产量持续上升，转型缓慢

2000—2015 年，水泥、钢材、化学纤维、乙炔产量总体上均呈现持续上升的趋势。2019 年上半年，长三角区域粗钢、水泥、焦炭、有色金属、氧化铝、原油加工等主要产品产量同比分别增长 5.5%、7.4%、7.4%、31%、60.8%和 8.4%。其中，上海原油加工、水泥产量分别增长 20.2%和 9.5%；江苏粗钢、焦炭、有色金属、水泥产量分别增长 7.2%、17.6%、95.7%和 8.1%；浙江原油加工、粗钢、水泥、平板玻璃产量分别增长 14.5%、11.7%、6.9%和 9.3%；安徽原油加工、有色金属、氧化铝、水泥、平板玻璃产量分别增长 7.8%、29.0%、60.8%、7.0%、18.1%。这些高能耗产业中，虽然有部分企业工艺先进，但仍有大量落后工艺，污染排放压力巨大，是造成长三角区域大气污染的重要原因。

（4）钢铁、水泥、火电等行业污染排放控制水平仍然不足

2018 年，长三角区域内，钢铁、水泥、火电行业主要污染物排放量占全国排放总量近 20%，单位面积排放强度是全国平均水平的 6~8 倍，总体排放控制水平仍然较低。

4.1.3.2　能源结构依然以煤为主

长三角区域能源需求量大、消费总量高、消费强度大，且消费结构以煤炭等化石燃料为主。长三角三省一市占全国总国土面积的 3.6%，但单位面积的煤炭消费量是全国平均水平的 4 倍。特别是"十三五"时期以来，随着经济企稳回升、城镇化进程的推进和居民生活水平的提高，能源需求保持刚性增长。随着一批重大产业项目的建成投产，

煤炭等能源需求仍保持刚性增长。2019 年，长三角区域煤炭消费总量约 5 亿 t，燃煤排放的 SO_2、NO_x 和烟粉尘是造成空气污染的直接原因。

一是能源结构偏煤，煤炭消费总量尚未实现负增长。长三角区域煤炭消费占比为 60% 左右，而清洁能源消费占比不到 30%。近年煤炭消费比重虽有所下降，但煤炭消费总量仍在增长，短期内尚无法实现负增长。

二是基础设施尚未互联互通，油气供应不够稳定。近年来，受气源和价格影响，天然气供应跟不上消费需求，城乡居民天然气覆盖率不足 40%。此外，受三门核电一期项目进展缓慢和水电枯年因素影响，非化石能源利用量占比离预期目标仍有较大距离。

三是燃煤锅炉综合整治任务尚在推进过程中。尚未完成 35 蒸吨/h 以下燃煤锅炉淘汰任务，例如，浙江镇海电厂 2 台共 43 万 kW 煤电机组、舟山电厂 1 台 13.5 万 kW 煤电机组尚未关停淘汰。此外，燃煤锅炉超低排放改造、燃气锅炉完成低氮改造还在进行中。

4.1.3.3　交通结构以公路运输为主

（1）货物运输结构

长三角区域交通运输结构中，公路交通仍为主要运输方式，其他运输方式稳步发展。从运输线路里程来看，2017 年，长三角区域公路通车总里程达 495 183 km，比上年增长 1.6%；占全国公路通车里程的 10.4%，与上年持平。其中，高速公路总里程达 14 344 km，比上年增长 1.8%；占全国的 10.5%，下降 0.3 个百分点。铁路营运里程达 10 098 km，比上年增长 1.3%；占全国铁路营运里程的比重为 8.0%，与上年持平。长三角水运航道总里程达 41 884 km，比上年下降 0.1%；占全国的 33%，与上年持平。长三角区域中，公路通车里程最高的是安徽省，20.3 万 km；其次是江苏省，15.8 万 km。

从货物运输量来看，2017 年，京津冀、长三角和珠三角公路货运量分别占货运总量的 86.9%、62.4% 和 73.6%，以柴油为主的公路运输仍在交通运输体系中占据主导地位。其他运输方式中，京津冀区域的铁路运输能力增长较快，2017 年，货运量和货物周转量占比分别为 8.8% 和 31.1%；长三角区域和珠三角区域的水路运输迅速增长，2017 年，货运量占比分别为 35.6% 和 24.2%，货物周转量占比则分别高达 80.2% 和 85.8%。柴油货车作为公路运输的主要工具，同时也是 NO_x 的重要排放源之一，与水运和铁路相比具有运量小、速度慢、污染高、管理难等多个缺点，应逐步将货运从公路转为水运和铁路运输。

从三大区域货运方式的历年变化情况来看，长三角区域和珠三角区域的水运依托优越的地理位置得以迅速发展，京津冀则以其密集的铁路网逐步将货运由公路转向铁路，运输方式趋于合理。三大区域客运量和旅客周转量的变化趋势为：京津冀区域的铁路和民航逐步取代公路，成为主要的客运方式；长三角区域从以公路为主、铁路为辅，逐渐演变成公路、铁路、民航共同发展；珠三角区域则是从以公路为主逐渐演变为以公路和民航为主。

（2）机动车保有量

汽车保有量增速较快，汽柴油消费量持续增长。长三角区域道路交通高速增长、高密度聚集、高强度使用的"三高"特征突出。

截至 2017 年年末，三省一市机动车保有量超过 5 000 万辆，占全国机动车总量的 20%左右，其中，民用汽车保有量已达 4 083 万辆。区域机动车保有量及汽柴油消耗量均比京津冀区域和广东省大，且增速较快。其中，载客汽车保有量分别是京津冀和广东省的 1.8 倍和 2.2 倍，载货汽车保有量分别是两者的 1.4 倍和 1.8 倍，汽柴油消费量分别是两者的 2.3 倍和 2.1 倍。

从地区分布来看，上海、苏州、南京、杭州、宁波等长三角核心城市机动车保有量突出，同时上述地区也是长三角港口主要聚集地，机动车船的集中运行使长三角核心城市流动源排放集中，由此导致的 NO_2 和 O_3 等污染集聚，对环境影响巨大。

（3）港口运输

港口货物吞吐量持续攀升，船舶大气污染问题凸显。在我国沿海 5 个港口群中，长三角区域是港口分布最为密集、吞吐量最大的港口群。区内拥有 8 个沿海主要港口、26 个内河规模以上港口。长三角区域的宁波—舟山港、上海港为全国排名前三位的港口。2017 年，宁波—舟山港货物吞吐量为 10.09 亿 t，居世界第一位；上海港货物吞吐量为 7.05 亿 t，居世界第二位。2017 年，上海港国际标准集装箱吞吐量 4 023 万标准箱（TEU），居世界第一位，宁波—舟山港国际标准集装箱吞吐量为 2 464 万 TEU，居全国第三位。港口货物吞吐量的快速上升导致长三角区域载货汽车和柴油消费量快速增长。从车型来看，载货汽车呈现显著的大型化趋势，势必导致单车污染物排放水平不断增长。从长三角区域流动源的 NO_x 排放构成来看，船舶和中重型货车是区域 NO_x 排放的最主要来源，分别占 31%和 21%。港口货运及其导致的物流运输需求已成为长三角区域流动源污染的最主要影响因素。如何通过交通结构和物流运输体系调整及清洁柴油机计划减少船舶运输及重型柴油车排放，将成为区域环境空气质量改善的关键。

（4）民航运输

长三角区域机场货物和旅客吞吐量高于珠三角区域和京津冀区域。长三角区域的主要机场有上海浦东、上海虹桥和杭州萧山、南京禄口、苏州硕放机场等。长三角区域、珠三角区域和京津冀区域主要机场起落架次的平均增长率分别为 7.6%、5.7%和 4.1%。长三角区域机场起落架次较京津冀地区、珠三角区域高 20 万～30 万人次/a，并且其机场货物和旅客吞吐量均高于珠三角区域、京津冀区域。因此，长三角区域由于航空本身所引起的排放会远高于其他地区。此外，由于航空货运、客运所带动的载货汽车、载客汽车的排放会远高于其他地区。

4.2　总体要求

4.2.1　总体思路

以问题为导向，紧抓长三角区域 $PM_{2.5}$、O_3 污染突出问题，共同实施 $PM_{2.5}$ 和 O_3 浓度 "双控双减"。以工业、重卡、船舶、燃煤、扬尘为重点控制污染源，强化能源消费总量和强度 "双控"，进一步优化能源结构，依法淘汰落后产能，推动大气主要污染物排放总量持续下降，切实改善区域空气质量。合力控制煤炭消费总量，实施煤炭减量替代，推进煤炭清洁高效利用，提高区域清洁能源在终端能源消费中的比例。联合制定控制高能耗、高排放行业标准，基本完成钢铁、水泥行业和燃煤锅炉超低排放改造，打造绿色化、循环化产业体系。建立固定源、移动源、面源精细化排放清单管理制度，加强涉气 "散乱污" 和 "低小散" 企业整治，加快淘汰老旧车辆，强化重卡与船舶污染防控。继续深化长三角区域大气污染联防联控机制与政策创新，推动区域空气质量共同改善。

4.2.2　规划目标

4.2.2.1　$PM_{2.5}$ 年均浓度改善目标

设置三种城市空气质量改善情景：

一是基于《打赢蓝天保卫战三年行动计划》$PM_{2.5}$ 质量浓度下降目标，设置城市 $PM_{2.5}$ 年均质量浓度改善的基准情景。

二是借鉴国内外 $PM_{2.5}$ 质量浓度改善经验，并基于城市 $PM_{2.5}$ 污染程度分类确定 $PM_{2.5}$ 年均质量浓度下降比例，设置分类改善情景。

三是在分类改善情景的基础上，考虑到京津冀及周边地区、长三角区域、汾渭平原等重点区域将成为大气污染防治的主战场，在大气污染防治措施、资金投入等方面将持续加大力度，有望加快改善进程，设置了重点区域强化情景（表 4-2）。

根据所设计的 $PM_{2.5}$ 质量浓度改善情景，计算各城市 2021—2025 年、2026—2030 年和 2031—2035 年几个阶段的质量浓度。

表 4-2 城市 PM$_{2.5}$ 年均质量浓度改善情景

情景	情景说明			
情景一 （基准情景）	已达标	保持达标，PM$_{2.5}$ 质量浓度不反弹		—
	未达标	年均下降比例设为 3.8%（基于《打赢蓝天保卫战三年行动计划》未达标城市 PM$_{2.5}$ 质量浓度下降目标计算）		每 5 年下降 18%
情景二 （分类改善 情景）	已达标	持续改善（年均下降 2%左右）		每 5 年下降 9.6%
	超标 20%及以内	年均降低 3.5%左右		每 5 年下降 16%
	超标 20%～50% （含 50%）	年均下降 4%左右		每 5 年下降 18.5%
	超标 50%～100% （含 100%）	年均下降 5%左右		每 5 年下降 22%
	超标 100%以上	年均下降 6%左右		每 5 年下降 26%
情景三 （重点区域强化 情景）		重点区域	其他地区	
	已达标	持续改善 （年均下降 2%左右）	持续改善 （年均下降 2%左右）	每 5 年下降 9.6%
	超标 20%及以内	年均降低 3.5%左右	年均降低 3.5%左右	每 5 年下降 16%
	超标 20%～50% （含 50%）	年均下降 4.5%左右	年均下降 4%左右	每 5 年下降 18.5%～20%
	超标 50%～100% （含 100%）	年均降低 6%左右	年均下降 5%左右	每 5 年下降 22%～26%
	超标 100%以上	年均降低 7%左右	年均下降 6%左右	每 5 年下降 26%～30%

从计算结果来看：在 3 种情景下，长三角区域 PM$_{2.5}$ 年均质量浓度分别是 38 μg/m³、36 μg/m³、34 μg/m³；41 个城市 PM$_{2.5}$ 年均质量浓度将分别于 2032 年、2031 年和 2029 年前后全部达标。

《规划纲要》中提出：到 2025 年，PM$_{2.5}$ 平均质量浓度总体达标。根据要求，建议选取强化情景测算结果，以保证 2025 年长三角区域 PM$_{2.5}$ 平均质量浓度达到 35 μg/m³。

目标建议：到 2025 年，长三角 PM$_{2.5}$ 区域平均质量浓度下降至 34 μg/m³；到 2030 年，PM$_{2.5}$ 区域平均质量浓度下降至 30 μg/m³；到 2035 年，PM$_{2.5}$ 区域平均质量浓度下降至 27 μg/m³（图 4-11）。

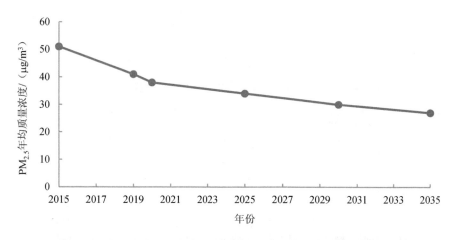

图 4-11　长三角区域 $PM_{2.5}$ 年均质量浓度演变趋势及中长期建议目标

根据城市各阶段 $PM_{2.5}$ 质量浓度，计算三省一市阶段目标，见表 4-3 和图 4-12。

表 4-3　长三角区域三省一市 $PM_{2.5}$ 年均质量浓度阶段建议目标

阶段目标	上海	江苏	浙江	安徽
2020 年	35	42	30	45
2025 年	32	35	30	36
2030 年	30	31	28	32
2035 年	26	28	25	29

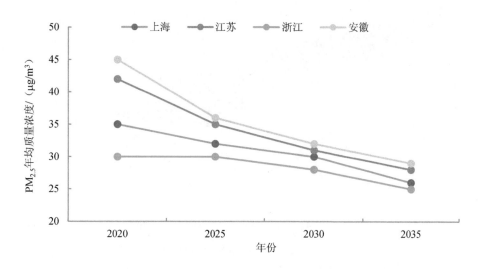

图 4-12　长三角三省一市 $PM_{2.5}$ 年均质量浓度中长期建议目标

各城市根据PM$_{2.5}$质量浓度水平，分批次实现达标。已达标城市，PM$_{2.5}$质量浓度继续改善（表4-4）。

表4-4　长三角区域城市PM$_{2.5}$年均质量浓度达标建议时间

梯队	空气质量情况	城市	达标年份
一	达标持续改善	宁波市、温州市、台州市、丽水市、黄山市、舟山市、上海市、嘉兴市、湖州市、金华市、衢州市	
二	超标20%以内	六安市、宣城市、南京市、无锡市、苏州市、盐城市、杭州市、绍兴市、南通市	2023年
三	超标20%～50%	蚌埠市、阜阳市、宿州市、滁州市、常州市、宿迁市、铜陵市、镇江市、安庆市、淮安市、泰州市、合肥市、芜湖市、扬州市、马鞍山市、连云港市、池州市	2025年
四	超标50%以上	徐州市、淮北市、淮南市、亳州市	2030年

4.2.2.2　优良天数改善目标

根据2015—2018年338个城市PM$_{2.5}$年均质量浓度、臭氧质量浓度和优良天数比例进行测算分析，PM$_{2.5}$质量浓度、O$_3$质量浓度与优良天数之间存在线性相关关系（图4-13、图4-14），即PM$_{2.5}$年均质量浓度下降1 μg/m^3，优良天数增加2.5 d；O$_3$质量浓度上升1 μg/m^3，优良天数减少0.8 d。

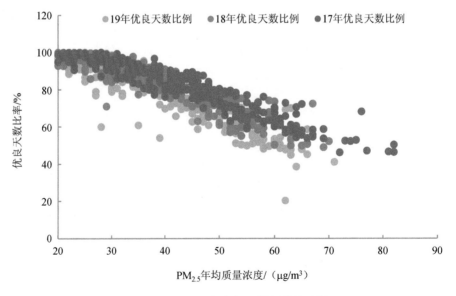

图4-13　PM$_{2.5}$与超标天数相关性分析

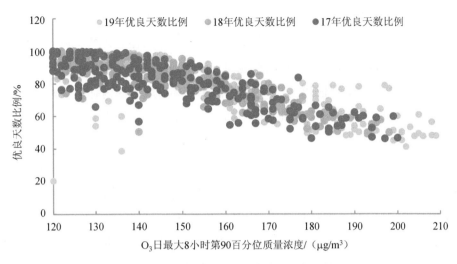

图 4-14　O₃ 质量浓度与超标天数相关性分析

2019 年 1—12 月，长三角区域 41 个城市优良天数比例平均为 76.5%。到 2025 年，长三角区域优良天数比例可以增加 4.8 个百分点，达到 81.3%。

考虑到当前长三角区域 O₃ 已经成为影响优良天数的主要因子，假设以下三种情况，对优良天数比例进行测算：

一是假设"十四五"期间长三角区域 O₃ 质量浓度持平，则 2025 年长三角区域优良天数比例为 81.3%。

二是假设"十四五"期间长三角区域 O₃ 质量浓度上升 5%，约为 8 μg/m³，约减少优良天数 6 d，降低 1.6 个百分点，则 2025 年长三角优良天数比例为 79.7% 左右。

三是假设"十四五"期间长三角区域 O₃ 质量浓度上升 10%，约为 16 μg/m³，约减少优良天数 12 d，降低 3.2 个百分点，则 2025 年长三角优良天数比例为 78.1% 左右。

《规划纲要》中提出：到 2025 年，长三角区域地级及以上城市空气质量优良天数比率达到 80% 以上。根据当前 O₃ 质量浓度形势分析，长三角区域 O₃ 污染不容乐观。为保证完成优良天数比率达到 80% 以上的目标，必须进一步开展 O₃ 污染的有效控制。

4.3　重点任务

4.3.1　调整优化产业结构

一是推进产业结构和布局的进一步优化。深入落实化工、钢铁、建材、焦化等重点行业产业结构调整任务，压减过剩产能，推进产业转型升级。对于列入去产能计划的钢铁企业,需一并退出配套的烧结、焦炉、高炉等设备。生态环境敏感区、城市建成区内钢铁、水泥、化工、建材等重污染企业要切实采取彻底关停、转型发展、环保搬迁改造等方式进行转型升级,禁止落后淘汰产能向中西部地区转移。禁止新增化工园区,加大现有化工园区整治力度,推进沿江、沿湖、沿湾等环境敏感区内存在重大安全、环保隐患的化工企业关闭或搬迁;大力推进化工园区整合提升,严格高能耗、高污染和资源型行业环境准入。

二是加强工业源深度治理。深入实施"散乱污"企业综合整治,依法依规分类实施综合整治,严防"散乱污"企业反弹。深化钢铁、水泥、建材等高污染行业污染治理,重点实施钢铁、水泥行业超低排放改造,其他建材行业,包括平板玻璃、陶瓷、砖瓦等,逐步启动超低排放改造工作,在减少污染物排放的同时优化行业结构,推动绿色转型发展。实施工业炉窑升级改造和深度治理,加大落后产能和不达标工业炉窑淘汰力度,加快淘汰中小型煤气发生炉,鼓励工业炉窑使用电、天然气等清洁能源,或由周边热电厂供热;推动有色金属冶炼、铸造、再生有色金属、氮肥、陶瓷等涉工业炉窑企业的综合整治,开展涉工业炉窑类产业集群的综合整治。持续开展工业企业治污设施提标改造,实施工业污染源全面达标行动计划,全面排查废气排放重点行业环保设施运行管理及大气污染物达标排放情况,加大违法排污企业监督和处罚力度,确保企业全面稳定达标排放。

三是提升挥发性有机物(VOCs)综合治理水平。强化管理体系建设,落实 VOCs 总量控制和行业控制,依托排污许可实施管理,有序推进涉 VOCs 行业排污许可证申请与核发。规范企业环保管理制度,涉 VOCs 重点企业建立完善"一厂一策一档"制度。加强 VOCs 排放调查与动态更新,建立健全监测监控体系,包括化工园区厂界 VOCs 在线监测与有组织排放自动在线监测。严格建设项目环境准入,新建涉 VOCs 排放工业企业入园实施辖区现有源等量或倍量替代,并纳入许可证管理。通过加快有机溶剂产品质量标准制修订、强化源头替代政策引导,在工业涂装、印刷等重点行业全面推广低 VOCs 含量产品替代。全面加强无组织排放控制,加强对含 VOCs 物料储存、含 VOCs 物料转移和输送、设备与管线组件 VOCs 泄漏、敞开液面 VOCs 逸散以及工艺过程等无组织排放五类源的管控。推进建设适宜高效的治污设施,引导和要求企业依据排放废气的浓度、组分、风量,温度、湿度、压力,以及生产工况等,合理选择治理工艺技术,提高治理设施建设质量,确保稳定达标排放。实施精细化管理,在实施总挥发性有机物控制的基础上,突出活性强的特征污染物减排,兼顾恶臭污染物和有毒有害物质控制,提高 VOCs 治理的精准性、针对性和有效性。

4.3.2 加快调整能源结构

统筹谋划、一体推进能源结构调整，努力构建清洁低碳、安全高效的区域能源体系，为推动长三角区域更高质量一体化发展提供坚强的能源保障。

一是控制煤炭消费总量，全面推进煤炭清洁利用。按计划淘汰燃煤热电机组，热电、水泥、钢铁等重点行业按照方案实施错峰生产，切实削减煤炭消费。严格控制煤炭产能增长，加快淘汰煤矿落后低效产能，原则上不再新建单纯扩大产能的煤矿项目。严把耗煤新项目准入关，实施煤炭减量替代，新建项目禁止配套建设自备燃煤电站；除背压热电联产机组外，禁止审批 35 蒸吨/h 以下燃煤锅炉、国家禁止的新建燃煤发电项目和高污染燃料锅炉。

二是加快构建清洁便捷的油气供应体系。加快油气管网、天然气门站和大型 LNG 调峰站建设，积极推进宁波、舟山等原油储备基地建设，利用浙江沿海深水岸线和港口资源，布局大型 LNG 接收、储运及贸易基地，促进油源、气源多元化。优化天然气使用方式，新增天然气应优先用于替代燃煤，鼓励发展天然气分布式能源等高效利用项目，限制发展天然气化工项目，有序发展天然气调峰电站。

三是多能并举，提高清洁能源利用水平。积极发展陆上、浅近海风电、核电、海洋潮流能和光伏发电，推动沿海地区发展海洋能发电，稳步拓展生物质能利用方式，科学利用地热能，积极引导用能企业实施清洁能源替代，提高可再生能源使用比例，鼓励工厂和园区屋顶光伏项目建设。

四是推进能源基础设施互联互通。推动完善沿长江清洁能源供应通道建设，加快天然气管网互联互通，增加主干线管道双向输送功能。完善长三角主干网架结构，加快皖电东送、浙江沿海东电西送、江苏北电南送电力输送通道建设，与"西电东送""北电南送"主通道实现互联互通。

五是建立健全用能优化配置机制。全面推行区域能源技术评价，加强企业用能监管，加强能源消费强度、能源消费总量控制，定期通报能源"双控"目标任务完成情况，动态调整高能耗行业项目缓批限批，建立以"区域能评+区块能耗标准"取代项目能评的机制，制定出台省级区域能评项目负面清单，严控高能耗项目，"倒逼"转型升级。建立健全用能权初始分配制度，开展用能权有偿使用和交易试点改革，加快落后产能和过剩产能的退出，加快建立能源资源要素市场化配置体制机制。推动建筑用能绿色化发展，严格实施绿色建筑专项规划，严格执行《绿色建筑设计标准》，推进建筑节能改造，推广被动式超低能耗建筑，推进可再生能源建筑一体化应用。

4.3.3 调整优化交通结构

优化交通运输体系，大力发展绿色交通。完善城市公共交通服务体系，积极推广新能源汽车，逐步提高城市公交车、出租车应用清洁能源或新能源汽车比例，保障公交车、多乘员车辆优先使用路权，加快实施城市电动汽车充电设施、加气站等基础设施建设。推进重点工业企业和工业园区货物由公路运输转向铁路运输，显著提高重点区域大宗货物铁路水路货运比例，提高沿海港口集装箱铁路集疏港比例。

以开展柴油货车超标排放专项整治为重点，统筹开展车、路、油治理和机动车船污染防治。制定老旧车限行方案，加快淘汰老旧车辆，建立新车管理、在用车检验、监督执法全方位监管体系，完善机动车排放遥感监测网络。

加快机动车排放标准实施进程。全面供应符合"国六"标准的车用汽柴油，实现车用柴油、普通柴油及燃料油并轨。深入开展燃料油品质专项整治行动，加大车用汽柴油产品监督抽查力度，严厉打击非法生产、销售不合格油品行为，实现车用汽柴油产品抽查全覆盖。

强化船舶和非道路移动机械大气污染防治，严格实施船舶和非道路移动机械大气排放标准。鼓励淘汰老旧船舶、工程机械和农业机械。严格执行船舶排放控制区油品控制要求，出台船舶岸电使用奖励政策，推进主要港口和排放控制区内港口靠港船舶率先使用岸电。摸清各类型非道路移动机械保有量、使用频率、燃油消耗和油品质量现状，建立非道路移动机械台账和大气污染物排放清单，掌握不同机械类型的排放贡献。

4.3.4 深化面源污染治理

深入实施"扬尘五化"（即对象清单化、措施具体化、管控科技化、管理系统化和督查定期化）管控。强化施工扬尘管控，施工工地以"六个百分之百"（即工地周边百分百围挡、物料堆放百分百覆盖、工地百分之百湿法作业、路面百分百硬化、出入车辆百分百清洗、渣土车辆百分百密闭）为目标，加强扬尘管控。控制城乡道路扬尘污染，力争实现城市建成区道路机械化清扫全覆盖。深入推进裸露地面整治，实施中心城区裸露地面绿化全覆盖工程。全面推进散流体运输车辆封闭及苫盖。推行矿山物料、加工封闭式改造。强化物料堆场环境综合整治。

加强秸秆综合利用和氨排放控制。强化秸秆综合利用与禁烧管控，针对秋冬季秸秆集中焚烧和采暖季初锅炉集中起炉的问题，制定专项工作方案，加强科学有序疏导。严防因秸秆露天焚烧造成区域性重污染天气。坚持疏堵结合，加大政策支持力度，推进农作物秸秆综合利用和收运储体系建设，全面加强秸秆综合利用。强化畜禽粪污资源化利用，改善养殖场通风环境，提高畜禽粪污综合利用率，减少农业源氨挥发排放。

4.3.5 政策机制深化与创新

进一步强化中央大气污染防治专项资金安排与地方空气质量改善联动机制，充分调动地方政府治理大气污染积极性。地方各级政府要加大本级大气污染防治资金支持力度，重点用于工业污染源深度治理、运输结构调整、柴油货车污染治理、大气污染防治能力建设等领域，研究制定老旧柴油车淘汰补贴政策。各级生态环境部门配合财政部门，针对本地大气污染防治重点，做好大气专项资金使用工作。各省（市）要对大气专项资金使用情况开展绩效评价。

加大信贷融资支持力度。支持依法依规开展大气污染防治领域的政府和社会资本合作（PPP）项目建设。支持符合条件的企业通过债券市场进行直接融资，用于大气污染治理等。加大价格政策支持力度。落实好差别电价政策，对限制类企业实行更高价格，支持各地根据实际需要扩大差别电价、阶梯电价执行行业范围，提高加价标准。铁路运输企业完善货运价格市场化运作机制，清理规范辅助作业环节收费，积极推行大宗货物"一口价"运输。研究实施铁路集港运输和疏港运输差异化运价模式，降低回程货车空载率，充分利用铁路货运能力。推动完善船舶、飞机使用岸电价格形成机制，通过地方政府补贴等方式，降低岸电使用价格。

第5章　基于陆海统筹的水环境共同保护研究

　　坚持污染减排和生态扩容两手发力，共同推进水污染治理、水生态修复、水资源保护"三水统筹"，协同推进陆域和海洋水生态环境保护，突出工业、农业、生活、航运污染"四源齐控"，全面加强区域水污染治理协作，促进区域水环境质量持续改善。

5.1　区域水环境现状分析与问题诊断

5.1.1　地表水环境质量情况

5.1.1.1　水环境质量现状

　　如图 5-1 所示，长三角区域（上海市、江苏省、浙江省、安徽省）共有国控水质断面 333 个。2019 年，Ⅰ～Ⅲ类断面 280 个，占 84.1%，同比增加 4.6 个百分点；劣Ⅴ类断面 1 个，占 0.3%，同比减少 0.6 个百分点。

　　从长三角区域各省（市）水质断面比例情况（表 5-1）可以看出，2019 年，浙江省Ⅰ～Ⅲ类断面比例最高，为 96.1%；其次是上海市，为 90.0%；安徽省最低，为 77.4%。浙江、江苏、上海等省（市）无劣Ⅴ类断面；安徽省有 1 个，为合肥市南淝河施口断面，主要超标污染物为氨氮、总磷。

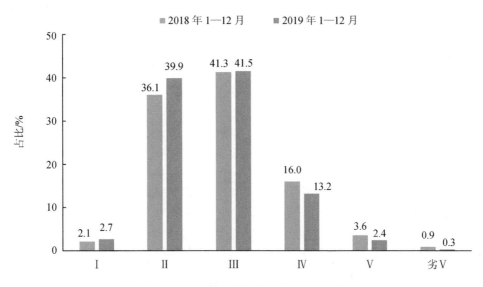

图 5-1 长三角区域水质类别比例同比变化情况

表 5-1 2019 年长三角区域各省（市）水质类别情况

省份	断面总数	I ～III类		劣 V 类	
		断面数	比例/%	断面数	比例/%
安徽省	106	82	77.4	1	0.9
江苏省	104	81	77.9	0	0.0
浙江省	103	99	96.1	0	0.0
上海市	20	18	90.0	0	0.0
合计	333	280	84.1	1	0.3

自"十三五"时期以来，长三角区域 I ～III类断面比例总体呈现上升趋势（表 5-2），由 2015 年的 70.3%上升到 2019 年的 84.1%；劣 V 类断面比例下降明显，由 2015 年的 6.1%下降到 2019 年的 0.3%，劣 V 类断面总数减少了 19 个。

表 5-2 长三角区域年际水质类别变化情况

年份	监测断面数	I ～III类		劣 V 类	
		断面数	比例/%	断面数	比例/%
2015	327	230	70.3	20	6.1
2016	333	254	76.3	8	2.4
2017	333	272	81.7	4	1.2
2018	332	264	79.5	3	0.9
2019	333	280	84.1	1	0.3

从区域年际水质类别变化情况（图 5-2、图 5-3）可以看出，总体呈现 Ⅰ～Ⅲ 类断面比例逐年上升、劣 Ⅴ 类断面比例逐年下降的趋势。其中，江苏省 Ⅰ～Ⅲ 类断面存在波动性，2018 年 Ⅰ～Ⅲ 类断面比例较 2017 年下降约 5 个百分点。

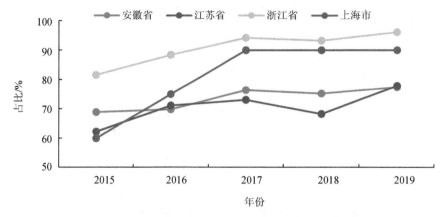

图 5-2   长三角区域 Ⅰ～Ⅲ 类断面比例变化情况

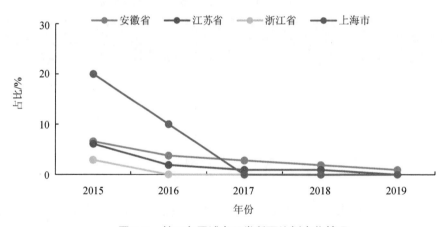

图 5-3   长三角区域劣 Ⅴ 类断面比例变化情况

以 2018 年和 2019 年劣 Ⅴ 类断面为重点（其中，2018 年劣 Ⅴ 类断面为江苏南通如泰运河东安闸桥西、安徽合肥十五里河希望桥、安徽合肥南淝河施口等 3 个，2019 年为安徽合肥南淝河施口断面）。分析其氨氮和总磷等主要超标因子浓度变化情况，2018 年，江苏南通如泰运河东安闸桥西、安徽合肥十五里河希望桥、安徽合肥南淝河施口等 3 个断面水质为劣 Ⅴ 类，其中东安闸桥西仅在 2018 年出现劣 Ⅴ 类，主要超标因子为总磷（超 Ⅴ 类标准 0.13 倍），其余年份水质均为Ⅲ类或Ⅳ类；希望桥断面从 2015 年至 2018 年，水质均为劣 Ⅴ 类，主要超标因子为氨氮、总磷；施口断面各年水质均为劣 Ⅴ 类，其中，氨氮质量浓度为 5～6 mg/L，超过 Ⅴ 类标准（表 5-3）。

表 5-3　主要劣 V 类断面水质变化情况

断面名称	所属省份	所在地区	所在河流	年份	水质类别	氨氮	总磷
东安闸桥西	江苏省	南通市	如泰运河	2015	IV	0.94	0.215
				2016	III	0.77	0.158
				2017	IV	0.76	0.204
				2018	劣 V	1.29	0.452
				2019	IV	0.45	0.208
希望桥	安徽省	合肥市	十五里河	2015	劣 V	5.86	0.650
				2016	劣 V	7.45	0.610
				2017	劣 V	4.91	0.409
				2018	劣 V	2.25	0.201
				2019	III	0.77	0.084
施口	安徽省	合肥市	南淝河	2015	劣 V	6.32	0.451
				2016	劣 V	5.28	0.371
				2017	劣 V	6.01	0.474
				2018	劣 V	5.33	0.399
				2019	劣 V	4.49	0.272

3 个主要断面氨氮浓度年际变化呈现总体下降的趋势，其中希望桥、施口等氨氮浓度常年大于 V 类标准值。其中，最高的为 2016 年希望桥断面，氨氮质量浓度为 7.45 mg/L，超过 V 类标准值的 2.73 倍（图 5-4）。

安徽希望桥和施口 2 个断面总磷浓度总体呈现逐年降低的趋势，到 2018 年，基本降至 V 类标准值以下。江苏的东安闸桥西断面，2016 年总磷质量浓度增高，超 V 类标准的 0.13 倍，其余年份均在 V 类标准值以下（图 5-5）。

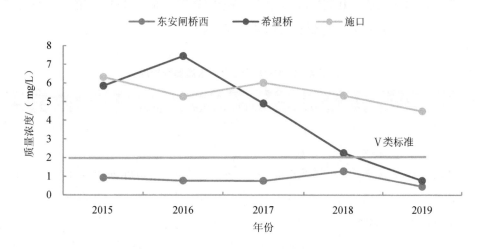

图 5-4　重点断面氨氮质量浓度变化情况

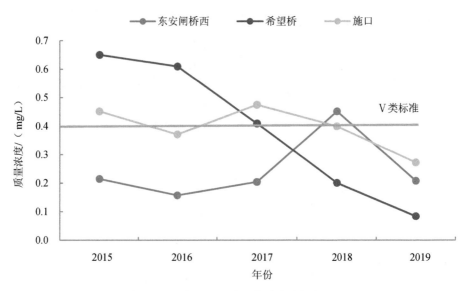

图 5-5   重点断面总磷质量浓度变化情况

5.1.1.2   重点水体水环境质量状况

《规划纲要》提出推进跨界水体环境治理，"共同制定长江、新安江—千岛湖、京杭大运河、太湖、巢湖、太浦河、淀山湖等重点跨界水体联保专项整治方案"。因此，针对《规划纲要》提出的重点水体的水环境质量进行分析。

（1）长江干流

长三角区域内共涉及长江干流断面 17 个，2019 年，除江苏省小湾断面水质为Ⅲ类外，其他断面水质均达到Ⅱ类标准。其中，两个跨省界断面三兴村（安徽省—江苏省）、浏河（江苏省—上海市）均达到Ⅱ类标准（表 5-4）。

表 5-4   2019 年长江干流水质类别情况

断面名称	所属省份	所在地区	考核省份	断面属性	水质类别
皖河口	上海市	上海市	安徽省		Ⅱ
前江口	上海市	上海市	安徽省		Ⅱ
五步沟	安徽省	安庆市	安徽省	市界（池州市—铜陵市）	Ⅱ
陈家墩	安徽省	安庆市	安徽省	市界（铜陵市—芜湖市）	Ⅱ
东西梁山	安徽省	池州市	安徽省		Ⅱ
三兴村	安徽省	铜陵市	安徽省	省界（安徽省—江苏省）	Ⅱ

断面名称	所属省份	所在地区	考核省份	断面属性	水质类别
九乡河口	安徽省	芜湖市	江苏省		II
小河口上游	安徽省	马鞍山市	江苏省	市界（南京市—扬州市）	II
焦山尾	江苏省	南京市	江苏省		II
高港码头	江苏省	扬州市	江苏省		II
魏村	江苏省	镇江市	江苏省		II
小湾	江苏省	无锡市	江苏省		III
姚港	江苏省	常州市	江苏省		II
浏河	江苏省	无锡市	江苏省	省界（江苏省—上海市）	II
青草沙进水口	江苏省	南通市	上海市		II
白龙港	上海市	上海市	上海市		
朝阳农场	上海市	上海市	上海市		II

针对长江首要污染因子总磷浓度进行分析，得出总磷质量浓度沿程变化趋势。可以看出，长江干流总磷浓度总体呈现上下波动的趋势。其中，在江苏无锡小湾断面出现峰值，达到III类标准，其余断面总磷浓度均达到II类（图 5-6）。

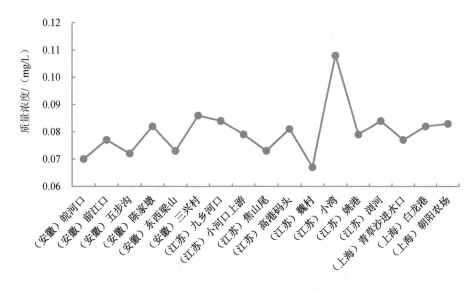

图 5-6　2019 年长三角区域长江干流总磷质量浓度沿程变化

从年际变化情况来看，长江干流 17 个断面水质类别均可达到或优于III类标准。除九乡河口、小河口上游、焦山尾、魏村、小湾、浏河、青草沙进水口、白龙港、朝阳农场等断面出现III类水质外（主要集中在江苏、上海），其余断面水质均达到II类（表 5-5、图 5-7）。

表 5-5　2015—2019 年长江干流水质类别情况

断面名称	2015 年	2016 年	2017 年	2018 年	2019 年
皖河口	II	II	II	II	II
前江口	II	II	II	II	II
五步沟	II	II	II	II	II
陈家墩	II	II	II	II	II
东西梁山	II	II	II	II	II
三兴村	II	II	II	II	II
九乡河口	III	III	III	II	II
小河口上游	III	III	II	II	II
焦山尾	II	II	III	II	II
高港码头	II	II	II	II	II
魏村	III	III	III	II	II
小湾	III	III	II	II	III
姚港	II	II	II	II	II
浏河	III	III	II	II	II
青草沙进水口	III	III	II	II	II
白龙港	III	III	III	III	II
朝阳农场	III	III	III	II	II

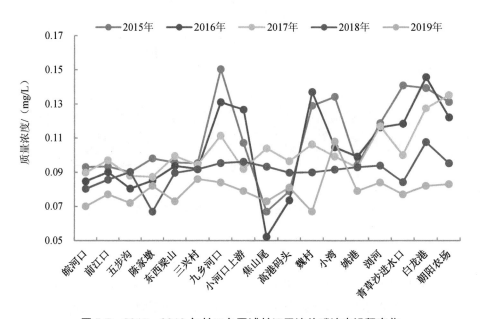

图 5-7　2015—2019 年长三角区域长江干流总磷浓度沿程变化

（2）新安江—千岛湖

从新安江—千岛湖近几年水环境质量情况可以看出，水质总体优良。其中，新安江 3 个断面水质类别均达到Ⅱ类；千岛湖 2015—2018 年 3 个水质点位类别基本可达到Ⅰ类标准，2019 年 3 个水质点位类别降到Ⅱ类（表 5-6）。

表 5-6　2015—2019 年新安江—千岛湖水质类别情况

年份	断面名称	所在地区	考核省份	所在河流	水质类别
2015	洋溪渡	杭州	浙江省	新安江	Ⅱ
	街口	杭州	安徽省		Ⅱ
	篁墩	黄山市	安徽省		Ⅱ
	小金山	杭州	浙江省		Ⅱ
	三潭岛	杭州	浙江省	千岛湖	Ⅰ
	大坝前	杭州	浙江省		Ⅰ
2016	洋溪渡	杭州	浙江省	新安江	Ⅱ
	街口	杭州	安徽省		Ⅱ
	篁墩	黄山市	安徽省		Ⅱ
	小金山	杭州	浙江省		Ⅰ
	三潭岛	杭州	浙江省	千岛湖	Ⅰ
	大坝前	杭州	浙江省		Ⅰ
2017	洋溪渡	杭州	浙江省	新安江	Ⅰ
	街口	杭州	安徽省		Ⅱ
	篁墩	黄山市	安徽省		Ⅱ
	小金山	杭州	浙江省		Ⅰ
	三潭岛	杭州	浙江省	千岛湖	Ⅰ
	大坝前	杭州	浙江省		Ⅰ
2018	洋溪渡	杭州	浙江省	新安江	Ⅱ
	街口	杭州	安徽省		Ⅱ
	篁墩	黄山市	安徽省		Ⅱ
	小金山	杭州	浙江省		Ⅱ
	三潭岛	杭州	浙江省	千岛湖	Ⅰ
	大坝前	杭州	浙江省		Ⅰ

年份	断面名称	所在地区	考核省份	所在河流	水质类别
2019	洋溪渡	杭州	浙江省	新安江	I
	街口	杭州	安徽省		II
	篁墩	黄山市	安徽省		II
	小金山	杭州	浙江省	千岛湖	II
	三潭岛	杭州	浙江省		II
	大坝前	杭州	浙江省		II

（3）京杭大运河

长三角区域涉及京杭大运河断面有 13 个，其中江苏省有 11 个断面，浙江省有 2 个。通过 2015—2019 年水环境质量情况可以看出，2019 年，除五牧、望亭上游两个断面水质类别为Ⅳ类外，其余 11 个断面水质类别均达到或优于Ⅲ类标准。从年际变化来看，京杭大运河整体水质呈现逐年向好的趋势。例如，江苏无锡五牧断面，2015 年水质为劣Ⅴ类，其中，生化需氧量、氨氮、化学需氧量、总磷等污染指标均超出了限值标准；到 2019 年，五牧断面水质为Ⅳ类，仅总磷超Ⅲ类标准的 0.2 倍（表 5-7）。

表 5-7　2015—2019 年京杭大运河水质类别情况

年份	断面名称	所属省份	所在地区	考核省份	断面属性	所在河流	水质类别	污染项目
2015	五牧	江苏省	无锡市	江苏省	市界（常州市-无锡市）	京杭大运河	劣Ⅴ	生化需氧量（0.5）、氨氮（1.4）、化学需氧量（0.4）、总磷（0.2）
	蔺家坝	江苏省	徐州市	江苏省	省界（苏-鲁）	京杭大运河（不牢河段）	III	
	张楼	江苏省	徐州市	江苏省	市界（徐州市-宿迁市）	京杭大运河（中运河段）	III	
	望亭上游	江苏省	苏州市	江苏省	市界（无锡市-苏州市）	京杭大运河	IV	氨氮（0.4）
	五叉河口	江苏省	淮安市	江苏省	市界（宿迁市-淮安市）	京杭大运河（中运河段）	III	
	槐泗河口	江苏省	扬州市	江苏省		京杭大运河（里运河段）	III	
	大运河船闸（宝应船闸）	江苏省	扬州市	江苏省		京杭大运河（里运河段）	III	
	辛丰镇	江苏省	镇江市	江苏省		京杭大运河	III	

年份	断面名称	所属省份	所在地区	考核省份	断面属性	所在河流	水质类别	污染项目
2015	吕城	江苏省	镇江市	江苏省	市界（镇江市-常州市）	京杭大运河	IV	氨氮（0.2）
	马陵翻水站	江苏省	宿迁市	江苏省		京杭大运河（中运河段）	III	
	顾家桥	浙江省	杭州市	浙江省		京杭大运河	III	
	五杭运河大桥	浙江省	杭州市	浙江省		京杭大运河	IV	生化需氧量（0.3）、氨氮（0.3）
	王江泾	浙江省	嘉兴市	江苏省	省界（苏-浙）	京杭大运河	IV	溶解氧、高锰酸盐指数（0.1）、氨氮（0.1）、石油类（0.4）、化学需氧量（0.3）
2016	五牧	江苏省	无锡市	江苏省	市界（常州市-无锡市）	京杭大运河	V	生化需氧量（0.2）、氨氮（0.5）、总磷（0.1）
	蔺家坝	江苏省	徐州市	江苏省	省界（苏-鲁）	京杭大运河（不牢河段）	III	
	张楼	江苏省	徐州市	江苏省		京杭大运河（中运河段）	III	
	望亭上游	江苏省	苏州市	江苏省	市界（无锡市-苏州市）	京杭大运河	IV	氨氮（0.5）、挥发酚（0.4）
	五叉河口	江苏省	淮安市	江苏省		京杭大运河（中运河段）	III	
	槐泗河口	江苏省	扬州市	江苏省		京杭大运河（里运河段）	III	
	大运河船闸（宝应船闸）	江苏省	扬州市	江苏省		京杭大运河（里运河段）	III	
	辛丰镇	江苏省	镇江市	江苏省		京杭大运河	III	
	吕城	江苏省	镇江市	江苏省	市界（镇江市-常州市）	京杭大运河	III	
	马陵翻水站	江苏省	宿迁市	江苏省		京杭大运河（中运河段）	III	
	顾家桥	浙江省	杭州市	浙江省		京杭大运河	III	
	五杭运河大桥	浙江省	杭州市	浙江省		京杭大运河	IV	溶解氧、氨氮（0.3）
	王江泾	浙江省	嘉兴市	江苏省	省界（苏-浙）	京杭大运河	IV	化学需氧量（0.1）

年份	断面名称	所属省份	所在地区	考核省份	断面属性	所在河流	水质类别	污染项目
2017	五牧	江苏省	无锡市	江苏省	市界（常州市-无锡市）	京杭大运河	IV	生化需氧量（0.3）、氨氮（0.4）、总磷（0.4）
	蔺家坝	江苏省	徐州市	江苏省	省界（苏-鲁）	京杭大运河（不牢河段）	III	
	张楼	江苏省	徐州市	江苏省	市界（徐州市-宿迁市）	京杭大运河（中运河段）	III	
	望亭上游	江苏省	苏州市	江苏省	市界（无锡市-苏州市）	京杭大运河	IV	氨氮（0.1）、总磷（0.3）
	五叉河口	江苏省	淮安市	江苏省		京杭大运河（中运河段）	III	
	槐泗河口	江苏省	扬州市	江苏省		京杭大运河（里运河段）	III	
	大运河船闸（宝应船闸）	江苏省	扬州市	江苏省		京杭大运河（里运河段）	III	
	辛丰镇	江苏省	镇江市	江苏省		京杭大运河	III	
	吕城	江苏省	镇江市	江苏省	市界（镇江市-常州市）	京杭大运河	IV	总磷（0.1）
	马陵翻水站	江苏省	宿迁市	江苏省		京杭大运河（中运河段）	III	
	顾家桥	浙江省	杭州市	浙江省		京杭大运河	III	
	五杭运河大桥	浙江省	杭州市	浙江省		京杭大运河	III	
	王江泾	浙江省	嘉兴市	江苏省	省界（苏-浙）	京杭大运河	IV	溶解氧、化学需氧量（0.2）
2018	五牧	江苏省	无锡市	江苏省	市界（常州市-无锡市）	京杭大运河	IV	生化需氧量（0.3）、氨氮（0.4）、总磷（0.3）
	蔺家坝	江苏省	徐州市	江苏省	省界（苏-鲁）	京杭大运河（不牢河段）	III	
	张楼	江苏省	徐州市	江苏省	市界（徐州市-宿迁市）	京杭大运河（中运河段）	II	
	望亭上游	江苏省	苏州市	江苏省	市界（无锡市-苏州市）	京杭大运河	IV	总磷（0.3）
	五叉河口	江苏省	淮安市	江苏省		京杭大运河（中运河段）	III	
	槐泗河口	江苏省	扬州市	江苏省		京杭大运河（里运河段）	II	

年份	断面名称	所属省份	所在地区	考核省份	断面属性	所在河流	水质类别	污染项目
2018	大运河船闸（宝应船闸）	江苏省	扬州市	江苏省		京杭大运河（里运河段）	III	
	辛丰镇	江苏省	镇江市	江苏省		京杭大运河	III	
	吕城	江苏省	镇江市	江苏省	市界（镇江市-常州市）	京杭大运河	III	
	马陵翻水站	江苏省	宿迁市	江苏省		京杭大运河（中运河段）	II	
	顾家桥	浙江省	杭州市	浙江省		京杭大运河	II	
	五杭运河大桥	浙江省	杭州市	浙江省		京杭大运河	IV	氨氮（0.01）
	王江泾	浙江省	嘉兴市	江苏省	省界（苏-浙）	京杭大运河	IV	溶解氧、化学需氧量（0.1）
2019	槐泗河口	江苏省	扬州市	江苏省		京杭大运河（里运河段）	II	
	大运河船闸（宝应船闸）	江苏省	扬州市	江苏省		京杭大运河（里运河段）	II	
	张楼	江苏省	徐州市	江苏省	市界（徐州市-宿迁市）	京杭大运河（中运河段）	III	
	五叉河口	江苏省	淮安市	江苏省		京杭大运河（中运河段）	III	
	马陵翻水站	江苏省	宿迁市	江苏省		京杭大运河（中运河段）	II	
	蔺家坝	江苏省	徐州市	江苏省	省界（苏-鲁）	京杭大运河（不牢河段）	III	
	五牧	江苏省	无锡市	江苏省	市界（常州市-无锡市）	京杭大运河	IV	总磷（0.2）
	望亭上游	江苏省	苏州市	江苏省	市界（无锡市-苏州市）	京杭大运河	IV	总磷（0.3）、氨氮（0.04）
	辛丰镇	江苏省	镇江市	江苏省		京杭大运河	III	
	吕城	江苏省	镇江市	江苏省	市界（镇江市-常州市）	京杭大运河	III	
	顾家桥	浙江省	杭州市	浙江省		京杭大运河	III	
	五杭运河大桥	浙江省	杭州市	浙江省		京杭大运河	III	
	王江泾	浙江省	嘉兴市	江苏省	省界（苏-浙）	京杭大运河	III	

（4）太湖

根据生态环境部与江苏省签订的《江苏省水环境质量目标责任书》，太湖共有 4 个考核点位。从 2015—2019 年水环境质量情况可以看出，2019 年，太湖水环境质量在Ⅲ类至Ⅴ类范围内，其中主要污染指标为总磷。从年际变化情况来看，2015—2019 年太湖水质总体改善不大，水质基本在Ⅲ类至Ⅴ类范围内，主要超标因子为总磷（表 5-8、图 5-8、图 5-9）。

表 5-8　2015—2019 年太湖水质类别情况

年份	断面名称	所在地区	考核省份	水质类别	污染项目
2015	梅梁湖心	无锡市	江苏省	Ⅳ	化学需氧量（0.3）、总磷（0.5）
	漫山	苏州市	江苏省	Ⅲ	—
	大雷山	苏州市	江苏省	Ⅳ	化学需氧量（0.02）
	大浦口	无锡市	江苏省	Ⅳ	化学需氧量（0.2）、总磷（1）
2016	梅梁湖心	无锡市	江苏省	Ⅳ	总磷（0.6）
	漫山	苏州市	江苏省	Ⅲ	—
	大雷山	苏州市	江苏省	Ⅳ	总磷（0.02）
	大浦口	无锡市	江苏省	Ⅴ	总磷（1.1）
2017	梅梁湖心	无锡市	江苏省	Ⅳ	总磷（0.9）
	漫山	苏州市	江苏省	Ⅲ	—
	大雷山	苏州市	江苏省	Ⅳ	总磷（0.8）
	大浦口	无锡市	江苏省	Ⅴ	总磷（1.5）
2018	梅梁湖心	无锡市	江苏省	Ⅳ	总磷（0.4）
	漫山	苏州市	江苏省	Ⅳ	总磷（0.3）
	大雷山	苏州市	江苏省	Ⅴ	总磷（1.2）
	大浦口	无锡市	江苏省	Ⅴ	总磷（2）
2019	梅梁湖心	无锡市	江苏省	Ⅳ	总磷（0.7）
	漫山	苏州市	江苏省	Ⅳ	总磷（0.04）
	大雷山	苏州市	江苏省	Ⅳ	总磷（0.4）
	大浦口	无锡市	江苏省	Ⅴ	总磷（1.5）

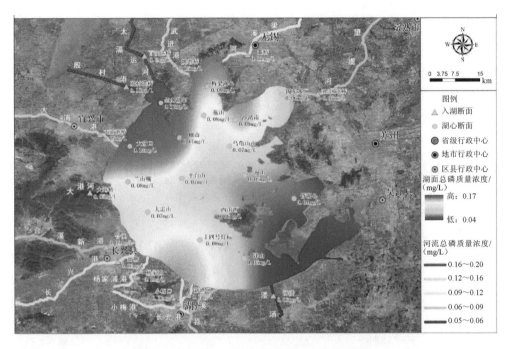

图 5-8　太湖及入湖河流总磷质量浓度分布情况

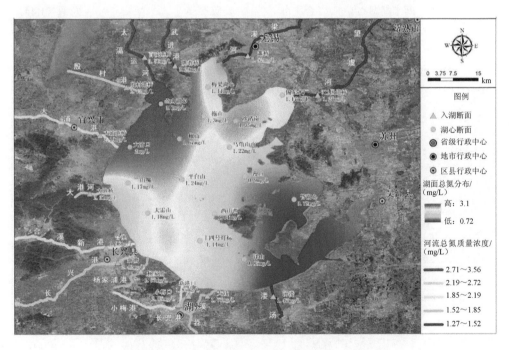

图 5-9　太湖及入湖河流总氮质量浓度分布情况

（5）巢湖

根据生态环境部与安徽省签订的《安徽省水环境质量目标责任书》，巢湖共有 2 个考核点位，其中，2015—2019 年西半湖湖心水质均为 V 类，东半湖湖心水质均为Ⅳ类，主要超标因子为总磷（表 5-9、图 5-10、图 5-11）。

表 5-9   2015—2019 年巢湖水质类别情况

年份	断面名称	所在地区	考核省份	水质类别	污染项目
2015	西半湖湖心	合肥市	安徽省	V	总磷（2.2）
	东半湖湖心	合肥市	安徽省	Ⅳ	总磷（0.4）
2016	西半湖湖心	合肥市	安徽省	V	总磷（1.4）
	东半湖湖心	合肥市	安徽省	Ⅳ	总磷（0.6）
2017	西半湖湖心	合肥市	安徽省	V	总磷（2.4）
	东半湖湖心	合肥市	安徽省	Ⅳ	总磷（0.3）
2018	西半湖湖心	合肥市	安徽省	V	总磷（1.7）
	东半湖湖心	合肥市	安徽省	Ⅳ	总磷（0.8）
2019	西半湖湖心	合肥市	安徽省	V	总磷（1.4）
	东半湖湖心	合肥市	安徽省	Ⅳ	总磷（0.1）

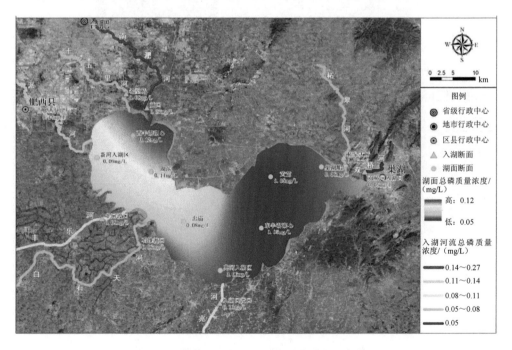

图 5-10   巢湖及入湖河流总磷质量浓度分布情况

图 5-11 巢湖及入湖河流总氮质量浓度分布情况

（6）太浦河

太浦河涉及两个国控断面，分别为汾湖大桥断面和太浦河桥断面。2015 年，两个断面水质类别均为Ⅲ类。2019 年，汾湖大桥水质类别达到Ⅱ类标准，太浦河桥断面水质仍为Ⅲ类（表 5-10）。

表 5-10 2015—2019 年太浦河水质类别情况

年份	断面名称	所在地区	考核省份	断面属性	水质类别
2015	汾湖大桥	青浦区	江苏省	省界（苏-沪）	Ⅲ
	太浦河桥	青浦区	上海市	入河口	Ⅲ
2016	汾湖大桥	青浦区	江苏省	省界（苏-沪）	Ⅲ
	太浦河桥	青浦区	上海市	入河口	Ⅲ
2017	汾湖大桥	青浦区	江苏省	省界（苏-沪）	Ⅲ
	太浦河桥	青浦区	上海市	入河口	Ⅱ
2018	汾湖大桥	青浦区	江苏省	省界（苏-沪）	Ⅱ
	太浦河桥	青浦区	上海市	入河口	Ⅲ
2019	汾湖大桥	青浦区	江苏省	省界（苏-沪）	Ⅱ
	太浦河桥	青浦区	上海市	入河口	Ⅲ

（7）淀山湖

淀山湖涉及 1 个国控断面，为急水港桥。2015—2019 年，水质类别均为Ⅴ类，主要超标因子为总磷，总磷浓度呈现波动的趋势（表 5-11）。

表 5-11　2015—2019 年淀山湖水质类别情况

年份	断面名称	所在地区	考核省份	断面类型	水质类别	污染项目
2015	急水港桥	上海市	江苏省	湖库	Ⅴ	总磷（1.8）
2016	急水港桥	上海市	江苏省	湖库	Ⅴ	总磷（1.6）
2017	急水港桥	上海市	江苏省	湖库	Ⅴ	总磷（1.4）
2018	急水港桥	上海市	江苏省	湖库	Ⅴ	总磷（1.3）
2019	急水港桥	上海市	江苏省	湖库	Ⅴ	总磷（1.5）

5.1.1.3　跨界河流水质状况

长三角区域涉及跨省界河流（断面）共 22 个，总体水环境质量良好。2019 年，达到或优于Ⅲ类断面数为 16 个，占 72.7%；Ⅳ类水质断面数为 6 个，占 27.3%（表 5-12）。

表 5-12　2019 年长三角区域跨省界断面水质类别情况

断面名称	所属省份	所在地区	考核省份	断面属性	所在河流	水质类别
汾湖大桥	上海市	青浦区	江苏省	省界（苏-沪）	太浦河	Ⅱ
陈浅	江苏省	南京市	安徽省	省界（皖-苏）	滁河	Ⅲ
浏河	上海市	上海市	江苏省	省界（苏-沪）	长江	Ⅱ
三兴村	安徽省	马鞍山市	安徽省	省界（皖-苏）	长江	Ⅱ
黄桥	江苏省	徐州市	江苏省	省界（苏-皖）	奎河	Ⅳ
团结闸	江苏省	宿迁市	安徽省	省界（皖-苏）	新汴河	Ⅲ
小柳巷	安徽省	滁州市	安徽省	省界（皖-苏）	淮河	Ⅱ
大屈	江苏省	宿迁市	安徽省	省界（皖-苏）	新濉河	Ⅳ
下楼公路桥	安徽省	宿州市	江苏省	省界（苏-皖）	运料河	Ⅳ
街口	浙江省	杭州市	安徽省	省界（皖-浙）	新安江	Ⅱ
南浔	浙江省	湖州市	浙江省	省界（浙-苏）	頔塘	Ⅲ
朱库港口	江苏省	苏州市	江苏省	省界（苏-沪）	朱库港	Ⅲ
红旗塘大坝	浙江省	嘉兴市	浙江省	省界（浙-沪）	红旗塘	Ⅲ
青阳汇	浙江省	嘉兴市	浙江省	省界（浙-沪）	上海塘	Ⅳ

断面名称	所属省份	所在地区	考核省份	断面属性	所在河流	水质类别
千灯浦口	江苏省	苏州市	江苏省	省界（苏-沪）	千灯浦	III
赵屯	江苏省	苏州市	江苏省	省界（苏-沪）	吴淞江	III
殷桥	安徽省	宣城市	安徽省	省界（皖-苏）	梅溧河	IV
乌镇北	浙江省	嘉兴市	浙江省	省界（浙-苏）	澜溪塘	III
小新村	浙江省	嘉兴市	浙江省	省界（浙-沪）	广陈塘	III
枫南大桥	浙江省	嘉兴市	浙江省	省界（浙-沪）	枫泾塘	IV
王江泾	浙江省	嘉兴市	江苏省	省界（苏-浙）	京杭大运河	III
池家浜水文站	浙江省	嘉兴市	浙江省	省界（浙-沪）	俞汇塘	III

5.1.2　海洋环境质量情况

2018 年，上海市海域符合一类、二类海水水质标准的监测点位占 10%，符合三类、四类标准的监测点位占 20%，劣于四类标准的监测点位占 70%，主要污染指标为无机氮和活性磷酸盐。长江口水域水质优良且总体稳定，但由于海水水质标准与地表水水质标准存在较大差异，劣于四类海水水质标准的现象较为普遍。

2018 年，江苏省 31 个国控、省控海水水质监测点位中，达到或优于《海水水质标准》（GB 3097—1997）二类水质的比例为 64.5%，三类、四类和劣四类水质比例分别为 9.7%、16.1% 和 9.7%。与 2017 年相比，近岸海域水质有所改善，达到或优于二类海水水质监测点位比例增加 22.6 个百分点，劣四类监测点位比例减少 6.4 个百分点。

2018 年，浙江省近岸海域水体总体呈中度富营养化状态。一类、二类海水占 32.1%，三类海水占 17.9%，四类和劣四类海水占 5.4% 和 44.6%。主要超标指标为无机氮、活性磷酸盐。与 2017 年相比，全省近岸海域水质保持稳定，其中一类、二类海水比例上升 7.5 个百分点，三类海水比例上升 0.8 个百分点，四类和劣四类海水比例下降 8.3 个百分点。海水主要超标指标无机氮均值含量下降了 3.5%，超标率下降 2.9 个百分点；活性磷酸盐均值含量上升 10.0%，超标率下降 2.4 个百分点；水体富营养化等级维持在中度（表 5-13）。

表 5-13　2018 年长三角区域各省（市）各类海域水质比例　　单位：%

省份	一类、二类水质站位比例	三类水质站位比例	四类水质站位比例	劣四类水质站位比例
江苏省	64.5	9.7	16.1	9.7
浙江省	32.1	17.9	5.4	44.6
上海市	10	10	10	70

根据《2018 中国海洋生态环境质量状况公报》，沿海两省一市近岸海域水质普遍较差，其中，江苏近岸海域水质一般，上海和浙江近岸海域水质极差。沿海地市中，连云港、盐城、温州近岸海域水质一般，南通、宁波、台州近岸海域水质较差，嘉兴、舟山近岸海域水质极差（图 5-12）。

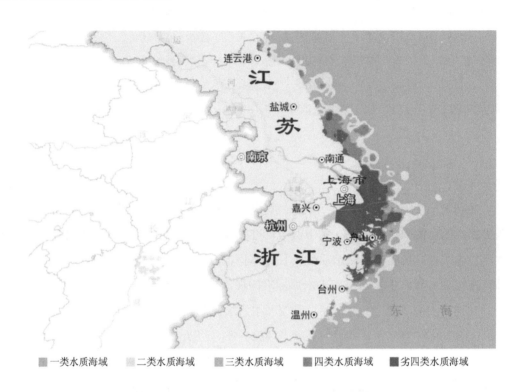

一类水质海域　二类水质海域　三类水质海域　四类水质海域　劣四类水质海域

图 5-12　2018 年长三角区域海域水质状况分布情况

宁波、温州、嘉兴、舟山、台州 5 个沿海城市中，温州和台州近岸海域水质较好，温州一类、二类海水比例占 77.4%，台州一类、二类海水比例占 59.4%，水体均未富营养化。宁波一类、二类海水比例占 30.6%，水体处于轻度富营养化状态；舟山以四类和劣四类海水为主，占 61.6%，水体处于中度富营养化状态；嘉兴近岸海域水质全部为劣四类，处于严重富营养化状态。

面积大于 100 km^2 的海湾中，海州湾、杭州湾、象山港（湾）、三门湾、台州湾、乐清湾、温州湾四季均出现劣四类水质，主要超标要素为无机氮和活性磷酸盐。其中，乐清湾水体处于轻度富营养化状态，象山港、三门湾处于中度富营养化状态，杭州湾水体处于严重富营养化状态。

5.1.3 水源地保护情况

（1）地级及以上水源地

长三角区域共有地级及以上城市饮用水水源 98 个，2019 年，有 6 个水源地未达标，分别是江苏无锡太湖贡湖沙渚水源地、苏州太湖金墅湾水源地、安徽亳州市三水厂、亳州市涡北水厂、长水塘饮用水水源、通榆河水源地，不达标因子包括总磷、氟化物、锰、氨氮、五日生化需氧量（表 5-14）。

表 5-14 2019 年长三角区域未达标水源地

省份	地市	水源地名称	水源地类型	水质类别要求	水质类别	不达标因子	不达标月份
江苏	无锡	太湖贡湖沙渚水源地	湖库型	不低于现状	IV	总磷	1，2，5，6，8，9，10，11，12
江苏	苏州	太湖金墅湾水源地	湖库型	III	IV	总磷	10，12
安徽	亳州	亳州市三水厂	地下水型	不低于现状	IV	氟化物	1—12 月
安徽	亳州	亳州市涡北水厂	地下水型	不低于现状	IV	氟化物	1—12 月
浙江	嘉兴	长水塘饮用水水源	河流型	不低于现状	劣 V	锰、氨氮	1
江苏	盐城	通榆河水源地	河流型	III	IV	五日生化需氧量	4

（2）乡镇级及以下水源地

2019 年，长三角区域乡镇级及以下水源地个数为 3 193 个，其中江苏省 159 个、浙江省 1 126 个、安徽省 1 908 个，上海市无乡镇级及以下水源地。长三角区域乡镇级及以下水源地中，乡镇级水源地有 1 336 个，占总数的 41.8%；村级水源地有 1 857 个，占总数的 58.2%。

乡镇级及以下水源地服务人口为 5 356.0 万人，占长三角区域总人口数的 23.3%。

从水源地监测情况来看，有 1 542 个水源地未开展水质监测，占总数的 48.3%，其中江苏省 23 个、浙江省 771 个、安徽省 748 个。

从水源地保护区划定情况来看，有 375 个水源地未开展保护区划分，占总数的 11.7%，其中江苏省 155 个、浙江省 128 个、安徽省 92 个。

5.1.4 水资源利用现状

根据中国 2018 年的水资源公报，长三角区域三省一市用水总量为 1 155.0 亿 m^3。

其中，生活用水量为 166.8 亿 m³，占用水总量的 14.4%；工业用水量为 451.8 亿 m³，占用水总量的 39.1%；农业用水量为 520.9 亿 m³，占用水总量的 45.1%；生态补水 15.5 亿 m³，占用水总量的 1.3%。长三角区域各省（市）用水情况见表 5-15。

表 5-15　长三角区域各省（市）2018 年用水情况　　　　单位：亿 m³

省份	用水总量	生活	工业	农业	生态补水
上海	103.4	24.5	61.6	16.5	0.8
江苏	592.0	61.0	255.2	273.3	2.5
浙江	173.8	47.2	44.0	77.1	5.5
安徽	285.8	34.1	91.0	154.0	6.7
合计	1 155.0	166.8	451.8	520.9	15.5

从各省（市）用水总量的情况可以看出，江苏用水总量最多，为 592.0 亿 m³，占地区总量的 51.3%；其次是安徽，用水总量为 285.8 亿 m³，占地区总量的 24.7%；浙江用水总量为 173.8 亿 m³，占地区总量的 15.0%；上海用水总量 103.4 亿 m³，占地区总量的 9.0%。从各省（市）各类型用水量情况可以看出，江苏、浙江、安徽三省的农业用水总量最多，分别占各自省份用水总量的 46.1%、44.4%、53.9%；上海工业用水量占比最大，为 59.6%。

根据各省(市)发布的水资源公报,2018 年，江苏省万元地区生产总值用水量为 49.7 m³，万元工业增加值用水量 34.2 m³，全省农田灌溉水有效利用系数为 0.612；浙江万元地区生产总值用水量为 30.9 m³，农田灌溉水有效利用系数为 0.597；安徽[①]万元地区生产总值用水量为 86.2 m³，万元工业增加值用水量为 34.0 m³，农田灌溉水有效利用系数为 0.532。

5.1.5　存在的问题

（1）部分地区水环境功能保护目标不统一

以太浦河为例，太浦河位于长三角区域生态绿色一体化发展示范区，是太湖流域的重要河流，因沟通太湖和黄浦江而得名，流经苏、浙、沪 3 省（市）15 个乡镇。太浦河在江苏吴江、浙江嘉善和上海青浦的水环境功能区定位不同，吴江区将其定位为排涝泄洪，嘉善、青浦则定位为饮用水水源，嘉善在划分太浦河饮用水水源保护区时，仅对嘉善境内的区域进行了划定，导致饮用水水源保护区不完整。

（2）湖库水环境质量改善不明显。

从 2015—2019 年规划纲要提到的重点水体水环境质量的分析结果可以看出，湖库

---

① 参考安徽省 2017 年水资源公告数据。

水环境质量尚未得到有效改善,水质类别基本保持不变,主要污染指标仍为总磷;太湖、巢湖等富营养化问题尚未得到有效控制,2019 年 2 月,太湖出现蓝藻水华,至 11 月,蓝藻水华依然严重,区域间协同治理、预警防控、控制指标等方面需进一步加强。

（3）岸线资源开发利用强度大

分析长三角区域三省一市的长江干流岸线利用情况,上海、江苏岸线利用率较高,达到 50.0% 和 59.2%,大于长江干流 35.9% 的平均水平;安徽岸线利用率较低,为 23.2%。上海、江苏的港口工业利用类型占比达到 80% 左右,高开发强度导致了岸线的过度开发,破坏了岸线的自然生态系统,同时也增加了港口、工业等环境污染风险。

（4）饮用水安全隐患较大

长三角区域饮用水水源地临江、河、湖而设,沿江重化工布局、排污口设置以及水运航道等,稍有管控疏忽就会影响水源地水质,带来安全风险。乡镇级及以下水源地仍有近一半未开展水质监测,目前水环境质量底数不清,同时有 1/10 的水源地尚未开展水源地保护区划分工作。

（5）船舶水污染物排放问题严重

长三角区域船舶数量较多,船舶数量约占全国的 55%,特别是长三角港口密集,吞吐量位居世界第一,大量的船舶排放的污水垃圾总量较大,但目前仍未建立较为完善的污水垃圾收集转运体系。

（6）农村污染问题不容忽视

如安徽等部分地区农村环境基础设施建设、农业面源污染等问题依然严重,现阶段农村污染治理工作处于薄弱环节,工作开展难度较大,难以统筹农村与沿线城市的同步治理工作。

（7）近岸海域水质常年超标严重

从全国平均层面来看,江苏、浙江、上海近岸海域水质评价结果较差,且无明显改善趋势。上海、嘉兴、舟山近岸海域水质极差,长江口、海州湾、杭州湾、象山港（湾）、三门湾、台州湾、乐清湾、温州湾四季均出现劣四类水质。保护区及邻近海域水质不能满足相应水质目标要求。河流入海污染物总量巨大,17.7% 的入海河流断面水质为劣 V 类,均在江苏,涉及太浦河、排淡河、沙旺河、朱稽河、栟茶运河、掘苴河、如泰运河、北凌河等河流。目前,长三角区域入海排污口依然存在底数不清、标准不一、管理混乱的现象,实施监测的入海排污口比例不高,且达标率较低。

（8）海水富营养化问题显著

赤潮、绿潮等海洋环境灾害时有发生。长三角区域普遍出现富营养化现象,南通和连云港沿岸基本为轻度或中度富营养化海域,上海、嘉兴、宁波、舟山基本为重度富营养化海域。2018 年，浙江、上海发生赤潮 23 次，累计面积为 1 107 km²，江苏和山东沿岸受绿潮（浒苔）和金潮（马尾藻）影响较大。

5.2　区域水环境保护总体要求

5.2.1　总体思路

以习近平生态文明思想为指导，全面贯彻落实党的十九大和十九届二中、三中、四中、五中、六中全会精神，深入践行"绿水青山就是金山银山"理念，深刻把握"山水林田湖草是一个生命共同体"的科学内涵，坚持高质量发展，突出共同保护概念，坚持问题导向与目标导向，坚持继承发扬、求实创新、落地可行，衔接《重点流域水生态环境保护"十四五"规划》，以水生态环境质量为核心，污染减排和生态扩容两手发力，推进水污染治理、水生态修复、水资源保护"三水统筹"，突出工业、农业、生活、航运污染"四源齐控"，强化地区、城市间的联防联控、共同保护，加快构建现代环境治理体系，增强人民幸福满意感，确保 2025 年及 2035 年水生态环境质量目标如期实现。

5.2.2　主要目标指标

到 2025 年，水环境质量持续改善，跨界河流断面水质达标率达到 80%，海洋生态环境质量有所改善，生态保护和修复持续加强，自然生态系统稳定性有效提升，区域协同的水生态环境保护格局初步形成，水生态环境系统趋向健康，生态文明意识广泛树立。

到 2035 年，水环境质量稳定向好，跨界河流断面水质达标率达到 90%，海洋生态系统功能明显恢复，长三角生态环境保护一体化体系基本形成，区域实现高质量健康发展（表 5-16）。

表 5-16　水环境指标体系

序号	分类	指标	现状值	2025 年目标	2035 年目标
1	河流水环境	达到或优于Ⅲ类断面比例/%	84.1	90	95
2		劣Ⅴ类断面比例/%	0.3	0	0
3		跨界河流断面水质达标率/%	72.7	80	90
4		入海河流断面水质达标率/%	39.1	50	60
5		城市集中式饮用水水源达到或优于Ⅲ类比例/%		95	98

序号	分类	指标	现状值	2025 年目标	2035 年目标
6	海洋水环境	优良水质站位比例/%	40.2	50	60
7		劣四类水质站位比例/%	36.1	30	20
8	水资源利用	用水总量/亿 m³	1 155.0	1 100.0	1 050.0
9		万元工业增加值用水量下降/%	—	20	30
10		农田灌溉水有效利用系数	—	0.60	0.65
11	水生态保护	湿地恢复（建设）面积/km²	—	50	100

5.3　扎实推进水污染防治

5.3.1　加强重点水体环境治理

　　以长江、新安江—千岛湖、京杭大运河、太湖、巢湖、太浦河、淀山湖等跨界水体为重点，涉及省（市）共同制定联保专项整治方案，强化水环境综合治理，完善协同联动治理机制。衔接《重点流域水生态环境保护"十四五"规划》技术大纲相关要求，以"十四五"调整后的 40 个跨省界国控水质断面为重点，加强流域综合污染防治，强化水生态保护修复，确保断面（水体）持续稳定达标。

专栏 5-1　"十四五"调整后的 40 个跨省界国控水质断面清单			
序号	断面名称	所在水体	断面属性	责任地市
---	---	---	---	---
1	黄桥	奎河	省界（苏-皖）	徐州市
2	下楼公路桥	运料河	省界（苏-皖）	徐州市
3	铜山官庄闸	闫河	省界（苏-皖）	徐州市
4	汾湖大桥	太浦河	省界（苏-沪）	苏州市
5	王江泾	京杭大运河	省界（苏-浙）	苏州市
6	朱厍港口	朱厍港	省界（苏-沪）	苏州市
7	千灯浦口	千灯浦	省界（苏-沪）	苏州市
8	赵屯	吴淞江	省界（苏-沪）	苏州市
9	元荡湖口	元荡湖	省界（苏-沪）	苏州市
10	浏河	长江	省界（苏-沪）	苏州市
11	急水港桥	急水港	省界（苏-沪）	苏州市

12	钱家渡	官溪河	省界（苏-皖）	南京市
13	团结闸	长江	省界（苏-沪）	南通市
14	明星路桥	面杖港	省界（浙-沪）	嘉兴市/上海市
15	民主水文站	芦墟塘	省界（浙-苏）	嘉兴市
16	南浔	頔塘	省界（浙-苏）	湖州市
17	红旗塘大坝	红旗塘	省界（浙-沪）	嘉兴市
18	乌镇北	江南运河	省界（浙-苏）	嘉兴市
19	小新村	广陈塘	省界（浙-沪）	嘉兴市
20	青阳汇	上海塘	省界（浙-沪）	嘉兴市
21	枫南大桥	枫泾塘	省界（浙-沪）	嘉兴市
22	池家浜水文站	俞汇塘	省界（浙-沪）	嘉兴市
23	卫八路桥（嘉兴金桥）	黄姑塘	省界（浙-沪）	嘉兴市/上海市
24	漕廊公路桥	惠高泾	省界（浙-沪）	嘉兴市/上海市
25	朱枫公路桥	蒲泽塘	省界（浙-沪）	嘉兴市/上海市
26	小柳巷	淮河	省界（皖-苏）	滁州市
27	老濉河泗县	老濉河	省界（皖-苏）	宿州市
28	团结闸	新汴河	省界（皖-苏）	宿州市
29	大屈	新濉河	省界（皖-苏）	宿州市
30	殷桥	梅溧河	省界（皖-浙）	宣城市
31	东村桥	泗安塘	省界（皖-浙）	宣城市
32	三兴村	长江	省界（皖-苏）	马鞍山市
33	清流河口	清流河	省界（皖-苏）	滁州市
34	水碧桥	水阳江	省界（皖-苏）	宣城市
35	陈浅	滁河	省界（皖-苏）	滁州市
36	沛河河口	沛河	省界（皖-苏）	滁州市
37	天井湖闸	天井湖	省界（皖、苏）	蚌埠市/宿迁市
38	乌江	长江	省界（皖-苏）	马鞍山市
39	石臼湖省界湖心	石臼湖	省界（苏-皖）	马鞍山市/南京市
40	街口	新安江	省界（皖-浙）	黄山市

实施秦淮河、苕溪、滁河等山区小流域以及苏南、杭嘉湖、里下河、入海河流等平原河网水环境综合整治工程。加强区域的生态修复，建设生态护岸、护堤，定时开展河道清理等。

统一水环境功能，对于位置敏感、受关注度高的跨界河流等，在充分考虑论证实际功能要求的前提下，强化河流水环境功能要求，做到"三统一"，即统一上下游水质目标，统一水质监测和评价标准，统一考核评估体系。

专栏 5-2　实施太湖、巢湖流域水环境综合治理

太湖：严格用水总量控制，科学核定流域水资源利用上线，建立上下游调水协调机制，加强流域水资源统一调度，合理分配太湖水量。实施太湖流域总磷限排，控制入湖总磷通量。实施太湖流域生态环境分区管治，对新沟河、新孟河和望虞河等调水工程进行生态化改造。重点加强化工、印染、造纸等重污染行业治理，加快推进流域产业布局调整升级。强化流域面源污染控制，推进平原河网区农业生态种植和畜禽、渔业生态养殖，加强种植业面源氮、磷拦截工程建设。以"水源涵养林-湖荡湿地-湖滨带-缓冲带-湖体"为构架，扩大水源涵养林范围，实施湖荡湿地植被恢复，稳妥有序开展太湖生态清淤试点、环湖生态湿地建设等生态修复重大工程，降低湖泊内源污染。实施严格的禁渔管控，推进以湿地重建和水生植被恢复为核心的太湖水生态修复。建立完善太湖蓝藻统一监测预警、信息共享和跨界联防联控机制，统一流域标准、监测、执法，促进形成太湖流域生态环境一体化保护格局。

巢湖：以控制南淝河、十五里河、派河污染为重点，加强合肥市城镇环境基础设施建设，提升污水收集率，强化脱氮除磷。加强巢湖周边面源污染控制和入湖河流清水廊道建设，减少氮、磷入湖量。调整巢湖沿岸产业布局，对高污染高风险企业实施搬迁改造工程。建设环巢湖河道生态修复工程，强化环巢湖滨岸、水库水源保护区护岸、河道岸坡等修复及绿化，提升水源涵养功能。建立巢湖蓝藻水华监测预警机制，加强湖区蓝藻水华防控。加快谋划和实施环巢湖湿地生态系统保护、骆岗中央公园和流域梯级湿地系统工程。

5.3.2　加快推进城镇污水垃圾治理

完善城镇污水配套管网，重点推进安徽、苏北等地区城镇环境基础设施建设，加强老城区雨污分流改造，新区污水管网规划建设应当与城市开发保持同步，老城区应随旧城改造逐步实现雨污分流；不具备改造条件的，应采取截流式合流制，预防雨污合流引起的溢流污染。明确城中村、老旧城区、城乡接合部污水管网建设路由、用地和处理设施建设规模，加快设施建设，消除管网空白区。实施管网混错接改造、管网更新、破损修复改造等工程，优先在重点水体沿线（沿岸）推进初期雨水收集、处理和资源化利用。

提高城镇污水处理能力，以消除黑臭水体为目标，"倒逼"城镇环境基础设施建设，加快污水处理厂提标改造，充分发挥脱氮除磷处理功能，鼓励有条件的区域通过人工湿地等设施，进一步提升污水处理设施出水水质。到 2025 年，长三角区域所有县城和建制镇具备污水收集处理能力，县城、城市污水处理率分别达到 90%、98%左右。

推进城镇生活垃圾分类处理和污泥安全处置，建立和完善以法治为基础、政府推动、全民参与、城乡统筹、因地制宜的生活垃圾分类制度。加快建立分类投放、分类收集、分类运输、分类处理的生活垃圾处理系统，按照"集散结合、适当集中"的原则，加快污泥处置设施建设，优先在污泥产生量大、存在二次污染隐患的地区建设污泥处理设施，不断提升污泥稳定化、无害化和资源化处置水平。到 2025 年，长三角区域地级及以上城市污泥无害化处理处置率达到 95%以上。

5.3.3　深入开展工业污染防治

严格工业企业环境准入。实行负面清单准入管理，各地根据水质目标，调整和实施差别化环境准入政策，因地制宜地制定禁止和限制发展产业目录，强化准入管理和底线约束，严禁新建扩建不符合生态环境保护相关要求的工矿企业项目，不准新增化工园区，依法淘汰取缔违法违规工业园区。

调整优化产业结构布局。严格按照产业结构调整指导名录等相关政策要求，结合区域生态环境保护需求，确定具体措施。对有条件的地区，宜优先提出整合重组、升级改造任务；对存在高污染企业的水污染严重地区、敏感区域、城市建成区，提出退城入园、易地搬迁等任务；对落后产能，提出淘汰关闭任务。

转变粗放生产方式。按照清洁生产相关法律法规要求及《水污染防治重点行业清洁生产技术推行方案》等技术文件，根据成因研判结果，提出企业清洁生产任务。鼓励有条件的地区，实行工业和生活等不同领域、造纸、印染、化工、电镀等不同行业废水分质分类处理。

推进产业生态化集聚改造。新建工业企业原则上应在工业园区内建设并符合相关规划和园区定位，现有重污染行业企业要限期搬入产业对口园区。推进企业向依法合规设立、环保设施齐全、符合规划环评要求的工业园区集中，实施工业园区生态化改造。优化布局核心区及拓展区石油加工、化学原料和化学品制造、造纸、医药制造、化学纤维制造、有色金属冶炼、纺织印染等行业。

5.3.4　推进农村人居环境整治工作

依托美丽乡村建设，持续开展农村人居环境整治行动，推进农村"厕所革命"，有较好基础、基本具备条件的地区，卫生厕所普及率达到 85%左右；探索建立符合农村实际的生活污水、垃圾处理处置体系，有条件的地区可开展农村生活垃圾分类减量化试点，推行垃圾就地分类和资源化利用。继续推进上海、江苏、浙江等地区生态文明示范村镇建设、美丽乡村示范区创建。实施农村清洁河道行动，开展截污治污、水系连通、清淤疏浚、岸坡整治、河道保洁，建设生态型河渠塘坝，整乡整村推进农村河道综合治理，创建水美乡村。

严格控制农业面源污染。积极开展农业面源污染综合治理示范区和有机食品认证示范区建设，加快发展循环农业，推行农业清洁生产，提高秸秆、废弃农膜、畜禽养殖粪便等农业废弃物资源化利用水平。推动建立农村有机废弃物收集、转化、利用三级网络体系，探索规模化、专业化、社会化运营机制。以有机废弃物资源化利用带动农村污水垃圾综合治理，培育发展农村环境治理市场主体。加强农作物病虫害绿色防控和专业化统防统治。持续实施化肥、农药施用量零增长行动，开展化肥、农药减量利用和替代利用，加大测土配方施肥推广力度，引导科学合理施肥施药。加大农业畜禽、水产养殖污染物排放控制力度，强化长江干流、京杭大运河等河道及太湖、巢湖等湖泊周边畜禽禁养区管理。

5.3.5 加强船舶港口污染防治

积极治理船舶污染。严格执行《船舶水污染物排放控制标准》，加快淘汰不符合标准要求的高污染、高能耗、老旧落后船舶，推进现有不达标船舶升级改造。强化长江干流水上危险化学品运输环境风险防范，严厉打击危险化学品非法水上运输及油污水、化学品洗舱水非法转运处置等行为。

完善港口码头环境基础设施。以安徽、江苏等地区为重点，统筹规划建设港口和船舶污染物的接收、转运及处置设施，并确保港口接收设施与城市公共转运、处置设施之间的有效衔接和集约高效运转。推行"船上储存、交岸处置"的治理模式，确保船舶污水垃圾依法合规转移处置。

5.3.6 全面加强饮用水水源地保护

在巩固城市饮用水水源保护与治理成果的基础上，着力解决县级及以上城市饮用水水源不达标问题，以及农村饮用水水源保护工作中存在的突出生态环境问题。

着力保障供水安全。针对水源水、水厂水和龙头水的水质不达标问题，系统分析原因，找准病根，采取水源替代、延伸供水、深度处理、污染治理等多种方式，确保饮水安全。定期开展水源环境状况调查评估，对化工、造纸、冶炼、制药等风险源，加强执法监管和风险防范，避免突发环境事件影响水源安全。

稳步推进农村饮用水水源保护工作。在"集中式饮用水水源环境保护专项行动"工作成果的基础上，因地制宜确定农村饮用水水源保护任务。有条件的地市，逐步推进乡镇及以下饮用水水源地排查整治工作。加强水源地监测能力建设，推进水源地保护区划分工作有序开展，充分保障乡镇及农村水源地安全。

5.4　优化水资源配置

5.4.1　实行水资源消耗总量和强度双控

健全覆盖省、市、县三级行政区域的用水总量控制指标体系，加强规划和建设项目水资源论证，严格取水许可管理，促进流域经济社会发展与水资源承载能力相协调。到2025 年，长三角区域用水总量控制在 1 100 亿 m^3 以内。

建立重点用水单位监控名录，对纳入取水许可管理的单位和其他用水大户实行计划用水管理。健全覆盖省、市、县三级行政区的用水强度控制指标体系。到 2025 年，万元工业增加值用水量较基准年下降 20%以上。

加强流域水量统一调度，保障重点河流基本生态用水需求，重点保障枯水期生态基流，优化太湖流域水量分配方案，建立太湖水资源共享机制，研究建立跨区域应急水源一网调度体系。

5.4.2　强化重点领域节水

在农业节水方面，优化农业种植结构，加快实施大中型灌区节水改造和南方节水减排区域规模化高效节水灌溉行动。推广和普及田间节水技术，开辟抗旱水源，科学调度抗旱用水。推广水肥一体化、全程机械化、无膜滴灌栽培、全膜覆盖双垄沟播等技术，提升全程机械化水平和绿色防控水平，提高化肥使用效率，增强抗旱节水能力。到2025年，区域农田灌溉水有效利用系数达到 0.60；到 2035 年，达到 0.65。

在工业节水方面，以南京、无锡、苏州等城市为重点，实施高耗水行业生产工艺节水改造，降低单位产品用水量。完善电力、钢铁、造纸、石化、化工、印染、化纤、食品发酵等高耗水行业省级用水定额；严格依照国家相关技术标准，为企业配备安装用水计量设施，推进企业用水精准计量。

在城镇节水方面，加快推进城镇供水管网改造，到 2025 年，公共供水管网漏损率降低到 15%以内；推广使用节水型器具，新建住宅小区应安装节水型器具；提出县级及以上缺水城市全部达到国家节水型城市标准要求。

完善区域再生水循环利用体系。根据污水水源、城镇污水排放和处理情况、城镇再生水生产和使用现状、水资源开发利用状况及用水需求分析结果，以促进生态流量恢复为主要目的，设计区域再生水循环利用体系建设任务，明确区域再生水处理设施建设规模。

5.4.3　完善防洪防潮减灾综合体系

加强防灾减灾综合能力建设，提高应对各种灾害和突发事件的能力。实施长江干流、钱塘江干流、太湖环湖大堤及骨干出入湖河道、长江主要支流、主要入海河流等综合治理工程，提高防洪防潮能力。加强沿海、沿江、环湖、沿河城市堤防和沿海平原骨干排涝工程建设。统筹流域、区域、城市水利治理标准与布局，依托流域和区域治理，强化城市内部排水系统和蓄水能力建设，有效解决城市内涝问题。推进病险水库和大中型病险水闸除险加固，全面消除安全隐患。加强河道洲滩的管理与控制利用，统筹协调主要江河上下游和重点海堤防洪减灾，建设山洪、台风灾害防治区监测预警系统，加强工程调度，提高防洪防潮减灾应急能力。在山洪灾害重点区域构建非工程措施与工程措施相结合的山洪灾害综合防御体系。

5.5　强化水生态保护修复

5.5.1　实施生态系统修复

推进河湖生态系统保护修复。重点加强太湖、洪泽湖、骆马湖、高邮湖、巢湖、淀山湖等湖库生态系统保护修复，以湿地建设为主，综合利用退田还湖还湿，采取水量调度、湖滨带生态修复、生态补水、河湖水系连通、重要生境修复等措施，修复湖泊、湿地生态系统。通过退耕（牧）还湿、河岸带水生态保护与修复、湿地植被恢复、有害生物防控等措施，实施湿地综合治理，提高湿地生态功能。

推进太湖、巢湖等重点湖泊富营养化治理。太湖流域以"水源涵养林-湖荡湿地-湖滨带-缓冲带-太湖湖体"为构架，实施综合治理与修复。扩大水源涵养林范围，加强林相结构改造。实施湖荡湿地植被恢复，截污清淤。实施入湖河流河岸带修复，保持水系连通。建设湖滨缓冲带生态保护带，实施湖泊水体水华防控。巢湖流域以实施污染治理和生态修复为主。西南部清水产流区增加生态用地，通过生态沟渠建设、农药化肥减施等方法，防治农业面源污染。东部区建设湖滨缓冲生态区，维护输水通道。对南淝河、派河、塘西河、双桥河和十五里河等主要入湖河流进行综合治理和生态修复，减少入湖污染负荷。

开展水土流失综合治理。严厉打击非法采矿、取土、挖砂等破坏长江生态健康的生产建设活动。建设沿江、沿河、环湖水资源保护带和生态隔离带,增强水源涵养和水土保持能力。加强长三角区域水土流失预防和治理,采取建设农田林网,搞好河、沟、堤坡植被和工程护坡以及沟头防护工程等措施,建立水土流失综合防治体系。严格落实国土空间规划和用途管制规定和要求。

5.5.2 强化生物多样性保护

建设生物多样性保护网络体系。加大就地保护力度,提升自然保护区等物种重要生境的连通性。加强珍稀濒危物种栖息地保护,防止资源开发活动破坏重要物种栖息地。对重要生物类群和生态系统、国家重点保护物种及其栖息地开展常态化观测、监测、评价和预警。

推进生物遗传资源保护与生物安全管理。健全生物多样性监管基础设施,实施生物多样性保护工程,开展生物多样性保护与减贫示范。推动生物资源种子库建设,规范生物遗传资源采集、保存、交换、合作研究和开发利用活动,严格出入境监管,防止生物遗传资源流失。开展转基因生物环境释放风险评估、跟踪监测和环境影响研究。加强外来物种入侵调查研究和风险分析,关注管控区及周边有害物种发生和流行的状况,建立外来物种入侵的数据库和信息系统,建立预警网络和快速反应机制,强化对外来物种的调查、监视及环境影响评价工作。完善物种多样性和物种安全的法规,制定技术标准和规范,设立应对外来入侵物种的专门机构,建立物种安全管理机构与风险评估、风险管理制度。

5.5.3 加强自然保护地建设

建立健全自然保护地管理机制。按照长三角区域自然保护地设立、晋(降)级、调整和退出规则,理顺现有各类自然保护地管理职能,构建统一的自然保护地分类分级管理体制,制定自然保护地政策、制度和标准规范,实行全过程统一管理。建立健全社会监督、监管机制,保障公众的知情权和监督权,完善责任追究制度。

加强对长江及沿岸自然保护区的监督和管理。对长三角区域的自然保护区进行严格的保护,加强对自然保护区的监督和管理,加大对涉及自然保护区违法开发建设、资源不合理利用等生态破坏行为的执法力度。对已遭破坏的区域进行生态恢复,增强自然保护区生态系统循环能力,维持生态平衡。规范自然保护区的生态旅游活动,防止对自然保护区生态环境造成不利影响。

5.5.4　严格岸线保护

严格管控岸线开发利用。有效保护自然岸线生态环境。提升开发利用区岸线使用效率，合理安排沿江工业和港口岸线、过江通道岸线、取排水口岸线。建立健全长江岸线保护和开发利用协调机制，统筹岸线与后方土地的使用和管理。探索建立岸线资源有偿使用制度。

5.6　加强陆海统筹综合治理措施

5.6.1　强化重点海域及入海河流治理

针对近岸海域方面，加强长江口、杭州湾、海州湾、象山港（湾）、三门湾、台州湾、乐清湾、温州湾等海湾整治。严格控制陆域入海污染，以江苏省太浦河、排淡河、沙旺河、朱稽河、栟茶运河、掘苴河、如泰运河、北凌河等入海河流为重点，加强污染治理与生态修复，开展主要入海河流综合整治，将水质未达标的入海河流作为各海区整治工作的重点，编制入海河流水体达标方案，实现"一河一策"精准治污。

5.6.2　加强海上污染源控制

实施海水养殖污染防控。沿海渔业重点县（市）组织编制《养殖水域滩涂规划》，依法科学划定养殖区、限制养殖区和禁止养殖区；完善水产养殖基础设施，推进水产养殖池塘标准化改造，鼓励沿海省（区、市）开展海洋离岸养殖。加强养殖投入品管理，落实《兽药抗菌药及禁用兽药五年专项治理计划》（农质发〔2015〕6 号），加强水产养殖环节用药的监督抽查。

加强海洋石油勘探开发污染防治，严格按照《海洋环境保护法》《防治海洋工程建设项目污染损害海洋环境管理条例》《海洋石油勘探开发环境保护管理条例》等相关法律法规的要求，强化监督管理，防控海洋石油勘探开发污染。

5.6.3　推进海洋生态整治修复

保护典型海洋生态系统和重要渔业水域。加大红树林、珊瑚礁、海藻场、海草床、河口、滨海湿地、潟湖等典型海洋生态系统，以及产卵场、索饵场、越冬场、洄游通道等重要渔业水域的调查研究和保护力度，健全生态系统的监测评估网络体系，因地制宜地采取红树林栽种，珊瑚、海藻和海草人工移植，渔业增殖放流，建设人工鱼礁等保护与修复措施，切实保护水深 20 m 以内海域重要海洋生物繁育场，逐步恢复重要近岸海域的生态功能。

划定并严守生态保护红线。在海洋重要生态功能区、海洋生态脆弱区、海洋生态敏感区等区域划定生态保护红线。沿海各地的海洋资源开发建设活动应严守生态保护红线；非法占用生态保护红线范围的建设项目应限期退出；导致生态保护红线范围内生态破坏的，应按照生态损害者赔偿、受益者付费、保护者得到合理补偿的原则，进行海洋生态补偿。

严格控制围填海和占用自然岸线的开发建设活动。认真执行围填海管制计划，严格控制围填海规模，加强围填海管理和监督。近岸海域湿地的开发建设活动管理，应按照《湿地保护修复制度方案》《关于加强滨海湿地管理与保护工作的指导意见》等的规定予以落实。

推进海洋生态整治修复，根据《海洋生态修复项目管理办法》，围绕滨海湿地、岸滩、海湾、海岛、河口、珊瑚礁等典型生态系统，实施湿地修复、岸滩整治、综合治理和保护修复等工程，恢复海岸带湿地对污染物的截留、净化功能；修复鸟类栖息地、河口产卵场等重要自然生境。对位于候鸟迁飞路线上的国际和国家重要湿地、国家级自然保护区和国家湿地公园等予以恢复。在围填海工程较为集中的区域，实施生态修复工程。

第 6 章　区域船舶污染控制研究

严格执行区域船舶排放控制区管控措施，推进低硫油及清洁能源应用，鼓励老旧船舶淘汰更新，加快岸电设施建设，推动船舶和港口环保设施改造，提升港口接收船舶污染物能力，深化长三角区域船舶和港口污染联防联控治理体系，提升航运绿色发展水平。

6.1　区域船舶污染物排放情况

长三角区域濒江临海，处于长江黄金水道与我国绵长海岸线中段的 T 形交会处，区位条件得天独厚，是我国水路货运（周转）量最大的区域。长三角区域三省一市船舶保有量约占全国船舶总量的 55%。2018 年，长三角区域水路货运量达到 30.15 亿 t，占全国水路货运量的 52%。其中，安徽 11.49 亿 t（全国第一），浙江 9.82 亿 t（全国第三，仅次于广东），江苏 7.77 亿 t（全国第四），上海 6.69 亿 t（全国第五）。货物周转量方面，长三角区域水路货运周转量为 4.9 万亿 t·km，占全国水路货运周转量的 50%。上海是全国水路货物周转量最大的省（市），达到 2.8 万亿 t·km；浙江为 9 352.5 亿 t·km；江苏为 6 121.9 亿 t·km；安徽水运主要为内河国内短距离运输，货运周转量为 5 630.9 亿 t·km（图 6-1）。

船舶对大气环境的污染主要源于船用发动机燃烧排放的污染物，包括 NO_x、SO_x、PM、CO、HC 等。生态环境部机动车排污监控中心使用动力法，基于中国海事局信息服务平台（AIS）ExactEarth 数据，综合考虑船舶发动机（主辅机）额定净功率、负荷系数及不同状态下（包括停泊、机动、巡航、低速巡航）的航行小时数，污染物排放因子测算了长三角沿海及远洋船舶大气污染物排放量（按航行小时数插值或不插值分别测算）。江苏省环境监测中心使用"货运密度"校正了单位货物周转量污染物排放系数，并对渔船、货轮进行了实地监测，综合考虑船舶功率、燃油量、货物周转量，测算了江苏内河船舶、长江船舶、沿海渔船大气污染物排放量（表 6-1）。从中可知，8 小时插值的长三角沿海及远洋船舶 NO_x、SO_2、PM、CO、HC 排放量分别为 31.1 万 t、28.2 万 t、3.3 万 t、2.4 万 t、1 万 t，占我国沿海及远洋船舶排放量的 27%～28%。

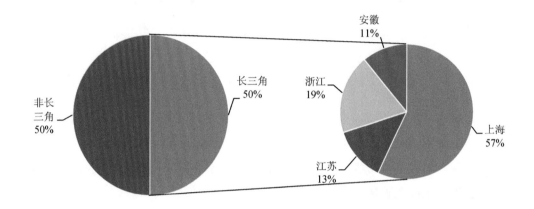

图 6-1   长三角区域货运周转量占比

表 6-1   长三角沿海及远洋船舶大气污染物排放量

	CO	HC	NO_x	PM	SO_2
长三角沿海及远洋船舶-不插值（2014）	1.9	0.8	24.9	2.7	22.6
长三角沿海及远洋船舶-8 小时插值（2014）	2.4	1	31.1	3.3	28.2
我国沿海及远洋船舶-不插值（2014）	7.1	2.9	91.9	9.6	79.9
我国沿海及远洋船舶-插值（2014）	8.8	3.6	114.9	12	99.9
江苏（2010）	4.68	0.82	11.55	0.56	—

船舶垃圾产生量受船上生活人数、生产废弃物、船舶设备等多种因素影响，主要取决于船上人员数量。相关数据显示，内河船舶垃圾的人均排放量约为每天 1.5 kg。按照内河运输船舶 8 万艘、内河客运量 48.2 万人次，平均在船一天计，内河船上人员保有量 53.7 万人，一年在船 300 天/人，初步计算，长三角区域每年内河船舶产生垃圾接近 30 万 t。

长江江苏段船舶流量大，船舶种类多，平均每天有 3 000 艘船舶进出，其中危险化学品船舶占 1/6。2015 年，长江江苏段水路危险货物运输量约为 1.5 亿 t，其中散装危险化学品运输量约为 7 009 万 t，位居全国第一，品种达到 200 多种。

6.2　区域船舶环境管理存在的问题

6.2.1　船用燃料市场不规范

尽管适用于海船柴油机及其锅炉的《船用燃料油》（GB 17411—2015）以及适用于内河船舶柴油机的《普通柴油》（GB 252—2015）对船用燃料做出了硫含量等的限制，但相较于车用柴油 2011 年就要求硫含量≤350 mg/kg，船用柴油 2016 年前仅要求硫含量≤15 000 mg/kg，2016 年后才要求≤350 mg/kg。在实际供应中，除保税油外，内贸低硫油市场不够规范，存留大量硫含量超标的油品，加油站油品质量好于加油船。重油和低硫油价差约 300 美元/t，在航运市场低迷的背景下，水运收入大幅降低，燃油采购成本不断压缩，船舶使用重油的冲动难以抑制，船用燃油中兑入废旧机油、页岩油、煤焦油、烷烃、乙烯焦油、轮胎油等现象也不断发生。与此同时，船用燃油供给侧及使用侧联合执法力度仍显不够。船用燃油的供应链条长，涉及监管部门多，海事部门仅能对燃油最后使用环节进行监管，源头监管需要质监和能源部门形成合力。长三角区域靠近山东这一最大的地炼产区，硫分等指标不合格油品容易流入，跨区域监管较为困难。此外，船舶新能源推进速度较慢，燃油仍是动力主体。电动船舶成本较高，LNG 供气站点建设困难，新能源补贴不足，新能源船舶推广力度有限。

6.2.2　船龄长，船舶结构不合理，老船机难以满足排放标准要求

2016 年，我国首次发布《船舶发动机排气污染物排放限值及测量方法》（GB 15097—2016），规定了第一、第二阶段船舶发动机排放限值。其中，第一阶段于 2018 年 7 月 1 日执行，第二阶段于 2021 年 7 月 1 日开始执行。船舶发动机大气污染控制力度及标准制定和更新进度远滞后于机动车及非道路移动源。长三角船舶船龄普遍较长，平均船龄超过 10 年，20 余年仍在服役的船舶屡见不鲜，老旧及特检船舶数量众多。船舶废气主要源于船用发动机及辅机燃油排放，老船机难以满足排放标准要求。此外，船舶结构不够合理，中小型船舶占比较大，安装机外废气净化装置的空间要求难以满足，同时难以承担废气净化装置成本，导致机外废气净化措施覆盖率较低。

6.2.3　港口联运水平低，港作机械电气化水平不高

近年来，长三角铁水联运增速较快，宁波港 2018 年达到 60.2%，是中国主要港口铁水联运增速最快的港口，但比例仍旧较低，仅为 2.3%，在中国主要港口中垫底，与

国外港口相差甚远。例如，杜伊斯、汉堡、不来梅等港口铁水联运比例均超过 30%。我国 70 个重要港口中，只有 26 个建有集疏运铁路，铁路直通到港口码头前沿的较少，还存在装卸线过短、铁路站场规模小、设备落后等问题。同时，多式联运标准规范体系不完善，"港铁分离"现象较严重。铁水联运还有较大潜力可以挖掘。宁波港水水中转比例约为 25%，仍旧较低，存在内河通航条件受限、江海联运网络不畅等问题。长三角港口密集，吞吐量位居世界第一，但目前港口集疏港主要依靠柴油货车运输，港口内非道路移动机械也大多使用柴油发动机，港作机械电气化水平不高，一定程度上造成港口大气污染。

6.2.4　岸电成本较高，船舶受电系统进展较慢

船舶使用岸电可以有效消除靠港期间有害气体及噪声污染，改善港口环境质量，降低船舶对人口密集区域的大气污染程度。岸电系统推广使用存在如下一些问题：岸电成本较高，船舶受电系统改造及岸电使用成本平均在上百万元；岸上供电系统进展较快，但船舶受电系统覆盖率较低，进展缓慢；岸电系统还存在一些技术难点，包括适用于港口或海洋环境的兆瓦级高压船用变频器存在系统拓扑结构、系统控制、散热、电磁兼容、谐波治理等技术难题，以及岸电电源电压稳定问题、供电系统电制匹配问题、船电与岸电无缝切换问题、电缆管理和快速连接问题等。

6.2.5　港口垃圾处理配套措施不完善

目前，我国港口防污染建设投入严重不够，在码头配置临时性防污设备，没有配置污染物接收设备，不能接收处置船舶洗舱水、油污水和生活污水。据调查统计，长江内河有将近九成的港口都未建立起完善的接收并处理船舶污染物的管理设施。此外，对于已经安装了油水分离设备的船舶，其在航行过程中分离出来的废油污染在大部分港口中也未建立接收设施，相关配套设备极其缺乏。关于生活污染物，相关的接收处理装置也不健全。对于船舶倾翻造成的水污染，未建立相关预防与治理措施，港口的船舶污染事故处理设施极其落后。此外，经费因素也严重制约着船舶防污染工作的有效开展。

（1）缺乏对船舶垃圾接收公司资质的明确规定

目前，国内港口到港船舶垃圾的处理几乎是靠岸上接收部门回收来进行的，但如今，一些港区尤其是小型港区的船舶垃圾接收能力较差，后续的船舶垃圾处理也不规范，部分港口甚至没有设施较完备的船舶垃圾接收单位。由此可以看出，这些港区忽视了对船舶垃圾的接收处理，甚至一些船舶垃圾接收单位的接收工作流于形式。接收单位会出现按照法律法规出具船舶垃圾接收的证明文件，收取相应的接收费用，但实际却没有接收

行为的现象。港口的大小影响了船舶到港的数量，也导致了有不同程度的垃圾接收量。

一些大港口到港船舶数量多，垃圾接收量也较大，可以满足岸上垃圾接收单位的经营需求；但有些小型港口，只有很少的垃圾接收量，造成船舶垃圾接收单位"吃不饱"或者"没饭吃"，船舶垃圾接收公司单靠接收业务难以生存。船舶垃圾接收单位作为营利性企业，开始追求利润最大化，简化船舶垃圾接收的具体操作，而一心扑在船舶垃圾接收处理费的收取上。现今的法律法规对于接收公司的权利和义务并没有太多的规定，港口行政管理部门把检查的工作都放在船舶垃圾接收单位所开出的单证上，船员一旦出具了排污单证，港口行政管理部门就会认为垃圾接收单位进行了相关操作，很少会进一步追踪垃圾接收的具体过程。

（2）港口相关船舶垃圾接收设施亟待完善

接收设施作为与到港船舶密不可分的一环，在我国的现行执法管理体制中被割裂开来，海事管理机构只能在码头设施的新建、改建或扩建之前，对垃圾接收设施的建议提出要求。但是，无论查看现有的公约内容还是法规条例，都仅仅是泛泛地加以规定，并没有实际的操作。因此，一些小型港口的船舶垃圾处理设施不完善，船舶垃圾在船舶进港后不能交付排放；船舶驶离港区后，这些垃圾便会被倾倒入海。在现有法律法规中已经原则性地对港口配置船舶污染接收设施提出了规定，但仍然有很多港口以不知应如何配备才能达到要求、没有具体的国家或行业标准为借口，并没有配备相应的设施。而在一些置备了船舶垃圾接收设施的港口，往往这些船舶接收设施远离停泊抛锚的区域，也不便于将船舶垃圾送至这些设施。

（3）港口相关船舶垃圾接收收费标准不统一

船舶垃圾因船舶吨位大小、船员人数和航程等的不同，产生数量也会有极大变化，因此很难准确度量每艘船只的垃圾排放量。现今全国尚未出台船舶垃圾港口接收单位统一的指导性收费标准。由于没有统一的收费标准，对于国内港口的岸上垃圾接收公司来说，很多费用细则都是自己规定的，这些标准并没有得到物价部门的核准，导致各港区垃圾接收公司对于同一操作费用相差很大。如上海虹口港区对接收费用标准有一定的弹性空间，船舶垃圾接收最高为 60 元/t；而泰轮船舶污染治理服务有限公司得到批复后，将垃圾处置费用规定细化为货轮（500 t 以上）为 120 元/次，货轮（200～500 t）为 40 元/次，货轮（200 t 以下）则为 20 元/次。现今的收费不统一，导致到港船舶船员对于垃圾的处理存在抵触情绪，在一定程度上也导致了船舶垃圾的非法排放。

6.2.6 污水排放问题亟待解决

在船舶运行过程中，船上工作人员的洗脸水、厨房用水、洗衣水等生活用水会随机排放在水中，对长江生态环境造成破坏。散货船进行传统装卸作业时，不可避免地在舱盖和甲板上撒落货物残余。含有货物残余的清洗水不仅包括洗舱水，还包括冲洗甲板水。此外，还需对货物残余、洗舱水中是否含有对海洋环境有害物质进行有效界定。根据 MARPOL 公约附则 V2016 年修正案，固体散装货物残余只要符合下列参数，该货物残余就被认定为对海洋环境有害物质：①急性水生毒性 1 类；②慢性水生毒性 1 类或 2 类；③非快速降解且具有高生物富集性的致癌 21A 类或 1B 类；④非快速降解且具有高生物富集性的生殖细胞突变性 21A 类或 1B 类；⑤非快速降解且具有高生物富集性的生殖毒性 21A 类或 1B 类；⑥非快速降解且具有高生物富集性的特异性靶器官毒性重复接触 1 类；⑦包含或组成物为合成聚合物、橡胶、塑料、塑料原料颗粒（包括粉碎、研磨、切碎、浸渍或类似材料）的固体散装货物。

6.3　区域船舶环境管理的重点任务

6.3.1　积极推进低硫油及清洁能源应用

加强油品质量监管，提升燃油品质，逐步取消普通柴油，实现车用柴油、普通柴油、部分船舶用油"三油并轨"。明确部门间分工，加强协调合作，环境部门负责制定船用油品标准，发改部门负责理顺价格机制，工商质监部门负责船用油品质量监管，商务部门负责油品销售流通监管。根据部海事局 2020 年全球限硫令的实施通知和监管指南要求，予以细化分解，组织落实，充分利用"燃油温度曲线法""低硫燃油消耗计算法""燃油快速取样检测"等监管方法，配备船用燃油硫含量快速检验装备或由第三方检测服务采购，加强与市场、交通等部门联合，和长三角区域相关部门联动，切实加强船舶使用燃油情况监管。推广使用 LNG 等清洁燃料，加大政府补贴力度，加快建立加气站等基础设施。鼓励内河船舶更换纯电动或 LNG。鼓励各地加大对推广使用新能源和清洁能源船舶实施财政补贴、优先过闸、优先靠离泊等激励政策。

6.3.2　推动船舶更新换代，改进船机性能，推进船舶废气净化

鼓励老旧船舶的更新，继续引导淘汰、改造安全和环保性能差的船舶，限制高排放内河船舶使用。尽快制定《船舶工业污染物排放标准》，将船舶制造纳入监管，同时规避船机新标准执行前的"突击造船"。加强江海直达系列船型和河海直达集装箱、散货船船型研发和应用。改进发动机性能，满足排放要求，启动废气洗涤脱硫系统（EGCS）、SCR、废气循环系统（EGR）或其他 NO_x 减排措施。加速开展尾气监测能力建设，加快

船用在线监测系统安装使用。充分考虑上海港航道复杂、通航密度高等特点，制定切实可行的船舶尾气监测建设方案，加速推进相关监测项目落地实施。争取地方财政支持，提高船舶尾气监测能力，逐步建成船舶尾气排放监测网络，为在航船舶监管工作提供有力保障。

6.3.3　提升多式联运比例，提高港口电气化水平

建议交通运输部、铁路总公司与港口方建立协调推进机制，加强顶层设计和信息共享，完善标准化服务体系，加强多形式联运的基础设施改建，提高铁路货运效率，加快推进港口集疏港铁路建设，降低柴油货车集疏港比例。完善内河航道及江海联运网络，推进京杭大运河高等级航道、长湖申线Ⅲ级航道、平申线一期（上海段）Ⅳ级航道、浙北高等级航道、秋浦河航道、淮河出海通道江苏段等航道建设，促进南京等长江枢纽港与上海、宁波舟山、苏州等沿海集装箱干线港的有效衔接，完善分工协作、运转高效的干散货江海联运系统和集装箱、干散货江海直达系统，增强舟山江海联运服务中心和长江沿江港口的干散货江海联运服务功能，重点发展长三角区域至宁波舟山港干散货及集装箱、长三角区域至洋山深水港集装箱江海直达运输，规划江海直达船舶推荐路线，大幅提升货运"水铁联运"及"水水中转"比例。持续推进港口作业机械和车辆的清洁化改造，加快港口非道路移动机械更新换代，新采购优先考虑新能源和清洁能源动力、港口装卸等配套作业的电气化和清洁化，减少空气、水体污染。2020年年底前，力争全部淘汰长三角国一和国二标准的港口作业机械和车辆，新增和更新岸吊、场吊、吊车等作业机械和车辆主要采用新能源或清洁能源动力，沿海港口新增和更新拖轮优先使用新能源或清洁能源。

6.3.4　加强岸电使用

建议加强岸电使用绩效的监督考核，完善船舶使用岸电成本分摊机制。深入推进船舶靠泊使用岸电。结合排放控制区实施工作，加大对船舶使用岸电情况的监督检查。对于未按规定使用岸电的船舶，探索实施行政处罚。完善岸电设施布局，完成现有码头岸电设施改造任务，新建码头依法设计、建设岸电设施，实现大型客船及远洋船的岸电强制使用。2020年，长三角内河港口、水上服务区、待闸锚地基本实现岸电全覆盖。使用岸电的船舶优先享受通航、靠泊权，提高岸电设施使用率。

6.3.5　提高垃圾无害化处置比率

开展船舶污染防治专项整治活动，实现船舶污染防治和污染物监管全覆盖，消除监

管盲区和死角。船舶污染物处置建立制度，污染物接收、处置实现闭环管理，直接通过码头或专用接收船舶上岸处置，杜绝次生灾害。在长三角区域防污染巡查中，逐步推行VTS系统，提高巡航直升机的参与程度，增强船舶垃圾污染的发现力度。到2025年，长三角区域内长江干线及主要支流具备港口和船舶污染物接收能力，并做好与城市市政公共处理设施的衔接，全面实现船舶污染物按规定处置。统筹考虑长江干线及重要支流航道码头，大力推进船舶废弃物集中处理和化学品运输船舶洗舱基地建设工程，提高船舶垃圾、含油污水、化学品洗舱水等接收处置能力；全面启动码头污染物收集设施建设；推动使用专用船舶接收、转运船舶垃圾、污水工作。

6.3.6 加强船舶污染物联单制度建设

加快建设长三角区域港口船舶污染物接收、处置设施以及生活污水接收船舶等配套，实现以"船上储存、交岸处置"为主的"零排放"模式；加快落实船舶污染物接收、转运、处置联单制度，建立全过程综合监管链，开发船舶污染物联单管理系统，实现船舶污染物联单管理过程的信息化。

第7章 区域土壤环境安全利用研究

针对区域土壤污染风险较高、管理基础不平衡、技术体系不完善等问题，要以保障农产品质量安全和人居环境健康为根本出发点，建立健全区域土壤环境协同监管机制，实施重点区域风险管控或修复，全面防控土壤污染风险，促进土壤环境质量改善和生态系统良性循环。

7.1 区域土壤生态环境保护现状

7.1.1 土壤环境质量状况

7.1.1.1 土壤环境质量总体状况

长三角区域土壤环境质量状况总体较好，部分区域土壤污染严重，耕地土壤环境质量堪忧，工矿业废弃地土壤环境问题突出。全国土壤污染状况调查公报显示，长三角部分区域土壤污染问题较为突出。国家"973"项目的一项研究表明，长三角部分地区的土壤污染严重，存在不同程度的重金属、持久性有机污染物等污染。

7.1.1.2 农用地土壤环境质量状况

长三角区域农用地土壤环境质量状况总体不容乐观，局部地区土壤污染严重。上海、江苏南部、浙北、安徽沿江地区等区域耕地土壤均存在不同程度重金属污染，特别是上海、南京等区域周边耕地土壤汞、铅、镉等严重超标。

江苏省于2016年对216个土壤环境质量点位开展了监测，其中风险点位163个（主要针对污染企业、固体废物处置场地周边土壤），对照点位53个。监测结果表明，163

个风险点位中，有 42 个点位超过《土壤环境质量标准》（GB 15618—1995）二级标准，点位超标率为 25.8%。其中，处于轻微、轻度、中度和重度污染的点位分别占 16.6%、3.1%、4.9% 和 1.2%；超标项目主要为镉、铅和苯并[a]芘。2017 年，江苏省对已布设的基础点和背景点中的 758 个历史点位开展监测。评价结果表明，2017 年 758 个土壤点位中，有 62 个点位超过《土壤环境质量标准》（GB 15618—1995）二级标准，点位超标率为 8.2%。其中，处于轻微、轻度和中度污染的点位个数分别为 58、3、1，分别占 7.7%、0.4% 和 0.1%，无重度污染点位。无机超标项目主要为镍、镉、汞、铅和砷，有机超标项目主要为滴滴涕。

根据 2010 年浙江省政协发布的《关于我省食品药品安全情况的调研报告》，浙北、浙中和浙东沿海地区因土壤重金属污染，有近 20% 农用地不产绿色农产品。浙北环太湖平原耕地土壤重金属汞在研究区域内超标率达 10.34%，镉的超标率为 2.74%。宁波市郊区蔬菜生产基地土壤重金属汞、镉、铜等综合污染指数受污染比例达 70.7%，其中重度污染的占 15.4%。

第一次全国土壤环境调查数据显示，安徽省土壤污染超标率约为 7.5%，主要超标污染物为重金属 Cd，其中耕地土壤轻微污染 300 万余亩，轻中度污染 80 万余亩，重度污染 10 万余亩。安徽省土壤污染主要分布在沿江地区，集中于矿产开发或工矿企业密集区域。其中，合肥、芜湖、铜陵、滁州、池州等地污染相对突出，淮北平原地区和皖西大别山地区土壤环境质量好，江淮丘陵地区土壤环境质量总体较好，皖南山区局部地区土壤环境质量较差。

7.1.1.3　重点行业企业用地土壤环境质量状况

由于工业企业发达，长三角区域存在大量重点行业企业，如电镀、化工等，这些企业在生产过程中会产生大量的重金属污染物，通过废水、废气、废渣等方式进入企业周边环境，大量的重金属在土壤中的积累会对生态系统和人体健康造成威胁。长三角区域土壤重金属污染已由点状、局部发展成面上、区域性的污染，工业企业用地污染尤其严重，如南京某合金厂土壤铬含量远高于其背景值，最高值为背景含量的 167 倍；绍兴蓄电池厂周围污染土壤中铅含量最高值达到 2 980 mg/kg。

根据全国污染地块土壤环境管理信息系统，截至 2019 年 12 月，长三角区域四省（市）共上传建设用地调查名录地块 2 616 个，占全国调查名录地块的 22.8%；风险评估名录地块 315 个，占全国风险评估名录地块的 32.8%；风险管控与修复名录地块 218 个，占全国风险管控与修复名录地块的 34.6%（图 7-1）。其中，浙江地块较多，调查名录、风险评估名录、风险管控与修复名录地块数目分别为 1 152 块、114 块、82 块，分别占长三角区域地块数目的 44.0%、36.2%、37.6%；其次为江苏，调查名录、风险评估名录、风险管控与修复名录地块数目分别为 1 015 块、96 块、74 块，分别占长三角区域地块数目的38.8%、30.5%、33.9%。

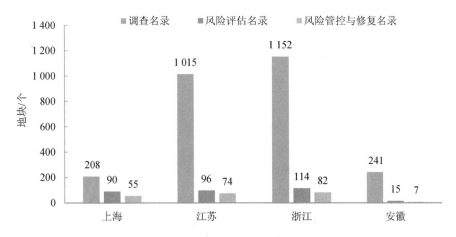

图 7-1　长三角区域各省（市）建设用地地块分布

长三角区域四省（市）均已建立并公开建设用地风险管控与修复名录,涉及地块 176 块（图 7-2）。其中，上海市 27 块，主要分布在普陀区、闵行区等；江苏省 63 块，主要分布在南京、常州、无锡、苏州等地；浙江 65 块，主要分布在杭州、温州、宁波等地；安徽省 21 块，主要分布在芜湖、蚌埠、铜陵等地。从行业分布来看，长三角区域污染地块主要为化学原料和化学制品制造、纺织、金属制品、医药制造、电气机械和器材制造、装卸搬运和仓储等行业（图 7-3）。

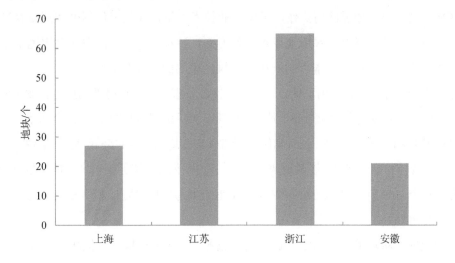

图 7-2　长三角区域各省（市）建设用地风险管控与修复名录地块分布

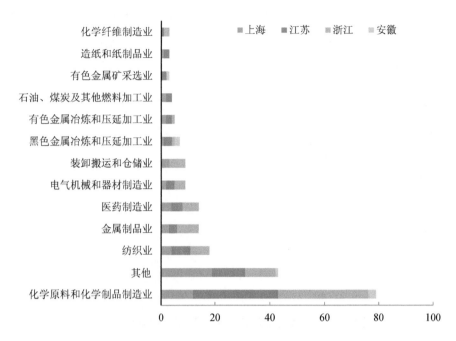

图7-3　长三角区域各省（市）建设用地风险管控与修复名录地块行业分布

7.1.2　土壤环境保护工作开展情况

7.1.2.1　土壤污染状况调查开展情况

全面开展农用地土壤污染状况详查。按照全国土壤污染状况详查工作统一部署，长三角区域各省（市）加强部门协作，组织专业技术力量，强化工作调度和质量管理，全力推进土壤污染状况详查。农用地详查工作方面，各省（市）均已完成农用地土壤污染状况详查成果集成工作，基本查明农用地土壤污染的面积和分布。

积极推动重点行业企业用地调查。长三角区域各省（市）积极推动重点行业企业用地调查，目前均已完成重点行业企业地块基础信息采集和风险筛查工作。为全面落实《中华人民共和国土壤污染防治法》，长三角区域四省（市）均已建立并公开2019年建设用地土壤污染风险管控和修复名录，涉及地块176个。其中，浙江、江苏纳入名录地块数目较多，分别为65个、63个，占长三角区域建设用地土壤污染风险管控和修复名录地块总数的36.93%、35.80%。

初步建成土壤环境监测网络。长三角区域各省（市）积极整合优化土壤环境质量监测点位，在国控监测点位的基础上，增加风险点位和基础点位，初步建成省级土壤环境质量监测网络。例如，浙江建成农业"两区"农田土壤污染监测预警点1 500个，建成永久基本农田土地质量地球化学监测点位 2 000 个；江苏泰州市在智慧环保云平台系统上新增土壤质量查询功能，利用查询功能识别出异常点位，为涉镉等重金属行业企业排查整治工作提供了决策支撑。

7.1.2.2　推动农用地分类管理

《土壤污染防治行动计划》要求，产粮（油）大县要制定土壤环境保护方案。为切实保障"米袋子""菜篮子"质量安全，长三角区域各省份积极推进农用地土壤环境保护工作。目前，除上海市无产粮（油）大县外，江苏、浙江、安徽所有产粮（油）大县均已完成土壤环境保护方案制定工作，认真落实土壤环境保护任务。

长三角区域各省（市）积极推进耕地治理类别划分工作。截至目前，上海市宝山、闵行、嘉定、青浦、松江、奉贤、金山、崇明、浦东新区等 9 个涉农区均已开展耕地土壤环境质量类别划分工作，完成了评价单元现场踏勘和复测，形成上海市耕地土壤环境质量类别划定成果，编制划分工作报告和相关图件，建立农用地土壤环境质量分类清单；江苏省作为全国耕地土壤环境质量类别划分试点省份，全省、各设区市、各县（市、区）均已形成初步分类清单和图件，编制完成市、县级耕地土壤环境质量类别划分技术报告范本；浙江省在 4 个市的 26 个县（市、区）开展了耕地土壤环境质量类别划分试点，试点面积 500 万余亩；安徽省 16 个市均已制定质量类别划分工作方案，在 36 个试点县（市、区）开展类别划分工作，形成耕地土壤环境质量类别划分成果。开展涉镉等重金属重点行业企业排查工作，建立污染源整治清单，含各类污染源近 300 个，目前已整治完成 94%。

据不完全统计，截至目前，江苏、浙江、安徽三省共完成 44 万余亩轻中度受污染耕地安全利用任务，主要采取"VIP"综合治理技术。其中，浙江完成 9.6 万余亩，占长三角区域全部受污染耕地安全利用面积的 21.8%；安徽完成 26 万余亩，占 59.2%。长三角区域共 5 个农用地治理修复试点，目前，3 个已完成治理修复，2 个正在施工。

7.1.2.3　建设用地准入管理情况

为加强污染地块再开发利用土壤环境管理，保障人居环境安全，长三角区域各省（市）积极探索污染地块联合监管机制，加强污染地块开发利用各环节的监督管理，建立环保、国土、规划等部门间的信息沟通机制，实行联动监管。目前，上海市印发《上海市经营性用地和工业用地全生命周期管理土壤环境保护管理办法》，江苏省印发《江苏省污染地块环境管理联动方案（试行）》，浙江省印发《浙江省污染地块开发利用监督管理暂行办法》，安徽省印发《安徽省污染地块环境管理暂行办法》。

截至目前，长三角区域已累计对 2 600 余个地块开展调查，对 300 多个地块开展风险评估，对 200 多个地块开展风险管控与修复。长三角区域共对 19 个污染地块进行治理修复试点，目前，5 个地块已完成治理修复，8 个地块正在施工，5 个地块已完成实施方案编制。上海桃浦智创城核心区地块土壤与地下水修复工程将修复和风险管控的治理策略相结合，可为全国相同类型污染地块治理修复提供借鉴，示范意义较强。

7.1.2.4　土壤污染来源控制情况

加强重点监管企业监管。截至 2019 年年底，长三角区域共公布重点监管单位 3 922 家，占全国全部重点监管单位的 34%。其中，浙江省 1 435 家重点监管企业中，854 家已完成自行监测，732 家已公开土壤自行监测结果；安徽省共有 267 家重点监管企业完成了自行监测，并按要求进行了公开。此外，上海市印发《关于开展本市土壤污染重点监管单位土壤和地下水污染隐患排查工作的通知》，督促重点监管企业按要求开展工作。

开展涉重金属企业污染防控。根据 2018 年涉重金属重点行业企业全口径排查情况，长三角区域重金属污染防治重点行业企业占全国的 26%，以电镀等行业为主。为加强涉重金属行业污染防控，江苏省持续推进重金属重点防控区专项整治工作，落实太湖流域电镀行业废水污染物排放执行《电镀污染物排放标准》（GB 21900—2008）表 3 标准要求；浙江省出台了《关于钱塘江流域执行国家排放标准水污染物特别排放限值的通知》，要求杭州市、金华市、衢州市、绍兴市和丽水市的 24 个县（市、区）的电镀行业执行水污染物特别排放限值。

加强工业固体废物堆存场所环境整治。江苏省印发《关于开展工业固体废物堆存场所现状排查和整治工作的函》，要求各地组织对全省固体废物堆存场所防扬散、防流失、防渗漏"三防"设施的建设和运行现状进行排查，制定整治方案并有序实施；安徽省印发《安徽省工业固体废物堆存场所专项整治工作方案》，要求各地对固体废物堆存场所，按标准、分阶段持续开展整治。据不完全统计，长三角区域四省（市）需开展整治的固体废物堆存场所有 600 多个，占全国固体废物堆存场所的 18.8%，目前已整治完成 96.9%。其中，江苏省已全部完成整治。

开展农业面源污染防治。化肥农药施用量零增长方面，上海、江苏、浙江、安徽四省（市）化肥、农药施用量均比上一年度减少。浙江化肥、农药施用量已连续 6 年实现负增长，累计降幅达 15.9%、29.7%；安徽农药、化肥施用量实现五连降，主要农作物测土配方施肥技术覆盖率达 88% 以上，绿色防控覆盖率达 38.2%。废弃农膜回收利用方面，江苏已建成各类废旧农用塑料薄膜回收站点 270 多个，对全省 86 个涉农县（市、区）的生产企业、销售主体、种植大户开展有关农膜生产、销售、使用、回收方式、利用途径等情况进行全面普查，并在近 60 个涉农大县设置 4 400 多个监测点，开展土壤地膜残留原位监测，基本建立起农膜生产、销售、使用、残留等基础数据库。

非正规垃圾堆放点排查整治。长三角区域各省（市）积极开展非正规垃圾堆放点排查整治，据不完全统计，长三角区域四省（市）需开展整治的非正规垃圾堆放点共有 500 多个，目前已整治完成 85.9%。

7.1.2.5　土壤环境管理政策制度建设情况

土壤环境法规标准建立情况。长三角区域各省（市）积极探索地方性法规标准体系建设。浙江省印发《浙江省污染地块开发利用监督管理暂行办法》，江苏省已将《江苏省土壤污染防治条例》立法工作列入 2018—2022 年全省立法规划正式项目，常州市出台《常州市工业用地和经营性用地土壤环境保护管理办法（试行）》。上海市出台《上海市建设用地地块土壤污染状况调查、风险评估、效果评估等报告评审规定（试行）》（沪环规〔2019〕11 号）和《上海市建设用地地块土壤和地下水污染状况调查、风险评估、效果评估等报告评审专家库管理办法》。

土壤环境管理制度建立情况。目前，长三角区域四省（市）均已建立部门间协调联动机制。江苏、安徽成立了以省政府分管领导为组长，省生态环境厅、自然资源厅、农业农村厅等分管厅领导担任成员的省土壤污染防治工作协调小组，加强土壤污染防治工作的组织领导和统筹协调；上海、江苏已建立污染地块联合监管机制，落实将建设用地土壤环境管理要求纳入城市规划和管理，切实保障建设用地土壤环境安全的要求。

7.2　区域土壤生态环境突出问题研判

7.2.1　重金属等污染物排放量仍然较高

近年来，随着污染防治力度不断加强，长三角区域主要污染物排放量逐年下降，大多数企业能够实现达标排放。但长三角区域重金属污染物排放总量水平仍然较高，其中，江苏、浙江为重金属污染防控的重点省份。根据 2018 年涉重金属重点行业企业全口径排查情况，长三角区域四省（市）涉重金属重点行业企业 3 600 余家，约占全国的 26%。其中，江苏 1 500 余家，约占长三角区域全部涉重企业的 44%；浙江 1 300 家，约占长三角区域全部涉重企业的 37%。

7.2.2　经济转型升级将产生大量高风险退役地块

长江三角洲地区化工行业企业密集，随着长三角区域一体化高质量发展有力推进，城镇人口密集区危险化学品生产企业搬迁改造、长江经济带化工污染整治等，均会产生大量腾退地块。例如，长三角区域城镇人口密集区危险化学品生产企业搬迁改造涉及地块 180 多个，占全国搬迁改造地块总数的 24%，仅 43 个开展调查。再如，江苏省 2018年共关闭化工企业 987 家，即将关闭 30 个化工园、1 000 多家化工企业。化工行业企业周边土壤重金属无机和持久性有机物、环境激素类污染物共同存在，土壤污染情况非常复杂，治理难度很大。此外，土壤污染风险管控与修复将带来较大的资金需求，对纳入建设用地调查名录的 2 600 多个地块开展调查、风险评估、风险管控或修复，以及受污染耕地安全利用、涉重金属等污染源头防控、监管能力建设等任务，所需资金初步估计，至少数十亿元。

根据《规划纲要》，到 2025 年，长三角区域常住人口城镇化率将达到 70%（2018年年末为 67.38%）。因此，城镇化发展将对污染土壤的再开发利用产生较大需求，长三角区域面临污染土壤风险管控压力较大与再开发利用的双重矛盾。从目前进展看，尽管对于部分污染地块已开展了风险管控与治理修复，但总体进展缓慢，且部分地区土壤污染风险较高，今后一段时期长三角区域土壤污染风险管控任务较重。

7.2.3　区域土壤环境监管能力不平衡

由于经济、社会发展不平衡，导致不同区域土壤环境监管能力、风险管控与修复技术、资金投入等差异较大。上海、浙江、江苏等部分地区建设用地土壤环境管理工作起步较早，例如，上海印发《上海市经营性用地和工业用地全生命周期管理土壤环境保护管理办法》，以及上海市污染场地调查、修复方案编制、工程环境监理与验收等相关技术规范；浙江杭州、江苏南京、常州等城市先后实施了一批典型污染场地修复项目，为污染地块再开发利用奠定一定基础；而安徽省在土壤环境管理能力、风险管控与修复技术等方面相对较弱。长三角四省（市）共涉及土壤污染治理与修复试点项目有 25 个，其中，上海有 1 个，目前正在施工；江苏共 11 个，5 个已治理修复完成，6 个正在施工；浙江有 1 个，已完成；安徽 12 个，仅 2 个治理修复完成，4 个正在施工，6 个尚处于实施方案编制阶段。

从总体来看，长三角区域土壤污染风险管控仍然面临技术体系不健全、修复成本高、修复周期长、后期监管不足等问题。特别是部分欠发达地区土壤环境监管机制仍不健全，土壤污染风险管控与修复技术不健全，基层生态环境部门专业技术人员严重匮乏，监管执法应急能力普遍不足。随着长三角区域一体化推进，承接产业转移的地区在土壤环境监管、风险管控与修复等方面面临较大压力。

7.3　总体要求

7.3.1　总体思路

针对长三角区域重点行业企业用地土壤污染问题突出、部分地区农用地存在污染、新增污染风险较高、区域监管能力不平衡的现状，土壤生态环境共同保护应坚持预防为主、保护优先、分类管理、风险管控，以保障农产品质量安全和人居环境健康为根本出发点，以制度协同、监管协同、技术协同为基础，健全土壤环境管理制度，建立区域协同环境监管机制，推动重点区域土壤环境协同治理，共同推进土壤生态环境保护工作，促进土壤环境质量改善。

7.3.2　主要目标

到 2025 年，土壤污染加重趋势得到进一步遏制，重点重金属排放量进一步下降，农用地和建设用地土壤环境安全得到有效保障，重点区域土壤污染风险得到有效管控，区域土壤环境监管机制基本建立，土壤生态环境协同治理能力显著提升。

到 2030 年，土壤污染加重趋势得到根本遏制，农用地和建设用地土壤环境安全得到全面保障，重点地区土壤污染得到基本治理，土壤环境预警体系全面建立，土壤环境风险得到全面管控。

到 2035 年，土壤环境质量总体保持稳定，农用地和建设用地土壤环境安全得到根本保障，重点区域土壤污染得到基本治理，土壤环境预警体系全面建立，土壤环境风险得到全面管控。

主要指标：到 2025 年，受污染耕地安全利用率达到 90%以上，污染地块安全利用率达到 93%左右；到 2030 年，受污染耕地安全利用率达到 95%以上，污染地块安全利用率达到 95%以上；到 2035 年，受污染耕地安全利用率达到 98%以上，污染地块安全利用率达到 98%以上。

7.4　重点任务

7.4.1　建立区域土壤环境协同监管制度

7.4.1.1　建立区域土壤环境分区监管制度

空间开发秩序的混乱是造成大面积土壤环境污染的重要原因，因此，区域保护和调控是土壤环境管理的核心工作，分区控制和分类治理是土壤环境管理的重要手段。对土壤环境管理来说，如何进行科学分区，进而建立综合的土壤环境管理体系是相当重要的。美国、日本、英国、加拿大、荷兰等国家主要基于土地利用用途，通过立法和规划，实行严格的土地用途管制制度，达到保护土壤环境和有序资源利用的目的。我国是世界上较早开展区划研究的国家之一，从理论到方法均开展了深入研究。自20世纪80年代起，相继开展了生态区划、土壤区划、土地利用区划、地貌区划、农业区划、水文区划、生态功能区划等。在农用地分类管理方面，我国已有一定工作基础，主要有国土部门制定的农用地分等、农用地定级、基本农田保护区划分等，农业部门制定的全国耕地类型区、耕地地力等级划分等；《中华人民共和国土壤污染防治法》提出，国家建立农用地分类管理制度，按照土壤污染程度和相关标准，将农用地划分为优先保护类、安全利用类和严格管控类。但对于区域尺度来说，对土壤污染趋势进行预警研判，根据土壤环境污染状况，将土壤划分为不同的风险区，分别采取不同的措施，更有利于土壤环境管理。

结合土壤环境质量监测国控点位设置，以耕地、饮用水水源地、畜禽养殖场、重点行业企业周边、大型交通干线两侧等用地类型和土壤环境敏感区域为重点，整合土壤历史监测点位，布设土壤环境监测基础点位和风险监控点位，建立完善的区域土壤环境质量监测网络。建立土壤环境风险评价预测模型，根据土壤环境风险源监测数据库，掌握土壤环境风险的高发区域和敏感行业，及时跟踪和发现土壤环境风险隐患。构建预测预报平台技术模式和农用地、建设用地、污染场地土壤环境风险评估预警技术平台，研究土壤环境风险管理和预警的程序与方法，制定相关标准规范。定期开展土壤污染形势研判，全面分析土壤中污染物种类、来源和分布，系统研究土壤中污染物的时空演化规律与累积效应，查明土壤环境中主要污染物组分的类型、分布范围及污染程度，并对其潜在的发展趋势进行预测。

根据现有土壤污染状况和潜在风险情况，将长三角区域土壤划分为土壤污染低风险区、中风险区、高风险区，分区实行风险管控措施，合理确定区域功能定位和空间布局，建立长三角土壤污染风险分区监管制度。对低风险区，加强土壤污染源头防控；对中风险区，加强土壤环境质量监测与预测；对高风险区，加强土壤污染治理与修复。严格不同区域土壤环境准入，对涉及产业转移的，及时分析研判土壤污染形势，防止新增土壤污染。

7.4.1.2　健全土壤污染风险管控与修复监管制度

根据长三角区域污染土壤风险管控标准技术规范不健全的实际，开展区域性土壤环境质量标准、土壤环境质量评价标准及相关技术规范等研究制定。重点加强农用地、建设用地土壤环境调查、安全利用及风险管控、效果评估、工程项目监管、环境监理等相关技术规范研究，以及项目实施的流程规范。

加强土壤污染防治协同监管，建立土壤污染状况调查、风险评估、风险管控、修复、效果评估、后期管理等监管制度。

规范长三角区域土壤修复市场，综合土壤调查、检测、修复相关单位的技术能力、历史业绩等，定期发布长三角区域农用地、污染场地调查评估修复从业单位推荐名录，鼓励相关企业参与长三角土壤污染修复；对存在乱修复、修复不到位的企业，禁止进入修复市场。

探索设立长三角土壤污染防治基金，用于支持农用地土壤污染防治、土壤污染责任人或者土地使用权人无法认定的土壤污染风险管控和修复等事项。

7.4.1.3 建立土壤风险管控技术成果转化制度

与欧美发达国家（地区）相比，我国开展大规模土壤污染风险管控与修复工作起步较晚，但发展迅速。通过十几年的努力，基本形成了适合我国国情的土壤污染治理与修复技术、设备和工程管理的基本框架。2000年以前，主要针对农田土壤污染修复和矿区土壤污染控制，以植物修复、微生物修复和污染阻断技术研究为主，但技术研发缺乏系统性。自2000年以来，主要针对典型类型污染土壤修复与综合治理开展技术研发。原环境保护部组织开展了"污染土壤修复与综合治理试点"专项研究，完成了12个修复试点示范工程；国家"863计划"支持开展了"典型工业污染场地土壤修复关键技术研究与综合示范"；2016年，科学技术部、国土资源部、环境保护部、农业部、中国科学院印发《落实土壤污染防治科技支撑工作方案》，启动国家重点研发计划"场地土壤污染成因与治理技术"专项；在土壤污染防治专项资金的支持下，实施200个土壤污染治理与修复技术应用试点项目。整体上看，试点项目推进缓慢，先进适用技术缺乏、成本较高仍然是制约土壤污染治理的突出"瓶颈"。长三角区域是我国经济发展最活跃、开放程度最高、创新能力最强的区域之一。因此，加强土壤污染风险管控和修复技术研发应用，是防控土壤环境风险、改善土壤环境质量的重要环节。

以土壤环境监管基础较好的上海、杭州、南京、常州等城市为依托，结合国家治理修复技术应用试点，开展污染土壤风险管控和修复技术研发和集成创新，因地制宜研发农田土壤环境调控与污染阻隔技术，农田面源污染负荷削减、生态阻控与利用技术，重点行业高风险地块土壤污染修复与再开发安全利用技术，安全、实用、高效修复材料与成套装备，复合协同修复工艺。

建立区域土壤风险管控与修复技术中心，推动科技成果转化应用，探索开展污染土壤集中处置，降低污染土壤处置成本。适时发布农用地土壤污染安全利用和治理修复技术目录、建设用地土壤污染风险管控和治理修复重大技术。

7.4.2   推动区域土壤污染源头协同防治

7.4.2.1   严格执行土壤环境准入

土壤在保护环境和维持生态平衡中发挥着重要作用，更是保障食品质量安全和人体健康的重要物质基础。土壤污染的根源在于，人们对经济利益过度追求，忽视了污染物排放超越土壤环境承载力的风险，即对土壤环境的承载力阈值缺乏科学的认识，未对人类活动和农业耕作的强度、方式、规模等采取约束性措施，最终导致社会经济发展与土壤质量安全的冲突与失衡。因此，研究不同土壤类型、产业布局、区域功能定位和土壤环境特征下土壤环境对污染物的容纳能力和对人类活动的承载能力，是建立土壤环境质量预警机制及有效开展土壤污染防治工作的重要科学依据。

探索开展长三角区域土壤环境承载力研究，建立土壤容量划分方法和评估模型，将长三角区域土壤划分为高容量区、中容量区、低容量区、警戒区和超载区。建立不同土壤环境容量区域管理制度，研究制定不同区域土壤环境准入负面清单，对高容量区，结合区域发展定位和空间布局，优先实施土壤资源开发；对中容量区，适度开展土壤资源开发，防控现有污染源；对低容量区，严格环境准入，严控新增土壤污染来源；对警戒区，严格落实土壤污染预防和保护制度，不符合条件的要逐步退出；对超载区，逐步清除现有污染源，优先实施土壤污染风险管控和修复。

严格管控开发建设空间布局，依法依规严格禁止在生态保护红线区、生态核心区、饮用水水源地附近、文教居住区周边等环境敏感区域新建污染土壤环境的企业，继续推动高污染企业搬迁或关停工作。防控企业搬迁或关停过程中的二次污染，建立全过程监管机制，对企业拆除、拆除设施转移、新建等过程实施全程监管。

7.4.2.2   持续推进重金属减排

近年来，虽然长三角区域镉、汞、砷、铅、铬等重金属污染物排放量持续下降，由于经济发展方式总体粗放，产业结构和布局仍不尽合理，污染物排放总量仍然较高。土壤作为大部分污染物的最终受体，其环境质量受到显著影响。

探索建立长三角区域重点监管企业环境规范化监管制度，严格控制有毒有害物质排放，建立健全企业环境风险防范及应急体系，推进企业自行监测。进一步加强新、改、扩建项目重金属排放总量控制，结合污染物排污权有偿使用和交易制度，推动企业采用技术革新、工艺改造升级、原材料替代等措施，减少污染物排放。

探索跨行政区域土壤环境执法，对超标排放、未依法申领排污许可等相关企业予以联动监管。强化环境突发事件应急管理，建立重点区域环境风险应急统一管理平台，将土壤环境应急纳入现有应急体系，提高突发土壤环境事件处理能力。

7.4.2.3 推动水气土协同防治

土壤、大气、水是构成生态系统的基本要素，三者相互关联，是一个有机整体。污染物借助大气沉降、水的流动进入土壤环境，可能造成土壤污染；反之，土壤受到污染后，也会成为地表水、地下水、大气的污染来源。长期以来，各地环境污染治理大多只针对单独的环境要素采取控源措施，并未从土壤、水、大气污染统筹治理的角度实施污染来源控制。长三角一体化高质量发展，需综合改善区域环境质量，从污染物产生、排放、处理全过程，推进土壤、水、大气污染协同治理和风险管控，实现全链条、全要素闭环管理。

综合"无废城市"建设、工业固体废物处置、资源化利用、循环经济等现有工作基础，探索建立和完善固体废物监管系统，加强制度政策集成创新。充分利用全国城镇污水处理管理信息系统、全国固体废物信息管理系统，探索建立污水与污泥、废气与废渣处置全过程信息化监控平台，强化固体废物产生、储存、转移、利用、处置等关键环节监管，构建处置流向监管数据网，实现信息实时监控和共享。建立污泥处理处置台账制度，污水处理厂、污泥运输单位和各污泥接收单位应建立污泥转运联单制度，确保固体废物产生、运输、处理量相符，建立全过程可追溯机制。建立粉煤灰、脱硫石膏等产生固体废物的生产全过程监管制度，强化工业固体废物申报登记制度。

选取前期基础扎实、技术工艺和治理效果等方面具有典型性的协同治理项目进行示范，及时开展试点项目成效总结，对示范效果好、技术先进、社会效益突出的项目予以推广，发挥引领带动作用。

7.4.3 协同推动重点区域土壤污染风险管控和修复

7.4.3.1 探索建立受污染农用地安全利用技术模式

建立长三角受污染农用地安全利用地块清单，优先采取农艺调控、替代种植、轮作、间作等措施，阻断或者减少污染物和其他有毒有害物质进入农作物可食部分，降低农产品超标风险；全面落实严格管控措施，进行种植结构调整，或者按照国家计划进行退耕还林还草。探索区域受污染农用地安全利用模式，优化农业产业结构和区域布局，以农业产业发展带动土壤环境保护，建设生态循环农业。结合土壤环境承载力，优化长三角区域农业产业结构和区域布局，开展生态循环农业建设，以农业产业发展推动土壤环境保护。推进"互联网+生态农业""互联网+有机农业"等智慧农业模式，保证生态有机农产品质量。

7.4.3.2　推动建设用地分级分类风险管控和修复

建立建设用地土壤污染分级管控制度，对纳入风险管控和修复名录的地块，根据风险评估结果划分为高风险、中风险、低风险地块，分别实施风险管控。优先开展高风险地块筛查，结合土地利用规划，落实土壤和地下水风险管控措施。

分行业建立土壤污染风险管控与修复技术模式，针对化学原料和化学制品制造、纺织、金属制品、医药制造、电气机械和器材制造等典型行业，并针对典型地块，开展风险管控与修复技术集成创新，研发适宜的修复技术并逐步推广。强化风险管控与修复后地块长期环境监管，定期开展土壤和地下水环境监测，防止再开发扰动、土壤转移等对周边环境产生新的污染。

7.4.3.3　推动重点区域土壤污染综合整治

探索开展长三角区域土壤污染综合防治，以上海、杭州、绍兴、宁波、南京、无锡、苏州、常州等地区为重点，结合生态环境综合整治，开展污染土壤风险管控与修复。建立土壤污染风险管控与修复示范区，推动农用地修复植物种植、间作套种、替代种植、种植结构调整，以及建设用地土地用途变更、固化/稳定化等风险管控模式，防控区域土壤污染风险。

第8章 区域应对气候变化研究

以碳排放总量控制为重点，坚持减缓和适应并重，推动实现能源、产业和城镇的低碳化，不断调整经济结构、优化能源结构、提高能源效率、增加森林碳汇，有效控制温室气体排放，增强适应气候变化能力，深化碳市场建设和区域低碳发展，实现一批城市和部分行业碳排放率先达峰。

8.1 区域应对气候变化现状

8.1.1 "十三五"期间温室气体排放情况

8.1.1.1 "十三五"期间碳排放总体情况

"十三五"期间，长三角区域积极推进国家低碳建设，充分发挥低碳统筹协调及引导作用，产业结构、能源结构不断优化，低碳发展工作取得显著成效。2018年，长三角区域二氧化碳（CO_2）排放总量为17.95亿t，单位生产总值CO_2排放强度比2015年下降11.68%；与2005年相比，下降45.4%。其中，上海市2018年CO_2排放量为1.96亿t，单位生产总值CO_2排放强度比2015年下降15.42%；与2005年相比，下降59.61%。江苏省2018年CO_2排放量为7.27亿t，单位生产总值CO_2排放强度比2015年下降12.47%；与2005年相比，下降45.12%。浙江省2018年CO_2排放量为4.22亿t，单位生产总值CO_2排放强度比2015年下降12.85%；与2005年相比，下降51.53%。安徽省2018年CO_2排放量4.50亿t，单位生产总值CO_2排放强度比2015年下降7.35%；与2005年相比，下降25.46%。

表 8-1 三省一市总体指标完成情况

地区	年份	总量/万 t	排放强度/（t/万元）	较 2005 年下降率/%	较 2015 年下降率/%
上海	2015	19 089.36	0.84	52.25	—
	2018	19 612.34	0.71	59.61	15.42
江苏	2015	68 405.57	1.50	37.30	—
	2018	72 733.07	1.31	45.12	12.47
浙江	2015	39 864.93	1.19	44.38	—
	2018	42 204.65	1.04	51.53	12.85
安徽	2015	39 969.40	2.98	19.54	—
	2018	44 982.47	2.76	25.46	7.35

8.1.1.2 重点行业碳排放总体情况

三省一市重点行业 CO_2 排放情况见表 8-2。电力行业碳排放在三省一市的碳排放中占比都较高，上海市电力行业碳排放占到能源总排放的 52.8%。钢铁行业仅次于电力行业，CO_2 排放占比在 3%以上，其中，安徽省钢铁行业的碳排占比为 9.5%；就江苏省而言，其工业碳排结构与浙江省相似，发电厂为主要工业碳排来源；就浙江省而言，水泥行业和发电厂的碳排高于钢铁行业，是浙江省内碳排的主要来源；就安徽省而言，除钢铁行业的碳排占比较大外，建材行业与电力行业的占比也较大，且省内重点行业碳排占比远大于长三角区域其他省（市）。

表 8-2 三省一市重点行业 CO_2 排放

地区	主要行业	GDP 占比/%	CO_2 排放量/万 t 当量	CO_2 排放占比/%
上海	钢铁行业	3.5	784	4.0
	石化行业	5.1	383	2.0
	电力行业	2.3	10 348	52.8
江苏	钢铁行业	12.5	2 182	3.0
	水泥行业	0.81	727.33	1.0
	石化行业	2.8	727.33	1.0
	其他制造业	41.9	16 001	22.0
	电力行业	2.1	13 092	18.0

地区	主要行业	GDP 占比/%	CO$_2$ 排放量/万 t 当量	CO$_2$ 排放占比/%
浙江	钢铁行业	5.7	1 266	3.0
	纺织行业	8.2	1 181	2.8
	水泥行业	1.4	2 110	5.0
	石化行业	2.8	464	1.1
	其他制造业	39	2 025	4.8
	电力行业	2.3	6 844	16.2
安徽	钢铁行业	10.6	4 961	9.5
	化工行业	7.4	2 791	5.3
	建材行业	4.6	12 562	24.0
	石化行业	6.7	418	0.8
	其他制造业	37	1 853	3.5
	电力行业	3.5	24 064	46.0

8.1.1.3　区域碳排放空间格局变化

根据中国高空间分辨率排放网格数据（China High Resolution Emission Gridded Database，CHRED）中 1km 空间分辨率网格数据，分析长三角 CO$_2$ 排放变化与空间分布特征。由图 8-1 可知，①CO$_2$ 排放总量与网格的平均年排放量。在总量方面，2015 年 CO$_2$ 排放总量较 2005 年上升 65.10%。同时，2005 年网格平均年排放量为 3 045 t/km^2，到 2015 年增长到 5 027 t/km^2。②线源排放明显提升。随着城市化进程的推进和交通运输业的迅速发展，交通运输业尤其是道路交通部门的 CO$_2$ 排放量近十年来上升明显，道路交通温室气体排放在部分城市逐渐成为温室气体排放总量的主要贡献者。③长三角区域温室气体排放聚集效应明显。图中显示，经过十余年的发展，长三角区域已经形成以上海市、南京市、苏州市、常州市、合肥市、杭州市等大型城市为核心的高排放聚集区域，且城市核心区是温室气体集中排放的区域，排放量由核心城区向城郊区域递减。

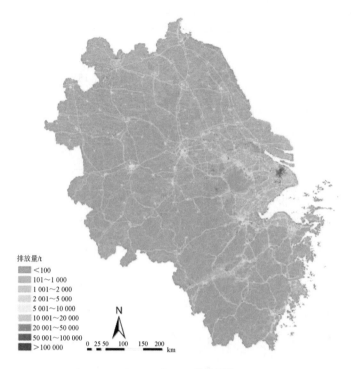

（a）2015 年 CO_2 排放网格

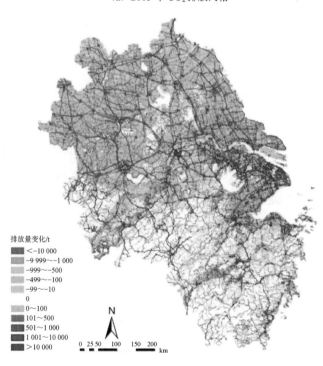

（b）2015 年与 2005 年 CO_2 排放差值网格

图 8-1　长三角 CO_2 排放网格

8.1.1.4　"十三五"期间非二氧化碳排放情况

2015 年，长三角区域甲烷排放量占全国甲烷排放总量的 9.45%。整体而言，长三角区域城市平均甲烷排放量要低于全国甲烷排放平均水平。水稻种植是长三角区域主要的甲烷排放源，占地区甲烷总排放量的 56.3%。主要是因为长三角区域光热充足，地势平坦，在水稻种植业上拥有天然优势。煤炭开采部门甲烷排放是长三角区域的第二大排放源，煤炭开采甲烷排放占地区甲烷总排放量的 20.5%，且煤炭甲烷排放较高的城市主要集中在安徽省的一些矿业型城市，如淮北市、宿州市等。其余甲烷排放部分占长三角区域甲烷排放的比例都未超过 10%。值得注意的是，虽然废弃物甲烷排放占比较低，但长三角废弃物甲烷排放高于全国平均水平，尤其是上海、南京和杭州等经济发达、人口聚集的省会级城市，废弃物甲烷排放普遍位居长三角区域乃至全国前列（图 8-2）。

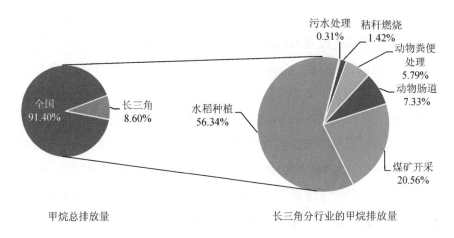

图 8-2　长三角区域甲烷排放量

8.1.2　"十三五"期间适应气候变化情况

长三角区域适应气候变化工作不断加强，基础设施建设取得显著进展，在农业、海洋、气候风险应急、气象灾害预警等方面不断强化。生态修复和保护力度得到加强，监测预警体系建设取得较大发展。

"十三五"期间，上海市在城市防汛、水资源供给保障、气候风险管理和预警体系建设方面取得了一定成效。在"十三五"期间，上海市强化了城市防汛能力和农业适应气候变化能力，加强能源和水资源供给保障，提升交通适应气候变化能力。在城市适应气候变化方面，完善气候风险管理和预警体系，建立了多层次应急预案及气候变化灾害风险分担机制，开展适应气候变化的基础研究，建立了气候变化数据共享平台和机制。

"十三五"期间，江苏省在农业适应气候变化方面，海岸带、水资源保护方面开展了相关工作。其中，在农业适应气候变化方面，根据省内自然环境和农业自然灾害发生规律，制定防旱抗涝，抵御高温寒潮、台风、病虫害等各种自然灾害的减灾应急预案，确定农业生产避灾减灾的种植模式。在海岸带及海洋生态区开展滩涂生态状况调查，建设生态功能修复工程，建立滩涂分级保护机制，并修订现行海堤标准，逐步加高加固海堤。在湿地自然生态系统方面，开展湿地系统的专题调查，根据不同湿地的环境条件，动植物种类、数量和分布，明确保护目标和保护对象，确定保护级别，制订保护规划，分类实施保护或进行生态型开发。

"十三五"期间，浙江省在农业、林业、海岸带、海洋环境等方面开展了适应气候变化的相关工作。浙江省在农业生产适应能力方面，开展了农田基础设施建设，推进粮食生产功能区和现代农业示范园区建设，推进种植制度调整，合理搭配品种，增加早熟早稻种植面积，加快抗逆性强水稻品种的推广。在海岸带抵御风险方面，强化对海洋及海岸带生态系统的监管，完善沿海防灾减灾体系，规范海洋生态环境监测和灾害预警机制，形成以海洋自然保护区和海洋特别保护区为重点的"蓝色屏障"。提升对海洋环境的监测和预警能力，建设现代化海洋观测系统，提高应对海平面变化的观测能力，建立沿海海洋灾害预警报系统和应急响应体系，提高对风暴潮等海洋灾害的防御能力。

"十三五"期间，安徽省在极端气候灾害体系建设、系统观测网和水资源管理方面开展了相应的工作。安徽省建立了防御极端气候灾害的体系和机制，增强对气候灾害的监测预警能力。加强对极端气候事件的监测和预测能力，提高对重大气候灾害预报的准确性和时效性。完善气候系统观测网，提高对气候系统各要素的观测和综合数据采集、分析能力，在灾害性、关键性、转折性重大天气预报、预警和大范围干旱、洪涝等趋势预测方面做了许多工作；提高农业、林业、水资源、海岸带、人体健康等应对气候变化的重点行业或领域的预报预测服务水平；提高水资源管理和防洪减灾能力。

8.1.3　2011—2019 年区域应对气候变化举措和效果分析

8.1.3.1　政策文件

长三角区域在应对气候变化方面取得积极成效，尤其是"十二五"期间和"十三五"期间，从省级层面到市级层面出台了许多应对气候变化的规划政策文件，不断加强应对气候变化工作。主要政策措施梳理见表 8-3。

表 8-3　长三角区域出台的应对气候变化相关文件

地区	年份	政策
上海市	2012	《上海市节能和应对气候变化"十二五"规划》
	2017	《上海市节能和应对气候变化"十三五"规划》
	2018	《上海市"十三五"节能减排和控制温室气体排放综合性工作方案》
江苏省	2009	《省政府关于印发〈江苏省应对气候变化方案〉的通知》
	2014	《江苏省 2014—2015 年节能减排低碳发展行动实施方案》
	2017	《江苏省"十三五"能源发展规划》
	2018	《江苏省"低碳城市"地方标准发布》
	2019	《2017—2018 年江苏省低碳发展报告》
南京市	2016	《南京市人民政府办公厅关于加快绿色循环低碳交通运输发展的实施意见》
	2016	《我市首个"低碳城"项目正式启动》
	2018	《南京市低碳发展促进条例》
苏州市	2014	《市政府关于印发〈苏州市低碳发展规划〉的通知》
镇江市	2014	《镇江市建设绿色循环低碳交通运输城市区域性试点实施方案》
	2016	《镇江市"十三五"环境保护规划》
淮安市	2016	《淮安市"十三五"环境保护规划》
浙江省	2012	《浙江省"十二五"节能环保产业发展规划（2015—2020）》
	2017	《浙江省"十三五"控制温室气体排放实施方案》
杭州市	2012	《杭州市节能减排财政政策综合示范项目三年行动计划（2012—2014 年）》
	2014	《杭州市应对气候变化规划（2013—2020 年）》
	2014	《杭州市 2013 年度温室气体清单编制计划的通知》
	2016	《节能低碳产品认证管理办法》
	2017	《杭州市"十三五"控制温室气体排放实施方案》
	2018	《关于杭州市推进更高水平气象现代化建设工作的实施意见》
	2019	《杭州市大气环境质量限期达标规划的通知》
宁波市	2013	《宁波市温室气体清单编制工作实施方案的通知》
	2013	《宁波市低碳城市试点工作实施方案》
安徽省	2010	《安徽省应对气候变化方案》
	2017	《安徽省"十三五"控制温室气体排放工作方案》
合肥市	2018	《合肥市控制温室气体排放工作实施方案（2018—2020 年）的通知》

8.1.3.2 温室气体减缓举措和减排效果评估

基于三省一市在应对气候变化方面出台的相关政策措施和目标，梳理有关减缓气候变化的举措，并评估不同减排措施对应的温室气体减排量。总的来看，上海、江苏在降低煤炭消费总量上做了大量工作，CO_2 排放量下降显著；安徽省则在提高单位 GDP 能源消费量方面成效显著，能源强度进一步下降，CO_2 排放量进一步降低；浙江在森林碳汇方面做了大量的工作，为 CO_2 减排做了大量贡献。具体实施效果见表 8-4。

表 8-4 三省一市减缓气候变化实施效果

省(市)	政策与年份	具体措施	主要目标	减排量/万 t
上海市	《上海市节能和应对气候变化"十二五"规划》(2012 年)	发挥结构调整、节能降碳效应，深入推进工业节能和温室气体减排，加快推进交通节能低碳发展，大力落实公交优先和低碳出行，促进对外交通低碳化发展，实施交通设施和运输工具节能技改，推广绿色低碳建筑，全面提升国家机关和大型公共建筑能效水平，大力控制农业和废弃物处置温室气体排放，提升碳汇能力	煤炭消费总量削减超过 1 100 万 t	2 100
			2015 年，装机容量分别达到 61 万 kW 和 29 万 kW	110
			全市天然气占一次能源比重提高 3.8%，非化石能源比重提高 6.8%	—
			推广节能灯 796.2 万只、节能家电 329 万台	200
			推广应用新能源汽车 5.77 万辆，淘汰黄标车和老旧车 40.37 万辆	90
			实施重点工业节能技改项目 398 项，实现节能 99.4 万 t 标准煤	270
			完成造林 22.5 万亩	5
	《上海市节能和应对气候变化"十三五"规划》(2017 年)	加大结构调整力度，控制重化工业发展规模及能耗，优化能源结构。发展绿色低碳交通、节能低碳建筑，控制农业和废弃物处置中温室气体排放，实行总量和强度"双控"制度	全市"十三五"能源消费总量净增量控制在 970 万 t 标准煤以内	−2 600
			主要工业行业产品、航空、航运和道路交通单位能耗达到国际或国内先进水平	—
			本地风电、光伏装机容量分别达到 140 万 kW 和 80 万 kW	260
			工业、交通、建筑、能源等领域推广先进适用的节能低碳技术	—
	《上海市"十三五"节能减排和控制温室气体排放综合性工作方案》(2018 年)	继续加大结构调整力度，持续提升重点领域能效水平	"十三五"全市能源消费总量净增量控制在 970 万 t 标准煤以内，2020 年 CO_2 排放总量控制在 2.5 亿 t 以内	−2 600

省(市)	政策与年份	具体措施	主要目标	减排量/万 t
江苏省	《省政府关于印发江苏省应对气候变化方案的通知》(2009 年)	推进工业结构优化升级,淘汰高能耗、高排放、高污染的落后生产工艺,关闭钢铁、水泥等领域生产能力过剩、结构布局不合理、污染严重的企业,发展清洁能源和可再生能源;提高天然气等清洁能源在能源消费中的比重	"十一五"以来累计关停淘汰落后钢铁生产能力 696.2 万 t	100
			关停落后水泥生产能力 2 500 万 t 左右	1 900
			关停落后造纸生产能力 53.8 万 t	1 700
			关停小火电机组 553 万 kW	4 000
			关闭淘汰"小化工"生产企业 4 326 家	1 211
	《江苏省"十三五"能源发展规划》(2017 年)	增强安全保障能力,推进供给侧结构性改革,加快煤炭行业"去产能";实施油田改造项目,稳定省内 200 万 t/a 原油产能,构建现代输储网络,严控煤炭消费总量;促进科技成果转化,完善科技创新体系,推动重大技术攻关,提升重大装备水平。深化关键环节改革,实施能源民生工程	2015 年,生产一次能源 2 737 万 t 标准煤,其中非化石能源 1 087 万 t 标准煤,占 39.7%;可再生能源 607 万 t 标准煤	4 600
			能源消费强度由 2010 年的 0.601 t 标准煤下降到 0.462 t(2010 年不变价)	26 000
			累计关停落后机组 337 万 kW	2 400
			"十二五"时期苏中、苏北新投燃煤机组占 57%,苏南新投燃气调峰电站和热电联产机组占 79.6%	—
浙江省	《浙江省"十三五"控制温室气体排放实施方案》(2017 年)	加快推进能源革命,加快构建低碳产业体系,积极倡导低碳生活方式,加强低碳科技创新能力建设,积极参与全国碳排放权交易市场建设,务实开展国内外合作交流	林木蓄积量达到 4 亿 m³,森林植被碳储量达到 2.6 亿 t	26 000
安徽省	《安徽省应对气候变化方案》(2010 年)	在减缓温室气体排放的重点领域,通过政策措施,加强能源节约,提高能源利用效率,加强工业生产过程资源节约利用,增强林业碳汇,控制农业温室气体排放。加强城市废弃物管理和处理能力	到 2010 年,万元生产总值能耗比 2005 年降低 20%左右;力争到 2015 年,万元生产总值能耗比 2010 年至少降低 15%	28 000
	《安徽省"十三五"控制温室气体排放工作方案》(2017 年)	优化能源消费结构,打造低碳产业体系。推动城镇化低碳发展,加快区域低碳发展,积极参与全国碳排放权交易,加强低碳科技创新,强化基础能力支撑,加强温室气体排放统计与核算	到 2020 年,全省单位国内生产总值二氧化碳排放比 2015 年下降 18%,支持国家低碳城市试点,碳排放率先达到峰值。产业结构和能源结构进一步优化,按照国家部署,启动运行碳排放权交易市场,应对气候变化统计核算和评价考核制度基本形成,低碳试点示范不断深化,公众低碳意识明显提升	32 000

8.1.3.3 适应气候变化举措和效果评估

基于适应气候变化政策对民生的影响程度，采用 AHP 方法构建层次模型。在城市
生命线系统适应能力、水资源管理、人群健康、应急保障能力等方面，长三角区域做得
比较好。具体研究方法如下：用 AHP 方法构建层次模型，目标层为对民生产生重要影
响的适应气候变化任务，适应气候变化措施和具体措施分别为准则层和子准则层。组成
子准则层的各具体措施仅对其对应的准则层产生影响，对其他准则层因素不产生影响，
因此，在进行子准则层的各个因素对比时，仅需在本准则层对应的子准则层之间进行对比
赋分，而不是所有子准则构成要素直接两两比较打分。以获得的三级分值的乘积作为每项
具体措施的最终分值。根据分值分布范围划分为 5 级，分值越高，重要性越大（表 8-5）。

表 8-5 长三角区域应对气候变化实施效果

重点任务	措施	具体措施	效果评估（★越多，效果越好）
提高城乡基础设施适应能力	城乡建设	新城选址、城区扩建、乡镇建设要进行气候变化风险评估	★★★
		将适应气候变化纳入城市群规划、城市国民经济和社会发展规划、生态文明建设规划、土地利用规划、城市规划等	★★★★
	提高城市生命线系统适应能力	针对强降水、高温、台风、冰冻、雾霾等极端天气气候事件，提高城市给排水、供暖、供水调度方案，提高地下管线的隔热防潮标准以及供电、供气、交通、信息通信等生命线系统的设计标准，加强稳定性和抗风险能力	★★★★★
		按照城市内涝及热岛效应状况，推进海绵城市建设，增强城市海绵能力，调整完善地下管线布局、走向以及埋藏深度，修订和完善城市防洪治涝标准	★★★★★
加强农业与林业领域适应能力	提高种植业生产适应能力	完善农田道路和灌溉设施，加强地力培育，优化配置农业用水，完善灌溉供水工程体系	★★★
		加强农作物育种能力建设，培育高光效、耐高温和抗寒抗旱作物品种，建立抗逆品种基因库与救灾种子库	★★
	坚持草畜平衡	改良草场，建设人工草场和饲料作物生产基地，筛选具有适应性强、高产的牧草品种，优化人工草地管理，加强草场改良、饲草基地以及草地畜牧业等基础设施建设，加强饲草料储备库与保温棚圈等设施建设。加强农牧区合作，推行易地育肥模式	★

重点任务	措施	具体措施	效果评估 （★越多，效果越好）
加强农业与林业领域适应能力	提高林业及其他生态系统适应能力	建立自然保护区网络及物种迁徙走廊，加强典型森林生态系统和生态脆弱区保护	★★
		加强森林资源保护和生态公益林建设，实施重点防护林、生物防火林带和阔叶林改造工程；加强对优良基因的保护利用，大力培育适应气候变化的良种壮苗	★
加强水资源管理和设施建设	强化水资源管理	加强水资源优化配置和统一调配管理，加强中水、海水淡化，加强对雨洪等非传统水源的开发利用，抓好饮用水水源地安全保障工作，继续做好地下水禁（限）采工作；加强水文水资源监测设施建设	★★★★
		优化调整大型水利设施运行方案，研究改进水利设施防洪设计建设标准。深化取水许可管理，把好审批关和验收关，全面落实建设项目水资源论证工作	★★★
	加强水资源保护与水土流失治理	加快农村饮水安全工程建设，推进城镇新水源、供水设施建设和管网改造，加快重点地区抗旱应急备用水源工程及配套设施建设	★★★★★
		加强水功能区管理和水源地保护，合理确定主要江河、湖泊生态用水标准，保证合理的生态流量和水位；做好对城市河湖、坑塘、湿地等水体自然形态的保护和恢复，加强河湖水系自然连通，构建城市良性水循环系统	★★★★
提高海洋和海岸带适应能力	加强海洋灾害防护能力建设和综合管理	实施"小岛迁、大岛建"和重要的连岛工程，保障海岛居民和设施安全，提高沿海城市和重大工程设施防护标准，实施海岛防风、防浪、防潮工程，提高海岛海堤、护岸等设防标准，加强海岸带国土和海域使用综合风险评估	★★★★
		控制沿海地区地下水超采，防范地面沉降、咸潮入侵和海水倒灌	★★
	加强海洋生态系统监测和预警能力	推进海洋生态系统保护和恢复，对集中连片、破碎化严重、功能退化的自然湿地进行恢复修复和综合治理	★★★★
		建立沿海海洋灾害预警系统和应急响应体系，提高对于风暴潮等海洋灾害的防御能力	★★
		建立和完善海洋环境监测网络，提高对海洋赤潮、海上重大突发事件的应急处置能力和防灾减灾能力	★★★

重点任务	措施	具体措施	效果评估（★越多，效果越好）
提高人群健康领域适应能力	加强气候变化对人群健康影响评估	进一步完善公共医疗卫生设施，加强疾病防控、健康教育和卫生监督执法建设	★★★★★
		健全气候变化相关疾病、相关传染性和突发性疾病流行特点、规律及适应策略、技术研究，建立对气候变化敏感的疾病监测预警、应急处置和公众信息发布机制	★★★★★
	制定气候变化影响人群健康应急预案	加强对气候变化条件下媒介传播疾病的监测与防控，建立健全气候变化与人体健康监测、预报预警系统及疾病的研究和预防	★★★
		加强与气候变化相关卫生资源投入与健康教育，增强公众自我保护意识，改善人居环境，提高人群适应气候变化能力	★★
加强防震减灾体系建设	增强风险管理与监测预警机制建设	完善长三角气候系统观测网，加强对气候系统各要素的观测和综合数据采集	★★
		建立气候变化风险评估与信息共享机制，制定、健全城市防洪排涝应急及灾害风险管理措施和应对方案	★★★
		建立极端天气气候事件信息管理系统和预警信息发布平台	★★
	提升城市应急保障服务能力	完善应急救灾响应机制，明确灾前、灾中和灾后应急管理机构职责，及时储备调拨及合理使用应急救灾物资	★★★
		加强运行协调和应急指挥系统建设、专业救援队伍建设、社区宣传教育、应急救灾演练等	★★★★★
	建立和完善风险分担机制	建立极端天气气候事件灾害风险分担转移机制，明确家庭、市场和政府在风险分担方面的责任和义务，建立健全由灾害保险、再保险、风险准备金和非传统风险转移工具共同构成的金融管理体系，以及风险分担和转移机制	★★

8.2 区域应对气候变化形势和挑战

8.2.1 应对气候变化形势

8.2.1.1 国际形势

碳排放与国家发展和经济利益紧密相关，各利益方谈判诉求不一致，立场分歧严重。发达国家工业化进程是碳排放的主要因素，且推动减排有利于其输出技术和标准、提高国际竞争力，但对于发展中国家，减排则可能限制潜在的经济增长空间，因此形成了两大对立阵营。由于利益诉求的差异,气候谈判形成了三股力量,即欧盟、欧盟以外发达国家(又称"伞形集团")、发展中国家(77 国集团+中国)。

各个国家对待气候变化的态度差异较大,也为全球应对气候变化治理带来巨大挑战。美国和日本态度消极,特朗普政府认为《巴黎协定》会带来"苛刻财政和经济负担"并于 2018 年 6 月宣布退出,还公布了"美国第一能源计划",该计划反对美国在应对气候变化中发挥领导作用,不给自身能源和碳排放设限等;日本在京都谈判之初,曾附和美国反对量化减排指标,《巴黎协定》通过后,日本表示无法兑现 2050 年温室气体排放量较目前减少 80%的长期目标;韩国和欧洲表现积极,韩国组建了直属于国家总理的气候变化协约对策机构,欧盟主要国家前期均通过了相关立法,如英国《气候变化法》、法国《法国环境法典》和《电力自由法》、德国《可再生能源法》和《可再生能源法修订案》等。

中国碳排放量位居世界首位,在国际谈判中面临的压力越来越大。由于发展中国家间经济发展差异加大以及发达国家的鼓动等原因,发展中国家中的小岛国、最不发达国家和中等收入国家之间的立场出现了分歧,中国碳减排压力越来越大。在共同但有区别的责任是矛盾的焦点,部分发达国家不愿承担相应的责任。

长三角城市群碳排放量高,同国际城市群比较,面临着较大的减排压力,同时对外贸易也将受到影响。长三角区域碳排放总量和人均碳排放量都远高于国际主要城市群,高碳产业排放集聚,未来在进出口贸易方面将面临巨大挑战。2019 年 12 月,欧盟委员会正式发布了《欧盟绿色协议》(以下简称《协议》)。《协议》提到,欧盟将把《巴黎协定》作为未来所有全面贸易协定的核心要素,促进绿色商品和绿色服务的贸易和投资。欧洲市场上的所有准化学品、材料、食品和其他产品都必须满足欧盟相关的绿色监管要求和标准。同时《协议》还提出,欧盟将针对选定的行业提出碳边境机制,即可能对部分进口高碳行业征收碳税。欧盟是长三角区域重要的出口市场之一,这些政策落地将对长三角外贸出口产生较大的影响。

8.2.1.2 国内形势

中国逐渐成为全球气候治理的重要参与者、贡献者和引领者。习近平主席发表的《共同构建人类命运共同体》首次被写入联合国决议。中国从气候大历史观和生态价值观出发,考虑国家核心利益和"五位一体"总体布局,提出了重大的国家战略。中国积极推进生态文明建设,促进绿色、低碳、气候适应型和可持续发展,应对气候变化各项工作取得积极进展。积极引导应对气候变化国际合作,对于《巴黎协定》"破纪录"的达成、签署和生效起到了决定性的作用。

中国高度重视应对气候变化工作,把推进绿色低碳发展作为生态文明建设的重要内容。2020 年 9 月 22 日，习近平在第 75 届联合国大会一般性辩论上郑重宣布，中国将提高国家自主贡献力度，采取更加有力的政策和措施，二氧化碳排放力争于 2030 年前达到峰值，努力争取 2060 年前实现碳中和。2020 年 12 月 12 日，习近平在气候雄心峰会上进一步宣布，到 2030 年，中国单位国内生产总值二氧化碳排放将比 2005 年下降 65%以上，非化石能源占一次能源消费比重将达到 25%左右，森林蓄积量将比 2005 年增加 60 亿 m^3，风电、太阳能发电总装机容量将达到 12 亿 kW 以上。2020 年 12 月 18 日，习近平在中央经济工作会议上要求，制定 2030 年前碳排放达峰行动方案。《中共中央关于制定国民经济和社会发展第十四个五年规划和二〇三五年远景目标的建议》明确指出，要加快推动绿色低碳发展，广泛形成绿色生产生活方式，碳排放达峰后稳中有降。2021 年年初召开的中央经济工作会议将做好碳达峰、碳中和工作列为 2021 年的重点任务之一。

中国制定了长期的有雄心有计划的减排目标。我国在《巴黎协定》框架下提出了 2030 年后国家自主贡献（NDC）目标，并为此制定颁布了《能源生产和消费革命战略（2016—2030）》，就实现上述目标进行了规划和部署，确立了重点任务、行动计划和政策保障措施，并分解到每个五年规划中落实。

《规划纲要》明确提出，将长三角区域建成最具影响力和带动力的强劲活跃增长极。长三角区域是中国经济发展最活跃的地区，占中国经济体量的 1/4 以上，现在 GDP 仍保持着高速增长，然而碳排放也占全国的 1/4。《规划纲要》始终将高质量发展贯穿于长三角区域的发展之中，同时强调，其发展路径也将为中国其他地区高质量发展提供样板。

8.2.2　应对气候变化机遇

8.2.2.1　国际机遇

全球能源体系正在发生革命性变化。一方面减少化石能源消费，加强能源的节约和高效利用；另一方面加速风电、水电、太阳能发电、生物质能以及核能等新能源和可再生能源的发展，降低化石能源在一次能源总消费中的比重，加速能源体系的低碳化，降低能源消费中的 CO_2 排放。全球能源变革趋势促进了新能源技术创新和产业化发展，风电、太阳能发电等技术快速成熟，成本迅速下降，经济效益迅速提升。新能源产业成为新的经济增长点和战略性新兴产业，成为大国战略必争的高新科技产业和世界范围内经济技术竞争的前沿和热点。

全世界范围的碳价机制引发经济发展理念和生产方式的变革。全球实现控制温升 2℃目标，未来紧迫的减排进程将使各国都面临碳排放空间不足的严峻挑战。碳排放空间成为越来越紧缺的资源，当前世界各国逐渐采用的碳税、碳市场等"碳价"机制，反映了碳排放空间作为紧缺资源的价值，体现了其生产要素的属性。当前，以碳排放空间为代表的环境容量成为最紧缺的自然资源和生产要素。世界范围内碳价机制和碳市场的发展将使人们更关注碳生产率的提高，即提高单位碳排放的经济产出效益，也意味着经济发展方式向低碳化转型。

民众注重良好的生态环境引发价值观念和消费方式的转变。伴随经济社会发展和环境意识的提升，社会价值观念也将发生巨大变化，民众的财富观、福利观、消费理念和生活方式也将随之改变。传统的获取和积累物质财富并追求物质享受的价值观受到挑战，应对全球生态危机使人们越来越重视保护生态和改善环境质量，越来越重视自然资源和环境的资产和服务价值。良好的生态环境是最普惠的公共财产和最公平的社会福利，是全体人民共享的福利和财富。

8.2.2.2　国内机遇

绿色倡议和绿色行动成为中国走向世界的一张名片。自《巴黎协定》签署以来，中国在国际气候谈判中的突出贡献，使中国在全球气候治理的机制构建层面影响力增强。同时，中国在许多多边外交场合倡导绿色发展理念，提出"绿色金融""绿色一带一路"的倡议，并于 2019 年 4 月在北京成立"一带一路"绿色发展国际联盟，以促进"一带一路"沿线国家开展生态环境保护和应对气候变化。中国以气候治理行动中的诚意、智慧和能力赢得了话语权，为其应对气候治理挑战创造了条件。

绿色低碳发展道路对中国经济社会的发展起着引领作用。中国特色社会主义进入新时代，推动绿色低碳发展、加强生态文明建设已成为党和国家的核心要务。习近平总书记也在多个场合重申了中国将坚定走绿色低碳发展道路。应对气候变化和控制温室气体排放工作将迎来重大机遇，低碳发展对经济社会发展的引领作用将越发凸显。

8.2.2.3　长三角区域协同一体化发展面临的机遇

创新驱动发展为经济绿色低碳化转型提供持续动力。"十四五"时期是长三角区域大力推进生态文明建设、转变经济发展方式、促进绿色低碳发展的重要战略时期，应对气候变化工作将面临新的机遇。经济新常态下，长三角区域作为深化改革先行地，将加快以信息技术为代表的新技术与产业发展的深度融合，催生形成新的生产方式和商业模式，有利于促进长三角区域经济绿色低碳转型。

协调发展和成果共享为形成绿色低碳发展新格局提供有力保障。率先全面建成小康社会要求长三角区域补齐历年来持续高速发展带来的区域不平衡、城乡不协调、生态环境保护和经济发展不协调等短板，有利于进一步提升应对气候变化的统筹性与协调性。

开发合作和区域协作为应对气候变化工作扩展出新的发展空间。构建长三角区域全方位、多层次、宽领域、高水平的开发发展新格局，有利于提升三省一市应对气候变化工作的合作平台和交流层次，为应对气候变化工作扩展新的空间。

8.2.3　应对气候变化挑战

（1）长三角区域总排放量和人均排放量较高

同美国湾区、日本东京都、伦敦都市区以及国内珠三角地区、京津冀地区相比，长三角区域碳排放总量达到 18 万 t，人均碳排放量达到 11.64 t，不仅高于国际都市群的人均碳排放量，也比国内的另外两大城市群京津冀地区、珠三角地区的碳排放和人均排放量高。尽管长三角区域经济体量比较大，但这也说明经济增长和碳排放没有脱钩，三省一市目前高碳产业集聚，部分城市出现能源反弹，绿色低碳发展的基础尚不牢固，气候治理和清洁能源使用等方面的发展相对落后。

（2）长三角区域应对气候变化管理还处于各自为政的状态

根据国际城市群应对气候变化经验，气候变化自上而下的政策制定在城市群的气候变化治理中起着关键作用。在不同层面建立层级化的气候变化战略部署，城市群层面建立典型的低碳生态功能区划，在城市层面根据资源禀赋建立差异化的气候战略，在核心功能区建立低碳社区、近零碳排放示范区等。而长三角区域一体化还处于各自为政的状态，在应对气候变化方面还没有建立区域层面的政策机制；现有各省（市）的应对气候变化政策难以有效推动区域层面温控目标的实现。

（3）长三角区域低碳发展差异较大，各类低碳试点示范推进缓慢

不同城市之间的发展差距显著，加之城镇化进程将催生能源消耗和碳排放的刚性需求，对温室气体排放控制造成较大挑战。有 12 个城市提出了明确的达峰时间，但是尚未形成明确的达峰路线图，而其他 29 个城市尚未在达峰和碳排放总量方面提出任何具体目标。近些年，三省一市布局了许多低碳城市、低碳社区、近零碳排放区试点示范项目，然而，当前绝大多数关于深化低碳试点的指导政策都颁布于"十二五"时期。自"十三五"控温方案颁布以来，尚没有真正意义上的关于深化低碳试点的指导性政策文件出台。相较于近年来各地试点建设进程，显得较为滞后。

（4）长期适应气候变化的准备还不充分

长三角区域适应气候变化工作以解决当前各个城市面临的民生和安全问题为主，也取得了一定的效果。但是，气候变化导致的各种自然灾害正在全球频繁上演，长三角除上海建立了气候变化应急预案及气候变化灾害风险分担机制以外，其他三省这方面工作还做得较少。

8.3　区域应对气候变化的总体要求

8.3.1　总体思路

基于全球社会经济发展路径（SSP）情景和典型浓度路径（representative concentration pathways，RCP）情景，采用合理的模型将不同情景应用于长三角区域未来发展规划。SSP情景主要用来模拟 2025 年长三角区域社会经济发展路径和二氧化碳排放量预测，长期能源替代规划模型（Long-rang Energy Alternatives Planning System，LEAP）将二氧化碳排放量进行分部门预测，明确行业的减排潜力和减排量；在 RCP 情景下，采用模型预测长三角区域未来气候条件变化，提前并合理地采取适应气候变化的措施（图 8-3）。

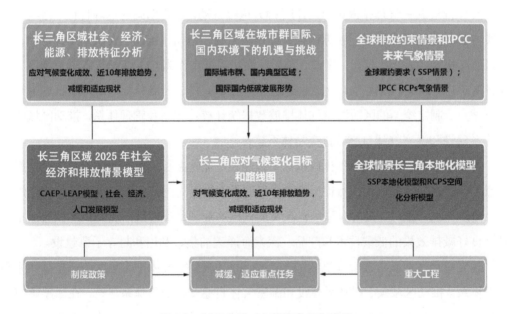

图 8-3　长三角应对气候变化规划路线

8.3.2　"十四五"时期长三角应对气候变化目标

推动长三角成为低碳绿色发展政策试点先行示范区。以应对气候变化为契机，明确应对气候变化在长三角经济社会发展中的定位、政策框架和制度安排，努力形成全社会积极应对气候变化的合力，促进发展方式转变和经济结构调整，大幅降低碳排放强度，形成绿色低碳发展的"倒逼"机制。根据适应气候变化的需要，提高长三角区域生态、农、林、水资源等重点领域和脆弱地区适应气候变化能力，切实提高防灾减灾水平。

目标：产业体系和能源供应实现绿色低碳转型，人均碳排放量控制在 9.42 t 左右，对标日本 2018 年人均碳排放。低碳生活方式和消费理念深入人心，低碳试点示范不断深化，实现一批城市和部分行业碳排放率先达峰（表8-6）。

表8-6　长三角区域应对气候变化指标目标

	长三角		上海		江苏		浙江		安徽	
	2018 年	2025 年	2018 年	2025 年	2018 年	2025 年	2018 年	2025 年	2018 年	2025 年
碳强度	12%	15%	15%	15%	12.5%	15%	13%	15%	7.4%	12%
达峰城市个数	12	21	1	1	5	6	3	5	3	8

注：2018 年碳强度较 2015 年的下降率；2025 年碳强度较 2020 年的下降率。

有序推进温室气体排放达峰。开展 CO_2 达峰行动，制定明确的达峰目标、路线图和落实方案。建议将上海市，江苏南京、苏州、无锡、常州、镇江，安徽芜湖、池州、黄山，浙江杭州、嘉兴、湖州、宁波、绍兴、温州等城市作为 CO_2 达峰管理试点地区。率先针对火电、水泥、钢铁等工业行业提出具体的 CO_2 排放控制目标，开展行业 CO_2 总量控制试点。制定统一的区域温室气体排放数据统计核算体系和管理体系，推动区域碳金融体系建设和温室气体自愿减排交易体系建设。

推进低碳示范区、近零碳排放示范工程建设。优先在长三角一体化示范区开展低碳试点，探索建立区域低碳试点评价机制，打造具有国际先进低碳发展水平的区域发展模式。建立一批可推广、具有典型示范意义的低碳产业和低碳园区，优先在区域层面推广具有良好减排效果的低碳技术和产品，探索海洋碳捕集、利用和封存示范建设。

建立健全区域碳排放管理机制。制定统一的区域温室气体排放数据统计核算体系和管理体系，推动区域碳金融体系建设和温室气体自愿减排交易体系建设，在国家碳市场的基础上逐步扩大市场覆盖范围，丰富交易品种和交易方式。建立区域层面的碳排放核查机制，充分利用现有环保执法等机制，核实区域层面碳排放达峰目标任务完成情况。积极推进绿色金融标准体系建设，实施绿色信贷产品创新，复制推广绿色保险模式，推动绿色支付项目建设，打造绿色金融综合服务平台。制定出台"碳标签"涉及的各项标准与规范，引导公众开展低碳减排行动。

主动适应气候变化。将适应气候变化理念纳入长三角可持续发展、消除贫困、生态环境保护以及基础设施建设战略之中，协调各部门在农业、林业、水资源等领域以及城市、沿海、生态脆弱地区积极开展适应气候变化行动。研究开展气候变化风险评估，制定重大气候变化风险事件应急处理预案。提升对气候变化的监测预警和防灾减灾能力。

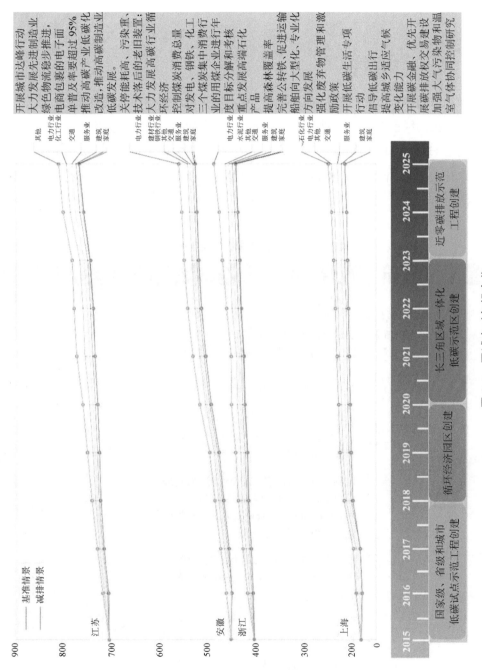

图 8-4　区域应对气候变化

8.4   减缓气候变化的重点任务

8.4.1   推动产业低碳发展

做精做细第一产业、做大做强第二产业，以实现产业结构的调整优化。其中，第一产业重点推动绿色低碳集约型农业的发展，第二产业大力发展附加值较高的产业，重点发展第三产业。提出"高端化、智能化、绿色化、服务化"的要求，大力发展先进制造业和现代服务业，同时，严格控制重化工业发展规模及能耗，并加大落后产能调整力度（表8-7）。

表 8-7   长三角区域减缓气候变化主要任务

重点任务	重大工程	具体措施	减排量/万 t	资金投入量/亿元
低碳产业培育工程	现代绿色物流业扶植工程	推进绿色物流：电商包裹的电子面单普及率要超过 95%，帮助全行业节省纸质运单，推广循环箱、原箱发货、纸箱回收利用等模式，大幅减少二次包装	—	—
	生态旅游示范区工程	创建全域旅游示范区	—	840
	低碳新兴服务业培育工程	依托碳排放权交易市场，培育发展碳金融、碳咨询、碳标准、碳标识、碳认证等低碳新兴服务业	—	—
	生态循环农业推进工程	控制农业用水总量，减少化肥、农药施用总量，推行畜禽养殖粪便与死亡动物、农作物秸秆、农业投入品废弃物资源化利用或无害化处理		
		推进有机养分和高效环保农药替代、测土配方施肥、新型肥料应用，减少农田氧化亚氮排放	30	—
		选育高产低排放良种，改善水分和肥料管理，有效控制甲烷排放	20	11
能源结构优化工程	煤炭消费总量控制工程	推进居民采暖用煤替代工作，积极推进工业窑炉、采暖锅炉"煤改气"	30	12
		推进天然气、电力替代交通燃油，积极发展天然气发电和分布式能源	500	18
		探索清洁、高效的火力发电技术	300	—

重点任务	重大工程	具体措施	减排量/万 t	资金投入量/亿元
能源结构优化工程	清洁能源使用推广工程	重点推进天然气门站和高中压调压站及管道建设,为天然气全域覆盖提供基础支撑	500	370
		有序推进水电开发,安全高效发展核电	101	—
	新能源产业发展工程	完善落实风能、光伏发电以及生物质能发电的上网电价以及太阳能光伏发电	108	600
		开展沿海地带潮汐能、波浪能、海洋生物质能等海洋可再生能源分布情况的调查研究,选择合适地点和能源种类开展发电示范项目	108	335
		有序推进生物质能发电、垃圾及污泥焚烧发电、沼气利用发电等项目实施	300	340
工业领域碳排放控制	能源工业碳排放控制工程	鼓励采用清洁高效、大容量超超临界燃煤机组	600	—
		开展整体煤炭气化燃气-蒸汽联合循环发电和燃煤电厂碳捕集、利用和封存示范工程建设	—	120
		在石油天然气行业推广放空天然气和油田伴生气回收利用技术、油气密闭集输综合节能技术、利用二氧化碳驱油等技术	—	—
		煤炭行业要加快采用高效采掘、运输、洗选工艺和设备,加快煤层气抽采利用,推广应用二氧化碳驱煤层气技术	—	—
	重点行业产品升级、技术改造工程	钢铁工业,实施节能技术改造,严格控制产能规模,推动产品升级	210	70
		建材行业,鼓励用非碳酸盐原料替代石灰石原料,加快推广低碳节能的新工艺、新方法的使用,重复利用余热,提高能源利用效率	634	—
		化学工业,优化原料结构,改进生产工艺,推广低碳技术,优化工业路线	122	9

重点任务	重大工程	具体措施	减排量/万 t	资金投入量/亿元
森林及生态系统碳汇能力建设	森林覆盖率增加工程	实施天然林保护、"三北"及长江流域防护林体系建设、石漠化综合治理等重点生态工程	33	—
		实施森林植被恢复、荒山造林、退耕还林等工程，增加森林面积	21	13
		强化森林资源保护和灾害防控，重点推进平原绿化，重点防护林、森林抚育，彩色健康森林和木材战略储备林建设，木本油料产业提升项目等林业重点工程建设	—	—
	农田、草原和湿地等碳汇提升工程	推广秸秆还田、精准耕作技术和少免耕等保护性耕作措施，发展城市近郊苗木生产基地建设，培育地带性植物种类	—	8.7
		建立草原生态补偿长效机制，进一步在草原牧区落实草畜平衡和禁牧、休牧、划区轮牧等草原保护制度，控制草原载畜量，遏制草场退化	—	—
		加强湿地保护，增强湿地储碳能力，开展滨海湿地固碳试点	—	2
	三级公园体系构建工程	构建"郊野公园—城市公园—社区公园"三级公园服务层级和网络体系	—	—
交通低碳化系统升级改造	城市公共交通服务升级工程	积极发展城市公共交通，完善城市步行和自行车交通系统，加快建设公交专用道、公交场站等设施和公共自行车服务系统	313	583
		坚持并完善小客车管控政策，提倡绿色出行		
	运输系统升级改造工程	推广使用新能源和清洁能源车，加大充电设施建设力度	735	23
		公路运输，推广应用温拌沥青、沥青路面材料再生利用等低碳铺路技术和养护技术，对高速公路服务区等进行节能低碳改造，推广应用电子不停车收费、检测、信息传输系统，建立新车碳排放标准，提高燃油经济性，加快淘汰老旧车辆	320	—
		铁路运输，完善铁路运输网络，加快铁路电气化改造，提升铁路运输能力；积极发展集装箱海铁联运，发展节能低碳机车、动车组	485	80

重点任务	重大工程	具体措施	减排量/万 t	资金投入量/亿元
交通低碳化系统升级改造	运输系统升级改造工程	水路运输，加快推进内河船型标准化，完善老旧船舶强制报废制度；推进船舶混合动力，替代能源技术和太阳能、风能、天然气、热泵等船舶生活用能技术研发应用	—	36
		航空运输，推动航空生物燃料使用，加快应用节油技术和措施，优化航路航线和航班组织，淘汰老旧机型	—	—
废弃物低碳化处置	废弃物综合处理、利用能力提升工程	推进生活垃圾资源化利用，提升废水废弃物处理和循环利用水平；提升工业污水低碳化处理水平，重点加强造纸、化工、食品等行业污水处理过程中甲烷回收利用	38	170
		加大城镇生活污水再生利用力度，逐步实现农村生活污水集中处理，积极利用再生水、雨水等非常规水源，加强水资源综合利用和保护	22	—
	废弃物管理和激励政策	健全生活垃圾分类、资源化利用、无害化处理相衔接的收转运体系，对生活垃圾进行统一收集和集中处理	30	—
		对垃圾及污泥焚烧发电的上网电价给予优惠，对垃圾填埋气体收集利用及再处理项目按国家相关规定实行优惠	—	—
倡导低碳生活	鼓励低碳消费	鼓励使用节能低碳产品，加快建设高效快捷的低碳产品物流体系，拓宽低碳产品销售渠道，设立低碳产品销售专区和低碳产品超市，建立节能、低碳产品信息发布和查询平台	200	—
	开展低碳生活专项行动	制定合理的住房消费标准，引导消费者使用绿色建筑；深入开展低碳家庭创建活动，依托节能宣传周、低碳日等开展节能低碳主题宣传活动；开展"低碳饮食行动"	213	—

　　大力发展先进制造业。完善以港口、铁路、公路和机场为主骨架、主枢纽的交通基础设施，夯实现代物流业的发展基础。积极发展"物联网"，加快建设以石化数码产品、纺织服装、鞋类、农副产品、建筑材料等为主的现代物流基地，提高物流业的信息化水平和技术装备水平。稳步推进绿色物流，电商包裹的电子面单普及率要超过 95%，帮助全行业节省纸质运单。推广循环箱、原箱发货、纸箱回收利用等模式，大幅减少二次包装。

　　积极发展生态旅游业。长三角区域的热门旅游城市较多，旅游业的当务之急是要实现在全域旅游示范创建、万村千镇百城景区化推进、政府数字化转型、旅游厕所民生实事、旅游大项目推进、新兴业态打造、创新营销、文明旅游及旅游安全防范等工作上的突破。

培育低碳新兴服务业。依托碳排放权交易市场，培育发展碳金融、碳咨询、碳标准、碳标识、碳认证等低碳新兴服务业。鼓励金融保险企业开展信贷、质押、担保和融资等业务，为低碳发展提供资金支持。在一些互联网公司的持续发力下，数以亿计的个人用户拥有了自己的碳账户。碳账户类似于银行账户，存储的不是钱，而是碳减排量。首先记录人们日常生活中的低碳行为，例如步行、少开车、垃圾分类等行为，然后量化为碳减排量，计入个人碳账户中。通过正向激励的方式，鼓励公众主动选择低碳行为，让低碳成为每个人习以为常的生活方式。

推动高碳产业低碳化改造。控制高能耗、高排放行业产能扩张，制定重点行业单位产品温室气体排放标准，优化品种结构。在符合国家产业政策的前提下，鼓励高碳行业通过区域有序转移、集群发展、改造升级、降低碳排放。推动高碳制造业低碳发展。关停能耗高、污染重、技术落后的老旧装置；大力发展高碳行业循环经济，运用高新技术和先进适用技术改造提升钢铁、建材、化工、纺织、造纸等传统制造业，促进企业生产向能耗低、排放少的产业链两端延伸，实现资源利用最大化和废物排放最小化。

大力发展生态循环农业。深入推进现代生态循环农业试点省建设，控制农业用水总量，减少化肥、农药施用总量，推行畜禽养殖粪便与死亡动物、农作物秸秆、农业投入品废弃物资源化利用或无害化处理。深入实施化肥农药减量增效行动，加快推进有机养分和高效环保农药替代、测土配方施肥、新型肥料应用，减少农田氧化亚氮排放。选育高产低排放良种，改善水分和肥料管理，有效控制甲烷排放。推广稻鸭、稻鱼共育，减少稻田甲烷排放量。严格落实生态畜牧业发展规划和畜禽禁限养区，调整畜禽养殖种类、规模和总量。

8.4.2　优化能源结构

控制煤炭消费总量。加强煤炭清洁高效利用，大幅削减散煤利用。加快推进居民采暖用煤替代工作，积极推进工业窑炉、采暖锅炉"煤改气"，大力推进天然气、电力替代交通燃油，积极发展天然气发电和分布式能源。同时，探索清洁、高效的火力发电技术，如引进超临界、超超临界等高效发电技术，以及大型燃气—蒸汽联合循环技术、整体煤气化联合循环技术等清洁发电技术，促进火力发电节能减排。全面完成集中供热及热电联产燃煤锅炉的清洁能源替代、燃煤小灶炉的关停，并对发电、钢铁、化工3个煤炭集中消费行业的用煤企业进行年度目标分解和考核。发电行业优先安排能效水平高、排放低的机组发电，推动电厂使用优质煤，探索通过发电权交易等方式降低本地煤电机组发电量。钢铁行业逐步减少直接燃烧和炼焦用煤，化工行业严格控制原料用煤。

推广使用清洁能源。加大清洁能源基础设施建设力度，提高天然气在能源消费中的比例。重点推进天然气门站和高中压调压站建设，为天然气全域覆盖提供基础支撑。在生态条件允许的情况下，有序推进水电开发，安全高效发展核电。把发展天然气、核电和水电作为促进长三角区域能源结构向低碳化发展的重要措施。

加快新能源产业发展。实施新能源产业提升战略，加强风能特别是海上风能资源监测、太阳能监测，完善落实风能、光伏发电以及生物质能发电的上网电价，完善相应技术规范和标准，鼓励社会投资进入新能源领域，把风能、光伏等新能源产业作为新兴产业进行培育。开展沿海地带潮汐能、波浪能、海洋生物质能等海洋可再生能源分布情况的调查研究，评估其开发利用的技术性和经济性，选择合适地点和能源种类开展发电示范项目。有序推进生物质能发电、垃圾及污泥焚烧发电、沼气利用发电等项目实施。

8.4.3 控制工业领域排放

能源工业。在电力行业加快建立温室气体排放标准，优先发展高效热电联产机组，以及大型坑口燃煤电站和低热值煤炭资源、煤矿瓦斯等综合利用电站，鼓励采用清洁高效、大容量超超临界燃煤机组。开展整体煤炭气化燃气-蒸汽联合循环发电和燃煤电厂碳捕集、利用和封存示范工程建设。在石油天然气行业推广放空天然气和油田伴生气回收利用技术、油气密闭集输综合节能技术、利用二氧化碳驱油等技术。禁止新开发二氧化碳气田，逐步关停现有气井。煤炭行业要加快采用高效采掘、运输、洗选工艺和设备，加快煤层气抽采利用，推广应用二氧化碳驱煤层气技术。

钢铁工业。推动钢铁行业发展以废钢为原料的电炉短流程工艺，降低铁钢比，实施焦炉和烧结改造、炉渣余热资源利用、低温余热利用等节能技术改造。严格控制产能规模，推动产品升级，推广高温高压干熄焦、焦炉煤调湿烧结余热发电、高炉炉顶余压余热发电、资源综合利用等技术。建设废钢回收、加工、配送体系，积极发展以废钢为原料的电炉短流程工艺，建设循环型钢铁工厂。

建材工业。优化品种结构，进一步降低单位产品二氧化碳排放强度。水泥行业要鼓励采用电石渣、造纸污泥、脱硫石膏、粉煤灰、冶金渣尾矿等工业废渣和火山灰等非碳酸盐原料替代传统石灰石原料，加快推广纯低温余热发电技术和水泥窑协同处置废弃物技术，发展散装灰泥、高等级水泥和新型低碳水泥。玻璃行业要加快开发低辐射玻璃、光伏发电用太阳能玻璃等新型低碳产品，推广先进的浮法工艺、玻璃熔窑富氧燃烧、余热回收利用等技术。陶瓷行业加快发展薄形化、减量化、节水型产品，研究推广干法制粉等工艺技术，加快高效节能窑炉、耐火材料和新型燃料的开发利用。

化学工业。重点发展高端石化产品。合成氨行业要重点推广先进煤气化技术、高效脱硫脱碳、低位能余热吸收制冷等技术。乙烯行业要优化原料结构,重点推广重油催化热裂解等新技术。电石行业要加快采用大型密闭式电石炉,重点推广炉气利用、空心电极等低碳技术。己二酸、硝酸和含氢氯氟烃行业要通过改进生产工艺,采用控排技术显著减少氧化亚氮和氢氟碳化物的排放。加大氢氟碳化物替代技术和替代品的研发投入,鼓励使用六氟化硫混合气和回收六氟化硫。

其他行业和领域。电解铝行业要推广大型预焙电解槽技术,重点推广新型阴极结构、新型导流结构、高阳极电流密度超大型铝电解槽等先进低碳工艺;铜熔炼行业要采用先进的富氧闪速及富氧熔池熔炼工艺;铅熔炼行业要采用氧气底吹炼铅新工艺及其他氧气直接炼铅技术;锌冶炼行业要发展新型湿法工艺;镁冶炼行业要积极推广新型竖窑煅烧技术;造纸工业要推进林纸一体化,加大废纸资源综合利用,科学合理使用非木纤维;食品、医药等行业要加快生物酶催化和应用等关键技术推广;纺织工业要优化工艺路线,加强新型纺纱织造工艺技术及设备应用。

8.4.4　增强森林及生态系统碳汇能力

提高森林覆盖率。全面加强森林经营,实施森林质量精准提升工程,着力增加森林碳汇。加快造林绿化步伐,推动国土绿化行动,结合国家森林城市的建设要求发展生态林业,实施森林植被恢复、荒山造林、退耕还林等工程,增加森林面积;继续实施天然林保护、三北及长江流域防护林体系建设、石漠化综合治理等重点生态工程;强化森林资源保护和灾害防控,减少森林碳排放。重点推进平原绿化、重点防护林建设、森林抚育、彩色健康森林和木材战略储备林建设、木本油料产业提升项目等林业重点工程建设。

增加农田、草原和湿地碳汇。加强农田保育和草原保护建设,提升土壤有机碳储量,增加农业土壤碳汇。推广秸秆还田、精准耕作技术和少免耕等保护性耕作措施。建立草原生态补偿长效机制,进一步在草原牧区落实草畜平衡和禁牧、休牧、划区轮牧等草原保护制度,控制草原载畜量,遏制草场退化;加强湿地保护,增强湿地储碳能力,开展滨海湿地固碳试点。

构建三级公园体系。构建"郊野公园—城市公园—社区公园"三级公园服务层级和网络体系。建设郊野公园,打造城市发展区域内共享的生态绿核;构建城市公园系统,顺应建成区的发展,不断加强城市公园建设,在城区内打造布局均衡的城市绿色版块;在社区公园内选用绿量大的植物,倡导植物群落结构复层化,鼓励发展城市微农业,提升社区公园碳汇能力。

开展生产绿地建设。大力发展城市近郊苗木生产基地建设,同时结合防护绿地建设,如环城绿带、高压走廊、防护林地等，开展苗木生产。强化苗木品种和苗木质量的引导和控制力度，大力培育地带性植物种类，并适度增加适应性强的外来观赏植物种类，丰富城市绿化景观，有效增加城市绿地碳汇。

8.4.5 推动交通低碳化

构建绿色交通运输体系。推进现代综合交通运输体系建设，加快发展铁路、水运等低碳运输方式，推动航空、航海、公路运输低碳发展，发展低碳物流。深入推进绿色交通省试点建设，加快建设客运专线和城际轨道交通，大力发展绿色水路运输，促进客运零距离换乘和货运无缝衔接，推动各种运输方式协调发展。

城市交通。合理配置城市交通资源。逐步建立特大城市机动车保有总量调控机制。积极发展城市公共交通，完善城市步行和自行车交通系统，加快建设公交专用道、公交场站等设施和公共自行车服务系统。优先发展公共交通，坚持并完善小客车管控政策，绿色交通出行比重不低于80%。继续鼓励推广使用新能源和清洁能源车，加大充电设施建设力度。到2020年，新能源和清洁能源公交车比例达到50%以上，中心城公交基本实现新能源化。加强智能交通建设和交通需求管理力度，鼓励发展拼车、新能源汽车分时租赁等共享出行模式。

公路运输。完善公路交通网络。推广应用温拌沥青、沥青路面材料再生利用等低碳铺路技术和养护技术，推广隧道通风照明智能控制技术，对高速公路服务区等进行节能低碳改造，推广应用电子不停车收费、检测、信息传输系统。重点推进公路集装箱多式联运、甩挂运输等高效运输组织方式。研究建立新车碳排放标准，提高燃油经济性，加快淘汰老旧车辆，鼓励发展低排放车辆。

铁路运输。完善铁路运输网络，加快铁路电气化改造，提高电力机车承担铁路客货运输工作量比重，提升铁路运输能力，推行铁路节能调度。积极发展集装箱海铁联运，加快淘汰老旧机车，发展节能低碳机车、动车组。加强车站等设施低碳化改造和运营管理。

水路运输。促进运输船舶向大型化、专业化方向发展。加快推进内河船型标准化。完善老旧船舶强制报废制度。推进船舶混合动力、替代能源技术和太阳能、风能、天然气、热泵等船舶生活用能技术研发应用。在有条件的港口逐步推广液化天然气及新能源利用，积极推进靠港船舶使用岸电。加强港口、码头低碳化改造和运营管理。优化船队结构，淘汰老旧船舶，适应船舶大型化发展趋势。实施船舶球鼻艏改造、加装舵球节能装置等节能改造。开展液化天然气（LNG）船舶和黄浦江电动客船试点。大力发展码头船舶岸基供电，推进绿色港口建设。

航空运输。完善空中交通网络,优化机队结构。积极推动航空生物燃料使用,加快应用节油技术和措施。加强机场低碳化改造和运营管理。优化航路航线和航班组织,淘汰老旧机型。继续开展加装小翼、发动机改造等节能改造。全面完成机场地面电源替代飞机辅助动力装置(APU)、场内特种车辆油改电。探索开展生物航空燃料应用试点。加强空调系统、照明系统等节能改造,推进绿色机场建设。

8.4.6 促进废弃物低碳化处置

加大城乡废弃物处理力度。创新城乡社区生活垃圾处理理念,积极推进垃圾资源化利用,提升废水废弃物处理和循环利用水平,有效减少废弃物处理过程中温室气体排放。深入推进"五水共治",巩固提升剿灭劣V类水成果。提升工业废水低碳化处理水平,重点加强造纸、化工、食品等行业污水处理过程中甲烷回收利用。加大城镇生活污水再生利用力度,逐步实现农村生活污水集中处理,积极利用再生水、雨水等非常规水源,加强水资源综合利用和保护。

强化废弃物管理和激励政策。建立固体废物管理网络,健全生活垃圾分类、资源化利用、无害化处理相衔接的收转运体系,对生活垃圾进行统一收集和集中处理。推进餐厨垃圾无害化处理和资源化利用,鼓励残渣无害化处理后制作肥料。培育和发展垃圾处理设施建设的产业化,对垃圾及污泥焚烧发电的上网电价给予优惠,对垃圾填埋气体收集利用以及再处理项目,按国家相关规定实行优惠政策。

8.4.7 倡导低碳生活

鼓励低碳消费。抑制不合理消费,限制商品过度包装,减少一次性用品使用。各级国家机关、事业单位、团体组织等公共机构要率先践行勤俭节约和低碳消费理念。鼓励使用节能低碳产品,加快建设高效快捷的低碳产品物流体系,拓宽低碳产品销售渠道,设立低碳产品销售专区和低碳产品超市,建立节能、低碳产品信息发布和查询平台。

开展低碳生活专项行动。开展"低碳饮食行动",推进餐饮点餐适量化、公务接待简约化,遏制食品浪费。倡导消费者减少不必要的衣物消费,加快衣物再利用。制定合理的住房消费标准,引导消费者使用绿色建筑。深入开展低碳家庭创建活动,提倡公众在日常生活中养成节水、节电、节气、垃圾分类等低碳生活方式。倡导公众参与造林增汇活动。依托节能宣传周、低碳日、无车日、地球日等开展节能低碳主题宣传活动,通过电视、报纸、杂志及新媒体广泛宣传,树立低碳先进典型,营造绿色低碳社会氛围,引导广大市民从衣、食、住、行、用等多方面践行低碳。积极倡导市民参与低碳出行、光盘行动、衣物再利用、造林增汇等活动。

倡导低碳出行。积极倡导"135"绿色出行方式（1 km 以内步行，3 km 以内骑自行车，5 km 左右乘坐公共交通工具）。鼓励公众采用公共交通出行方式，支持购买小排量汽车、节能汽车和新能源车辆。向公众提供专业信息服务。倡导"每周少开一天车""低碳出行"等活动，鼓励共乘交通和低碳旅游。

8.5 适应气候变化的重点任务

8.5.1 提高城乡基础设施适应能力

城乡建设。城乡建设规划要充分考虑气候变化影响，新城选址、城区扩建、乡镇建设要进行气候变化风险评估；积极应对热岛效应和城市内涝，修订和完善城市防洪治涝标准，合理布局城市建筑、公共设施、道路、绿地、水体等功能区，禁止擅自占用城市绿化用地，保留并逐步修复城市河网水系，鼓励城市广场、停车场等公共场地建设采用渗水设计；加强雨洪资源化利用设施建设；加强供电、供热、供水、排水、燃气、通信等城市生命线系统建设，提升建造、运行和维护技术标准，保障设施在极端天气气候条件下平稳安全运行。将适应气候变化纳入城市群规划、城市国民经济和社会发展规划、生态文明建设规划、土地利用规划、城市规划等。

提高城市生命线系统适应能力。针对强降水、高温、台风、冰冻、雾霾等极端天气气候事件，提高城市给排水、供电、供气、交通、信息通信等生命线系统的设计标准，加强稳定性和抗风险能力。科学规划建设城市生命线系统和运行方式，加强相关领域的规划布局，根据适应需要提高建设标准。按照城市内涝及热岛效应状况，调整完善地下管线布局、走向以及埋藏深度。根据气温变化调整城市分区供暖、供水调度方案，提高地下管线的隔热防潮标准等。提高水利、交通、能源等基础设施在气候变化条件下的安全运营能力。

保障城市水安全。优化调整大型水利设施运行方案，研究改进水利设施防洪设计建设标准。继续推进大江大河干流综合治理。加快中小河流治理和山洪地质灾害防治，提高水利设施适应气候变化的能力，保障设施安全运营。加强水文水资源监测设施建设。推进海绵城市建设，增强城市海绵能力，加大对雨洪资源的利用效率，做好对城市河湖、坑塘、湿地等水体自然形态的保护和恢复，加强河湖水系自然连通，构建城市良性水循环系统。建设科学合理的城市防洪排涝体系，加大城市防洪排涝设施配套力度（表 8-8）。

表 8-8　长三角区域适应气候变化重点任务

重点任务	措施	具体措施	效果评估 （★越多越重要）	资金投入/ 万元
提高城乡基础设施适应能力	城乡建设	新城选址、城区扩建、乡镇建设要进行气候变化风险评估	★★★	510 000
		将适应气候变化内容纳入城市群规划、城市国民经济和社会发展规划、生态文明建设规划、土地利用规划、城市规划等	★★★★	—
	提高城市生命线系统适应能力	针对强降水、高温、台风、冰冻、雾霾等极端天气气候事件，优化城市给排水、供暖、供水调度方案，提高地下管线的隔热防潮标准；提高供电、供气、交通、信息通信等生命线系统的设计标准，增强稳定性和抗风险能力	★★★★★	33 000 000
		按照城市内涝及热岛效应状况，推进海绵城市建设，增强城市海绵能力，调整完善地下管线布局、走向以及埋藏深度，修订和完善城市防洪治涝标准	★★★★★	1 300 000
加强农业与林业领域适应能力	提高种植业生产适应能力	完善农田道路和灌溉设施，加强地力培育，优化配置农业用水，完善灌溉供水工程体系	★★★	6 000
		加强农作物育种能力建设，培育高光效、耐高温和抗寒抗旱作物品种，建立抗逆品种基因库与救灾种子库	★★	5 000
	坚持草畜平衡	改良草场，建设人工草场和饲料作物生产基地，筛选适应性强、高产的牧草品种，优化人工草地管理，加大草场、饲草基地以及草地畜牧业等基础设施建设，加强饲草料储备库与保温棚圈等设施建设。鼓励农牧区合作，推行易地育肥模式	★	—
	提高林业及其他生态系统适应能力	建立自然保护区网络及物种迁徙走廊，加强典型森林生态系统和生态脆弱区保护	★★	2 000
		加强森林资源保护和生态公益林建设，实施重点防护林、生物防火林带和阔叶林改造工程；加强优良基因的保护利用，大力培育适应气候变化的良种壮苗	★	—

重点任务	措施	具体措施	效果评估 （★越多越重要）	资金投入/ 万元
加强水资源管理 和设施建设	强化水资源 管理	加强水资源优化配置和统一调配管理，加强中水、海水、雨洪等非传统水源的开发利用，抓好饮用水水源地安全保障工作，继续做好地下水禁限采工作；加强水文水资源监测设施建设	★★★★	1 300
		优化调整大型水利设施运行方案，研究改进水利设施防洪设计建设标准。深化取水许可管理，把好审批关和验收关，全面落实建设项目水资源论证工作	★★★	5 000 000
	加强水资源 保护与水土 流失治理	加快农村饮水安全工程建设，推进城镇新水源、供水设施建设和管网改造，加快重点地区抗旱应急备用水源工程及配套设施建设	★★★★★	100 000
		加强水功能区管理和水源地保护，合理确定主要江河、湖泊生态用水标准，保证合理的生态流量和水位；做好对城市河湖、坑塘、湿地等水体自然形态的保护和恢复，加强河湖水系自然连通，构建城市良性水循环系统	★★★★	—
提高海洋和海岸 带适应能力	加强海洋灾 害防护能力 建设和综合 管理	实施"小岛迁、大岛建"和重要的连岛工程，保障海岛居民和设施安全，提高沿海城市和重大工程设施防护标准，实施海岛防风、防浪、防潮工程，提高海岛海堤、护岸等设防标准，加强海岸带国土和海域使用综合风险评估力度	★★★★	—
		控制沿海地区地下水超采，防范地面沉降、咸潮入侵和海水倒灌	★★	—
	加强海洋生 态系统监测 和预警能力	推进海洋生态系统保护和恢复，对集中连片、破碎化严重、功能退化的自然湿地进行恢复修复和综合治理	★★★★	—
		建立沿海洋灾害预警预报系统和应急响应体系，提高对风暴潮等海洋灾害的防御能力	★★	7 000
		建立和完善海洋环境监测网络，提高对海洋赤潮、海上重大突发事件的应急处置能力和防灾减灾能力	★★★	2 000

重点任务	措施	具体措施	效果评估 （★越多越重要）	资金投入/ 万元
提高人群健康领域适应能力	加强气候变化对人群健康影响评估	进一步完善公共医疗卫生设施，加强疾病防控体系、健康教育体系和卫生监督执法体系建设	★★★★★	1 000 000
		健全气候变化相关疾病，特别是相关传染性和突发性疾病流行特点、规律及适应策略、技术研究，探索建立对气候变化敏感的疾病监测预警、应急处置和公共信息发布机制	★★★★★	—
	制定气候变化影响人群健康应急预案	加强对气候变化条件下媒介传播疾病的监测与防控，开展健全气候变化与人体健康监测、预报预警系统及疾病的研究和预防	★★★	—
		加强与气候变化相关卫生资源投入与健康教育，增强公众自我保护意识，改善人居环境，提高人群适应气候变化能力	★★	—
加强防震减灾体系建设	增强风险管理与监测预警机制建设	完善长三角区域气候系统观测网，提高对气候系统各要素的观测和综合数据采集能力	★★	9 000
		建立气候变化风险评估与信息共享机制，制定、健全城市防洪排涝应急及灾害风险管理措施和应对方案	★★★	15 000
		建立极端天气气候事件信息管理系统和预警信息发布平台	★★	—
	提升城市应急保障服务能力	完善应急救灾响应机制，明确灾前、灾中和灾后应急管理机构职责，及时储备，调拨及合理使用应急救灾物资	★★★	—
		加强运行协调和应急指挥系统建设、专业救援队伍建设、社区宣传教育、应急救灾演练等工作	★★★★★	—
	建立和完善风险分担机制	建立极端天气气候事件灾害风险分担转移机制，明确家庭、市场和政府在风险分担方面的责任和义务，建立健全由灾害保险、再保险、风险准备金和非传统风险转移工具共同构成的金融管理体系及风险分担和转移机制	★★	—

8.5.2　加强农业与林业领域适应能力

提高种植业生产适应能力。加大投入、积极推进粮食生产功能区和现代农业示范区建设，完善农田道路和灌溉设施，加强地力培育，全面开展对耕地特别是标准农田地力的调查，建立土壤监测网络，实行可视化和动态化管理。优化配置农业用水，按照"先节水、后用水，先挖潜、后扩大，先改建、后新建"的原则，进一步优化供用水结构，完善灌溉供水工程体系，提高灌溉供水保障能力。适度调整种植北界、作物品种布局和种植制度。在熟制过渡地区适度提高复种指数，使用生育期更长的品种。加强农作物育种能力建设，培育高光效、耐高温和抗寒抗旱作物品种，建立抗逆品种基因库与救灾种子库。

坚持草畜平衡。探索基于草地生产力变化的定量放牧、休牧及轮牧模式。对严重退化草地实行退牧还草。改良草场，建设人工草场和饲料作物生产基地，筛选适应性强、高产的牧草品种，优化人工草地管理。加强饲草料储备库与保温棚圈等设施建设。按照草畜平衡的原则，探索基于草地生产力变化的定量放牧、休牧及轮牧模式。加大草场、饲草基地以及草地畜牧业等基础设施建设，鼓励农牧区合作，推行易地育肥模式。

提高林业及其他生态系统适应能力。加强森林资源保护和生态公益林建设，实施重点防护林、生物防火林带和阔叶林改造工程，加强阔叶林保护力度。加快对优良基因的保护利用。大力培育适应气候变化的良种壮苗。根据温度、降水等气候因子变化，顺应物种向高纬度高海拔地区转移的趋势，科学调整造林绿化树种的季节时间。运用近自然经营理念，积极推进多功能近自然森林经营。要结合气候变化因素、科学开展森林抚育经营，优化森林结构，提高林地生产力和森林质量及服务功能，增强森林抵御自然灾害和适应气候变化能力。加强林业自然保护区建设和适应性管理。建立自然保护区网络及物种迁徙走廊，加强典型森林生态系统和生态脆弱区保护。加大湿地恢复力度，开展重点区域湿地恢复与综合治理，努力提升湿地生态系统适应气候变化能力。加快沙区植被恢复，努力提升荒漠生态系统适应气候变化能力。

8.5.3　加强水资源管理和设施建设

强化水资源管理。实行严格的水资源管理制度，大力推进节水型社会建设。加强水资源优化配置和统一调配管理，加强中水、淡化的海水、雨洪等非传统水源的开发利用。完善跨区域作业调度运行决策机制，科学规划、统筹协调区域人工增雨（雪）作业；加强水资源保护工作，提高水资源承载能力。抓好饮用水水源地安全保障工作，继续做好地下水禁限采工作。积极推动节水型社会建设，组织开展各行业节水工作，提高水资源利用效率和效益。深化取水许可管理，把好审批关和验收关，全面落实建设项目水资源论证工作，提高论证质量，规范水资源有偿使用制度，全面实施取水计量收费，抓好取水计量实时监控工作。加强水政监察，促进依法管水。

加强水资源保护与水土流失治理。加强水功能区管理和水源地保护，合理确定主要江河、湖泊生态用水标准，保证合理的生态流量和水位。加强水环境监测与水生态保护。在全面规划的基础上，将预防、保护、监督、治理和修复相结合，因地制宜，因害设防，优化配置工程、生物和农业等措施，构建科学完善的水土流失综合防治体系。继续开展工程性缺水地区重点水源建设，加快农村饮水安全工程建设，推进城镇新水源、供水设施建设和管网改造。加快重点地区抗旱应急备用水源工程及配套设施建设。

8.5.4　提高海洋和海岸带适应能力

加强海洋灾害防护能力建设和综合管理。修订和提高海洋灾害防御标准，完善海洋立体观测预报网络系统，加强对台风、风暴潮、巨浪等海洋灾害预报预警，健全应急预案和响应机制，提高防御海洋灾害的能力。提高沿海城市和重大工程设施防护标准。加强海岸带国土和海域使用综合风险评估。严禁非法采砂，加强河口综合整治和海堤、河堤建设。控制沿海地区地下水超采，防范地面沉降、咸潮入侵和海水倒灌。

加强海洋生态系统监测和预警能力。开展海洋生态系统应对气候变化的响应监测工作，建立和完善海洋环境监测网络，提高对海洋赤潮、海上重大突发事件的应急处置能力和防灾减灾能力。推进海洋生态系统保护和恢复，对集中连片、破碎化严重、功能退化的自然湿地进行恢复修复和综合治理。建设现代化海洋观测系统，提高应对海平面变化的观测能力。建立沿海海洋灾害预警预报系统和应急响应体系，提高对风暴潮等海洋灾害的防御能力。

保障海岛与海礁安全。大力营造沿海防护林，完善沿海防护林工程体系。实施"小岛迁、大岛建"和重要的连岛工程，保障海岛居民和设施安全；提高岛、礁、滩分布集中海域特别是南海地区气候变化监测观测能力。实施海岛防风、防浪、防潮工程，提高海岛海堤、护岸等设防标准，防治海岛洪涝和地质灾害。加强海平面上升对我国海域岛、洲、礁、沙、滩影响的动态监控，将护坡与护滩相结合、工程措施与生物措施相结合，强化沿海地区应对海平面上升的防护对策。

8.5.5　提高人群健康领域适应能力

加强气候变化对人群健康影响评估。完善气候变化脆弱地区公共医疗卫生设施；加强气候变化相关疾病，特别是相关传染性和突发性疾病流行特点、规律及适应策略、技术等研究，探索建立对气候变化敏感的疾病监测预警、应急处置和公共信息发布机制；建立极端天气气候灾害灾后心理干预机制。进一步完善公共医疗卫生设施，加强疾病防控体系、健康教育体系和卫生监督执法体系建设，提高公共卫生服务能力；开展气候变化对敏感脆弱人群健康的影响评估。

制定气候变化影响人群健康应急预案。定期开展风险评估，确定季节性、区域性防治重点。加强对气候变化条件下媒介传播疾病的监测与防控。加强与气候变化相关卫生资源投入与健康教育，增强公众自我保护意识，改善人居环境，提高人群适应气候变化能力。建立健全气候变化与人体健康监测、预报预警系统及新疾病的研究和预防机制，组织相关部门根据预警级别及时做好相应的应急准备。

8.5.6　加强防震减灾体系建设

增强风险管理与监测预警机制建设。加强对极端气候事件的预测能力，提高对重大气候灾害预报的准确性和时效性。完善长三角气候系统观测网，提高对气候系统各要素的观测和综合数据采集。建立气候变化风险评估与信息共享机制，制定灾害风险管理措施和应对方案，开展应对方案的可行性论证，提高气候变化风险管理水平。运用现代信息技术改进农情监测网络，建立健全农业灾害预警与防治体系。考虑气候变化因素，建立和完善森林火灾、林业有害生物灾害及沙尘暴监测体系，利用遥感等现代手段开展森林状况监测，提升预报预警能力。建立极端天气气候事件信息管理系统和预警信息发布平台，拓展动态服务网络，及时发布预警信息，并通过各类媒体让城市居民在短时间内接收。完善气候变化对人体健康影响的监测预警系统，加强极端天气气候事件健康预警及流行性疾病预警。加强城市脆弱人群的社会管理和风险防护能力，普及城市应对极端天气气候事件风险知识，掌握儿童、孕妇、各类慢性疾病患者、65 岁以上老人、城市贫困人口等信息，并制定具体应急救助预案，加强公众自我防范意识。

完善灾害应急系统。进一步健全城市防洪排涝应急预案管理，完善城市应对洪涝灾害处置方案。建立和完善保障重大基础设施正常运行的灾害监测预警和应急系统。向大中型水利工程提供暴雨、旱涝、风暴潮和海浪等预警，向通信及输电系统提供高温、冰雪、山洪、滑坡、泥石流等灾害的预警，向城市生命线系统提供内涝、高温、冰冻的动态信息和温度剧变的预警，向交通运输等部门提供大风、雷电、浓雾、暴雨、洪水、冰雪、风暴潮、海浪、海冰等灾害的预警。完善相应的灾害应急响应体系。

提升城市应急保障服务能力。建立健全城市多部门联防联动的常态化管理体系，完善应急救灾响应机制，明确灾前、灾中和灾后应急管理机构职责，及时储备调拨及合理使用应急救灾物资。加强运行协调和应急指挥系统建设、专业救援队伍建设、社区宣传教育、应急救灾演练等工作，提高对灾害的预防、规避能力和恢复重建能力，降低灾害损失。

建立和完善风险分担机制。逐步建立极端天气气候事件灾害风险分担转移机制，明确家庭、市场和政府在风险分担方面的责任和义务，构建以政府为统领、家庭为主体、市场积极参与的风险分担体系。建立社会保险、社会救助、商业保险和慈善捐赠相结合的多元化灾害风险分担机制。建立健全由灾害保险、再保险、风险准备金和非传统风险转移工具共同构成的金融管理体系及风险分担和转移机制。

8.6　应对气候变化政策机制

统筹建立多层级的一体化推进机制。三省一市统筹建立领导小组，建立省（市）委、省（市）政府主要领导挂帅的长三角区域一体化工作领导小组，办公室设在上海市发展改革委，下设交通、能源、信息等专题合作组，筹建宣传组、体制机制组。各设区市也都建立高规格的一体化工作领导小组。参与及建立多个工作专班，包括共同参与国家发展的长三角专班、上海牵头的一体化示范区专班、四省（市）联合组建的长三角办，形成了前后方联动、多层级推进的工作机制。建立智库和专家支持机制。为能更好地健全完善长三角区域应对气候变化的政策机制，建议从以下六个方面着手。

8.6.1　逐步推进重点行业和重点区域温室气体排放总量控制方案

为尽早达峰，可研究 2020—2025 年长三角区域 CO_2 排放总量的预期控制目标。行业方面，预计在 2025 年之前，钢铁、水泥等行业产量接近或达到峰值，进入平台期或开始下降。可借助这一趋势，率先针对电力、钢铁、水泥等主要工业行业提出具体的 CO_2 排放控制目标，开展行业总量控制，在减排 CO_2 的同时，推动相关行业结构调整并减少大气污染物排放量。力争在 2025 年之前，工业行业 CO_2 排放达峰。

支持部分城市率先开展温室气体排放总量控制和试点示范。到 2025 年，力争在杭州、宁波、温州等重点地区 CO_2 排放总量达峰，推动经济发达地区率先实现 CO_2 排放总量达峰，鼓励其他区域提出峰值目标并出台达峰行动方案。开展近零碳排放区示范工程，碳捕集、利用与封存试验示范等。

为鼓励市、区和行业积极响应总量控制政策，省内应积极推广碳排放达峰奖励机制，在率先达到峰值的区域和行业中，可给予一定补贴或其他奖励。同时要进一步加大氢氟碳化物、甲烷、氧化亚氮、全氟化碳、六氟化硫等非 CO_2 温室气体控排力度。

8.6.2　构建大气污染和气候变化协同减排体系

大气污染物和温室气体排放主要源自化石燃料燃烧，具有同源同步性。前端的节能增效和过程的清洁生产是协同控制的主要手段，相比末端污染治理协同减排效果更好。从管控实践看，以应对气候变化、防范环境健康风险为核心的环境管理模式已成为主要发达国家的现实选择，其中美国、欧盟、澳大利亚、日本等主要发达国家和地区已将温室气体纳入污染物范畴，将环境质量目标与减缓、适应气候变化挂钩，积极推进多污染物的综合协同控制，实施统一的环境监管。

长三角应走在全国各省（市）前列，率先加强大气污染物与温室气体协同作用减排。将应对气候变化相关政策、规划、标准与生态环境保护相关政策、规划、标准等相融合，构建大气污染物与温室气体协同控制政策体系框架，构建大气污染防治和应对气候变化的长效协同机制。研究制定大气污染物与温室气体排放协同控制工作方案，并鼓励长三角下属的 41 个地级市出台差异化协同控制方案。

8.6.3　完善区域应对气候变化政策及指标评价体系

探索不同城市间的低碳发展路径。从不同城市群的城市空间布局、产业结构、能源系统等多个角度出发，构建不同的城镇化发展模式，探索不同行业的能源消费和碳排放变化趋势。以统筹协调经济社会发展、空间布局与低碳转型为出发点，探索出低碳发展的最优路径和模式，为中国其他城市和城市群的低碳发展转型提供有益借鉴，为推动长三角区域碳排放尽早达峰和长期低碳发展奠定坚实基础。

构建城市低碳发展水平的指标体系。从能源、交通、科技、环境、经济和生活消费等系统进行综合分析，并构建指标体系。其中，能源系统主要用于衡量城市能源系统的低碳发展水平；交通系统主要用于衡量城市的交通状况；科技系统主要用于衡量城市科技发展水平，以评定城市低碳发展的潜力；环境系统主要用于衡量城市的碳汇水平和生活垃圾处理率；经济系统主要用于反映城市的经济生产力水平，也用于衡量城市低碳发展的潜力；生活消费系统主要用于反映城市居民生活碳排放水平及其潜力。

加快传统制造业的转型升级，建设长三角新能源生产产品的消费园区。积极开展低碳技术创新与应用，组织开发和推广应用先进低碳技术、工艺和装备的服务平台和融资平台。争取在杭州等重点区域建设先行示范区，创新低碳管理，建设园区碳排放信息平台，对园区企业进行碳排放统计、监测、报告和核查体系建设。建立园区垃圾分类收集、运输和处置体系，加强节水管理和节水标准建设，完善污水管网和处理设施。

结合新型城镇化建设和社会主义新农村建设，扎实推荐低碳社区试点。按照低碳环保、经济合理、便捷舒适、运营高效的要求，将低碳理念融入社区规划、建设、管理和居民日常生活之中。推广绿色建筑，加快绿色建造和施工关键技术、绿色建材成套应用技术研发应用，推广住宅产业化成套技术，鼓励建立高效节能、可再生能源利用最大化的社区能源系统，建立社区节电节水、出行、垃圾分类等低碳行为规范，营造优美宜居的社区环境，建设满足居民休闲需要的公共绿地和步行绿道，引导社区居民普遍接受绿色低碳的生活方式和消费模式，建立社区生活信息化管理系统。

8.6.4 建立积极有效的碳金融体系

8.6.4.1 碳账户

长三角区域可以借助阿里巴巴平台，建立碳账户推广平台。按照"统一规范、省市链接、资源共享"的原则，搭建包括长三角区域所有城市在内的碳账户推广平台，以及汇集低碳知识、资讯、产品和技术等内容的碳账户宣传推广专业网站、App 程序、微信公众号等。分行业、分领域建立低碳行为相关数据收集分析平台。指导试点地区建设企业、个人减碳行为量化核证电子信息系统并与省碳账户推广平台链接。

第一步：定义有效的低碳行为。低碳行为，即可以促进 CO_2 减排的行为。不是所有的绿色低碳行为都可以被记录与监测。碳账户平台仍需再结合当下的科技水平，依据可被记录性与监测性，筛选出有效的低碳行为。

第二步：建立监测体系。平台明确规定低碳行为之后，需要建立一套监测体系，用以记录用户的低碳行为。例如步行数据，结合智能手机的传感器，用户每日的步行数据都会被记录。智能手机的普及让步行成为现在最容易监测的数据。另外，使用共享单车、采购低碳产品、网上消费等行为，都可以被纳入碳账户体系的监测范围。

第三步：量化碳排放。制定小微企业、公众自愿减碳行为量化核查指南，组织开发和审定省级碳账户量化核算办法和核证方法。指导和支持各试点地区开发具有地方特色的减碳行为量化核算办法和核证方法，由省市统一组织论证和审定后在全省推广。通过报纸、网络、微信等平台，集思广益，鼓励企业、公众提出既有创新意义又具备可操作性的自愿减碳行为量化核算方法或意见建议，研究论证后予以推广。

第四步：建立基于碳账户的商业激励机制。建立长三角低碳企业商业联盟，制定支持碳账户推广的金融和财税政策。鼓励金融机构、商业联盟开发碳信用卡、碳积分、碳币等创新性碳金融产品，便于公众享受低碳权益、兑换优惠。支持金融机构建立绿色信贷、绿色证券、绿色保险、绿色信托，拓宽低碳企业的融资渠道。在激励方面，需要给公众一种触手可及的、最简便的方式，要在用户正常行为的过程中完成碳排放计算和兑换的工作。例如，政府部门可以考虑给碳账户资产良好的用户一定的政策优惠，如落户、减免个人所得税等；企业可以考虑给碳账户资产良好的员工一定的年假。

8.6.4.2　绿色金融

长三角区域建设各有侧重、各具特色的绿色金融改革创新试验区，在体制机制上探索可复制、可推广的经验，推动经济绿色转型升级。改革创新试验区建设工作总体目标要求是突出经济稳增长、金融稳运行、绿色金改稳步推进的"三稳"要求，深化体制机制创新，提升金融供给质效，优化金融生态环境，致力于打造"经济金融融合样板""金融改革创新高地""金融试点先行之区""金融运行平安之城"，以优异成绩完成试验区建设"半程考"。

全面深化绿色金融体制机制。加快推进绿色金融信息管理系统建设，引导和推动金融机构开展绿色企业（项目）等级评价、融资主体绿色分类贴标试点、环境信息披露等工作。积极推进绿色金融标准体系建设，实施绿色信贷产品创新，复制推广绿色保险模式，推动绿色支付项目建设，打造绿色金融综合服务平台。

积极抢抓绿色金融发展机遇。推进绿色金融支持绿色建筑发展工作，以市场化手段支持绿色建筑发展，壮大绿色建筑产业。加快推进环境权益资源市场化改革，构建排污权二级市场交易机制，激励和"倒逼"企业实行绿色发展。培育打造绿色金融地方样板，组建绿色金融与发展研究院。

不断改善绿色金融发展环境。创新绿色金融司法实践，组织金融机构开展环境压力测试，引导地方金融组织树立绿色发展理念和责任投资意识。探索绿色金融统计数据质量监督问责制度，促进绿色金融规范发展。

8.6.5　实施产品碳标签制度

随着数字技术驱动的个性化转型，企业从被动等待转变为主动创造，实现新型的可持续发展。许多企业认识到了这一挑战，摒弃过时观念，推动新的市场模式。在数字化时代，企业需要改变既有的市场规则，将地球关键绩效指标及产品碳足迹量化数值（碳标签）纳入其中。碳标签作为生态标签的一种，是促进可持续生产与消费的一个基本手段，创造了一个对企业的节能减排进行经济回报的市场机制。通过产品碳标签赋予消费者知情权，引导其根据温室气体排放量选择购买低碳产品，促使企业不断进行低碳技术更新。三省一市可以依托省（市）内大型制造企业和现有的互联网平台推动低碳标签制度，通过开展碳标签的认证，促使企业发现自身资源或能源消耗存在问题，从而改进制造工艺，实现高能效生产。

大力推动一些日常消费品试行碳标签，为碳标签推广积累经验。从西方国家的实践经验看，碳标签确实起到了引导公众低碳减排行为的培育，也弥补了平时对公众环保教育的不足。鉴于全行业在推广碳标签方面存在着标准不明晰、推广成本较高、公众接受难度大等问题，可以先从日常消费品行业入手试行碳标签，如矿泉水、卫生纸等快消品。在初步培育公众环保意识后，再逐渐拓展碳标签的应用范围。

尽快出台碳标签涉及的各项标准与规范。低碳之风越来越具体化为一个个产业标准，一方面推动企业转型升级，另一方面对各行业进行洗牌。西方国家在摸索试行碳标签的过程中都提出了不同的标准与规范。长三角区域在全面试行碳标签前应当由行业协会、龙头企业出面，明确该行业涉及的各项标准与规范，将已有的环保标识整合起来。以卫生纸行业为例，对木浆纸、再生纸、竹浆纸等不同类型的分类标识并不明确，对不同类型卫生纸造成的污染水平也没有广而告之，生产与销售规范也有欠缺。

与先行者"蚂蚁森林"合作，使"能量球"的核算方式更加科学。"蚂蚁森林"的使用群体非常广泛，且日活跃度较高，对启发公众低碳意识有着先行优势。如果碳标签在长三角区域只是落在产品外包装上，则在当前环保意识相对淡薄的环境下对公众激励作用有限。将碳标签中集成的碳排放数据通过"扫一扫"的功能上传到社交网络，可以促进"节能减排"新风尚的形成，从而潜移默化地推动公众低碳观念的养成。

8.6.6　健全激励约束机制

8.6.6.1　参与全国碳排放权交易市场

按照"统筹谋划、突出重点、稳步实施"的工作思路，积极稳妥推进重点企（事）业单位碳报告工作，加快推进重点企（事）业单位温室气体排放报告制度建设。积极组织开展核（复）查机构能力建设活动，并首次建立核（复）查人员业务能力考评机制、核查机构绩效评价通报机制和现场复查机制，强化核（复）查机构业务能力管控，确保第三方核查、复查工作的质量和成效。长三角区域积极配合全国碳排放交易市场建设，以发电行业为突破口，分阶段、有步骤地逐步推进碳市场建设。逐步扩大参与碳市场的行业范围和交易主体范围，增加交易品种，增加市场活跃度，同时防止过度投机和过度金融化，切实防范金融等方面风险，充分发挥碳市场对控制温室气体排放、降低全社会减排成本的作用。

8.6.6.2　建立健全气候变化影响监测与风险评估机制

统筹建设气候变化监测预警体系，增强应对极端气候事件的能力。在典型气候脆弱地区开展气候风险识别与评估，鼓励各区市开展定期的适应气候变化工作进展评估，逐步建立省级主管部门定期发布适应气候变化工作进展报告的长效机制，构建气候风险指数，编制长三角区域气候变化风险分布图，将气候风险评估结果作为编制相关规划的科学依据和适应气候变化决策的有效支撑。

与气候变化风险评估相关的研究工作主要集中在基于气候变化风险概念模型的风险指数评估、基于气候情景预估与关键阈值的风险概率评估以及气候变化脆弱性识别与评价。例如，流域洪涝灾害危险性可以通过年平均大雨日、平均最大 3 日降水量、海拔高度、倾斜度和缓冲区等 5 个指标来评价；通过洪灾承受体的人口密度、GDP 密度和农作物面积等指标来评价其脆弱性。通过对各区域进行气候变化风险定性分析和量化评估，从空间上构建整个长三角区域防范和应对极端气候事件的系统。

8.7　重大工程

8.7.1　低碳试点工程

8.7.1.1　国家级低碳试点工程

在长三角区域一体化示范园区，建立以"低碳技术、低碳产业、低碳能源、低碳建筑、低碳交通、低碳生活、低碳管理、低碳政策、环境健康区"为重点的低碳发展体系，形成特色鲜明的低碳生产与生活方式，为产城融合发展园区探索低碳发展模式。在产业低碳化、能源低碳化、建筑低碳化、交通低碳化、管理低碳化等领域加快突破，形成"城市发展贯彻低碳理念、经济转型依靠低碳产业、社会公众营造低碳氛围"的可持续发展新局面，在全国起到较好的示范试点作用。同时，各省份基于自身条件，打造一批具有国际领先、国内一流的国家级低碳试点示范工程（图 8-5、图 8-6）。

8.7.1.2　省级低碳试点工程

低碳城市。构建城市低碳发展规划和政策支持体系，建立碳排放统计管理体系，形成以低碳排放为特征的空间布局、产业体系和能源结构，培育低碳生活方式和消费模式。鼓励试点城市提出峰值目标，在目标"倒逼"机制、温室气体排放总量控制、"互联网+低碳城市"、近零碳排放区示范工程等领域实施探索，积极参与国际交流合作。通过试点，城市碳排放管理体系基本建立，碳排放得到有效控制，碳强度下降水平位居全省前列。

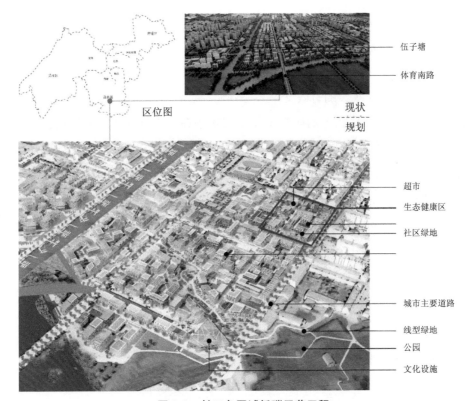

图 8-5 长三角区域低碳示范工程

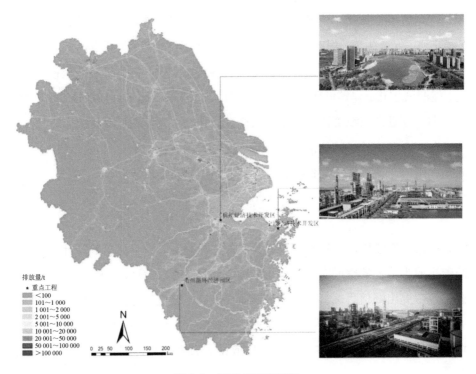

图 8-6 国家级示范工程

低碳县（市）。建立推进低碳发展的政府治理体系、空间管理体系、统计核算体系，完善低碳产业培育机制，健全低碳能源开发利用机制，构建低碳生活推广机制。鼓励试点县（市）在温室气体排放总量控制、碳排放管理平台、近零碳排放区示范工程、碳汇能力建设等领域实施探索。通过试点，县（市）碳排放管理水平显著提升，碳排放得到有效控制，碳强度下降水平位于全省前列。

低碳城镇。按照低碳发展理念，统领城镇规划、建设、运营和管理全过程，打造低碳生产生活综合体，推广应用低碳技术，培育低碳文化，形成城镇低碳运营管理机制。鼓励试点城镇在低碳建筑、低碳交通、智慧低碳能源供应体系、城镇温室气体排放信息化管理体系等领域实施探索。通过试点，园区碳排放管理水平显著提升，碳排放得到有效控制，碳生产力水平位于全省前列。

低碳园区。大力推进低碳生产，优化低碳产业链和生产组织模式，加快重点用能行业低碳化改造，培育低碳新兴产业，改善园区用能结构。积极开展低碳技术创新与应用。建立健全园区碳排放管理制度，编制年度碳排放清单，建立碳排放信息管理平台。加强低碳基础设施建设，制订园区低碳发展规划，完善空间布局。鼓励园区在制定低碳生产和入园标准、企业碳盘查、项目碳排放评估、产品碳认证等领域实施探索。通过试点，园区碳排放强度大幅下降，传统产业低碳化改造和新型低碳产业发展取得显著成效，碳排放管理水平位居全省前列。

低碳企业。构建企业碳排放管理体系，实施碳排放监测，编制年度碳排放报告。研发和应用低碳技术，开发低碳产品，实施低碳改造，开展低碳咨询服务，宣传低碳理念。鼓励试点企业在碳排放信息披露、绿色供应链、产品（服务）碳足迹核算、低碳产品（服务）认证、碳金融等领域实施探索。通过试点，企业碳排放管理水平、碳生产力水平位居行业前列。

8.7.1.3　其他各类试点工程

在条件成熟的限制开发区域和禁止开发区域、生态功能区、城镇等探索开展近零碳排放区示范工程。积极创建国家低碳产业示范园区、国家低碳城（镇）试点、国家低碳示范社区试点以及低碳商业、低碳旅游、低碳企业试点。开展建立统一的绿色产品标准、认证、标识体系建设试点，研究建立覆盖产品全生命周期的绿色产品评价体系。以强化金融支持为重点，推动开展气候投融资试点工作。

8.7.1.4　低碳社区

低碳社区是指：在社区内，除了将所有活动所产生的碳排放降到最低，也希望通过生态绿化等措施，达到零碳排放的目标；从可持续发展的概念出发，从可持续社区和一个地球生活社区模式的倡导下提出低碳社区建设模式，以低碳或可持续的概念来改变民众的行为模式，来降低能源消耗并减少 CO_2 的排放。从城市结构关系来看，当代城市土地开发主要体现在社区的建设上，社区的结构是城市结构的细胞，社区结构与密度对城市能源及 CO_2 排放起着关键的作用。上海市推出低碳社区试点工作，第二批低碳社区试点仍在进行中。

8.7.2　产业低碳化建设工程

低碳产业是指为节约能源资源、发展循环经济、保护生态环境提供物质基础和技术保障的产业，是国家加快培育发展的战略性新兴产业，是浙江省重点发展的七大万亿产业之一。低碳产业涉及节能环保技术装备、产品和服务等，产业链长，市场需求大，拉动作用强。

8.7.2.1　高端技术装备产业化工程

以高效节能、清洁能源、大气污染防治、水污染治理等为重点，加大技术创新力度，提升系统智能化、集成化能力，推动成台套、一体化发展，加快高端技术装备制造产业化。以工程中心为平台，加快技术创新；以龙头企业为载体，加大产品推广力度。完善政产学研用协同创新机制，改革技术创新管理和转化机制，激发制造业创新活力。到 2035 年，培育一批节能环保装备制造龙头企业，扶持一批节能环保重点企业研究院，实施一批技术攻关和高端技术装备产业化项目，推动节能降碳和清洁能源技术装备、资源循环利用技术装备以及环保技术装备高端化发展。

8.7.2.2　园区循环化改造工程

进一步推进省级及以上园区循环化改造，以优化空间布局、调整产业结构、构建循环产业链、完善基础设施和公共服务平台为抓手，促进废物交换利用、能量梯级利用、水资源循环利用，形成低消化、低排放、高效率、能量循环的现代产业体系。到 2035 年，制造业类省级及以上园区（开发区）全部实施循环化改造，培育 200 个省级及以上示范园区，为各类产业园区发展循环经济、实现转型升级提供示范。园区资源产出率、土地产出率、资源循环利用率等主要指标大幅提升，主要污染物排放量大幅降低，成为"经济快速发展、资源高效利用、环境优美清洁、生态良性循环"的循环经济园区。

8.7.2.3　低碳产业示范基地培育工程

依托低碳产业有较好基础和发展后劲的产业集聚区、工业园区、经济技术开发区、高新技术开发区等，构建以高端化、集聚化、智能化、绿色化为核心特征的产业体系，推动产业创新升级，促进产业集聚提升。到 2035 年，长三角区域培育一批规模经济效应显著、专业特色鲜明、综合竞争力较强的低碳产业示范基地，形成对区域产业发展具有明显示范、辐射、带动效应的低碳产业集群。

第9章 区域生态体系建设与生物多样性保护

以维护区域生态安全为目标，以保障生态空间、提升生态质量、改善生态功能为主线，共同保护重要生态系统，切实加强生态环境分区管治，强化生态红线区域保护和修复，加强森林、河湖、湿地等重要生态系统保护，提升生态产品供给能力，夯实长三角区域绿色发展生态本底。

9.1 区域生态保护现状

9.1.1 区域生态系统类型丰富

长三角区域跨暖温带、北亚热带、中亚热带 3 个气候带，兼跨长江、淮河、新安江三大流域，境内山丘、平原、湖泊、农田、湿地等镶嵌交错，自然景观具有高度的异质性。生态系统结构复杂，类型极具多样性，主要包括森林、湿地、海洋、农田、城市、草原等生态系统，是野生动植物生存繁衍、区域生态功能维持的基础。长三角区域生态用地面积达 136 640.9 km^2，占长三角区域国土总面积的 38.8%。生态用地以林地为主，占长三角区域总面积的 29.9%；其次为水域、草地、灌木和湿地，分别占总面积的 7.0%、1.2%、0.4% 和 0.2%（表 9-1）。

生态用地主要分布在皖西大别山区和皖南－浙西－浙南山区，以及长江、淮河、太湖、巢湖等河流和湖泊（图 9-1）。林地面积最大的地级市是丽水市，占长三角区域林地总面积的 13.7%；其次为杭州市、黄山市、温州市、宣城市和六安市，分别占林地总面积的 11.0%、7.9%、7.7%、6.9% 和 6.6%，累计超过长三角区域林地面积的一半以上。草地面积最大的地级市是丽水市，占总草地面积的 13.0%；其次为温州市、杭州市、安庆市和金华市，分别占草地总面积的 7.7%、7.5%、7.2% 和 5.3%。水域面积最大的地级市为苏州市，占总水域面积的 11.6%；其次为安庆市、杭州市、宿迁市、合肥市，分别占长三角区域水域总面积的 6.8%、5.8%、5.5% 和 5.2%。湿地面积最大的地级市为六安市，占总湿地面积的 8.6%；其次为安庆市、苏州市、无锡市和扬州市，分别占湿地总面积的 7.5%、7.1%、6.1% 和 5.5%。灌木面积最大的地级市为温州市，占灌木总面积的 20.4%；其次为丽水市、台州市、宁波市和杭州市，分别占灌木总面积的 18.3%、13.7%、8.4% 和 7.7%。

表 9-1　各类生态用地面积

类型	面积/km²	占总面积百分比/%
林地	105 462.0	29.9
水域	24 638.0	7.0
草地	4 268.5	1.2
灌木	1 508.4	0.4
湿地	763.92	0.2
合计	136 640.9	38.8

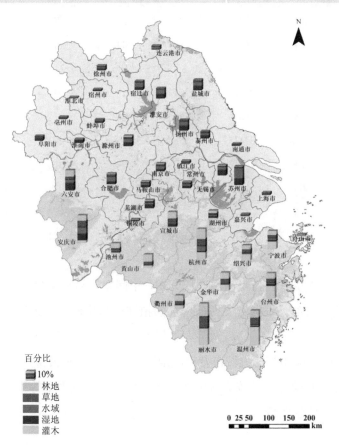

图 9-1　长三角区域地市生态用地空间分布（2017 年土地利用数据）

9.1.2　以水文调节、气候调节和净化环境等生态服务价值为主

2015 年，长三角区域生态资产总值为 32 386 亿元。其中，水文调节、气候调节和土壤保持价值较大，分别占生态资产总价值的 69.30%、9.16% 和 8.68%；其他生态系统服务类型的价值占比均低于 5%，包括食物生产价值（3.08%）、原料生产价值（1.33%）、水资源供给价值（2.36%）、净化环境价值（4.11%）、气体调节价值（4.77%）以及美学景观价值（1.94%）；而水资源供给价值为负数（−764 亿元）。从不同生态系统类型的生态资产价值角度来看，水域的生态资产价值估值为 11 827 亿元，占生态资产总价值的 36.52%；林地的生态资产价值估值为 10 033 亿元，占生态资产总价值的 30.98%；耕地的生态资产价值估值为 7 572 亿元，占生态资产总价值的 23.38%；其他生态系统类型的生态资产价值占生态资产总价值的比例不足 5%（表 9-2、图 9-2）。

表 9-2　2015 年生态资产价值统计　　　　　　　　　　　　　单位：亿元

	耕地	林地	草地	水域	建设用地	未利用地	总计
食物生产价值	687	133	19	37	120	0.3	997
原料生产价值	174	192	22	11	30	0.2	430
水资源供给价值	−1 359	53	15	766	−241	0.8	−764
土壤保持价值	211	2 315	251	14	20	1	2 812
净化环境价值	463	568	70	142	87	1.0	1 331
水文调节价值	5 818	3 977	558	10 668	1 403	18.5	22 442
气候调节价值	719	1 837	199	94	115	1.5	2 965
气体调节价值	663	651	76	43	112	0.7	1 546
美学景观价值	196	307	37	51	35	0.4	627
总计	7 572	1 033	1 249	11 827	1 681	24	32 386

长三角区域生态资产价值呈南高北低分布，空间差异显著（图 9-3）。生态资产高值区主要分布于浙江大部分地区、安徽西南部的植被覆盖度较高的地区以及长江、淮河、太湖、巢湖、洪泽湖、高邮湖、骆马湖等大中型河湖地区。生态资产低值区主要为上海、苏州、南京、合肥、杭州等较大城市及周围地区，这些区域植被覆盖度较低，生态系统脆弱，生态环境遭到破坏，导致原料生产、净化环境、气候调节等生态系统服务较差，相应的生态资产价值也较低。

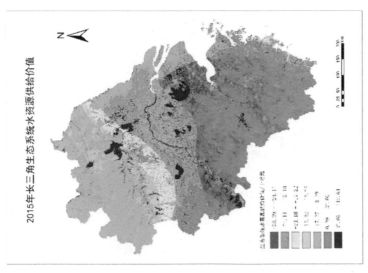

2015年长三角生态系统水资源供给价值

2015年长三角生态系统原料生产价值

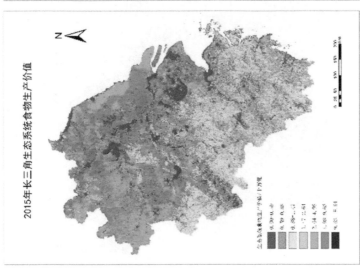

2015年长三角生态系统食物生产价值

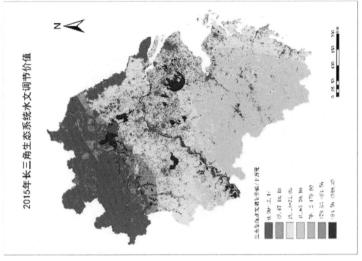

2015年长三角生态系统水文调节价值

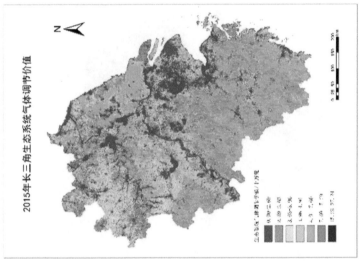

2015年长三角生态系统气体调节价值

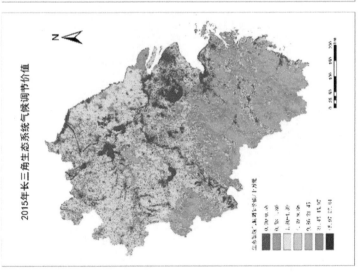

2015年长三角生态系统气候调节价值

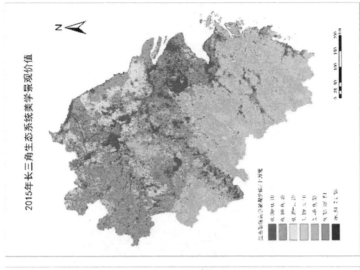

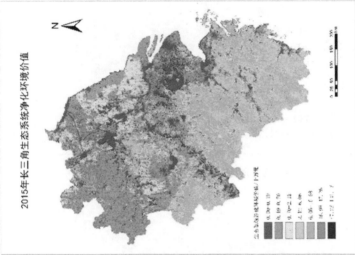

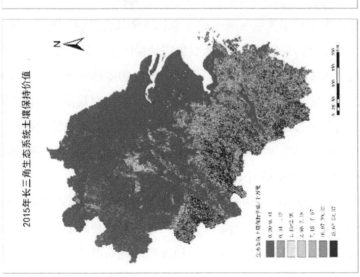

图 9-2 2015 年长三角区域不同生态系统服务类型值分布

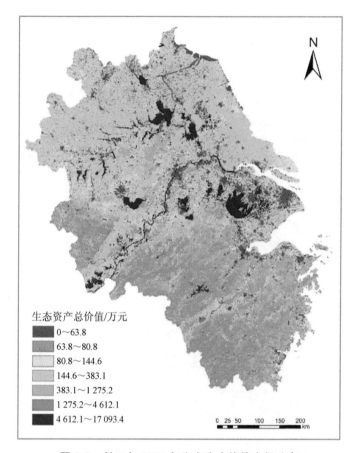

图 9-3   长三角 2015 年生态资产价值空间分布

9.1.3   保护区域生物多样性

区域生物多样性保护直接关系区域生态安全和经济社会发展，具有全球性生态和生物多样性保护意义。在全国划定的 63 个重要生态功能区中，长三角区域共涉及 6 个，包括苏北滨海湿地生物多样性保护重要区、浙闽山地生物多样性保护与水源涵养重要区、天目山—怀玉山区水源涵养与生物多样性保护重要区、皖江湿地洪水调蓄重要区、淮河中游湿地洪水调蓄重要区与洪泽湖洪水调蓄重要区。区域有各类自然保护区 178 个，总面积约为 13 906.10 km²，其中国家级自然保护区 24 个，省级自然保护区 56，市级自然保护区 11 个，县级自然保护区 87 个。地区分布：安徽 106 个，浙江 37 个，江苏 31 个，上海 4 个。另外，长三角区域内拥有国家级国家森林公园 102 个，总面积达 4 688.89 km²；国家级湿地公园 69 个，国家级地质公园 21 个和国家级海洋公园 9 个。江苏盐城市国家级珍禽自然保护区、浙江天目山自然保护区、浙江南麂列岛国家级自然保护区、黄山风景区被列为国际生物圈保护区网络成员；浙、闽、赣交界山地，江苏盐城沿海、上海崇明岛东滩等沿海滩涂湿地，舟山—南麂岛海区等被列入全国优先保护的 17 个生物多样性关键地区（图 9-4）。

图 9-4　长三角区域国家级自然保护区分布

2010 年，国务院常务会议批准发布了《中国生物多样性保护战略与行动计划（2011—2030）》，在综合考虑生态系统代表性、特有程度、特殊生态功能，以及物种丰富度、珍稀濒危程度、受威胁因素、地区代表性、经济用途、科学研究价值、分布数据的可获得性等因素的基础上，在全国划定 35 个生物多样性保护优先区域，包括 32 个内陆陆地和水域生物多样性保护优先区域以及 3 个海洋及海岸生物多样性保护优先区域。其中，内陆陆地和水域优先区域涉及 27 个省（自治区、直辖市）的 904 个县级行政区，总面积达 276.26 万 km²，约占我国陆地国土面积的 28.78%。长三角区域主要涉及以下 4 个生物多样性保护优先区域：

大别山生物多样性保护优先区域：安徽、河南和湖北三省交界处。优先区域总面积 24 655km²，涉及 3 个省的 21 个县级行政区，包括 7 个国家级自然保护区。保护重点为大别山五针松林、台湾松林等森林生态系统以及金钱豹、原麝、斑羚、白颈长尾雉等重要物种及其栖息地（图 9-5、表 9-3）。

审图号：GS(2015)2669 号

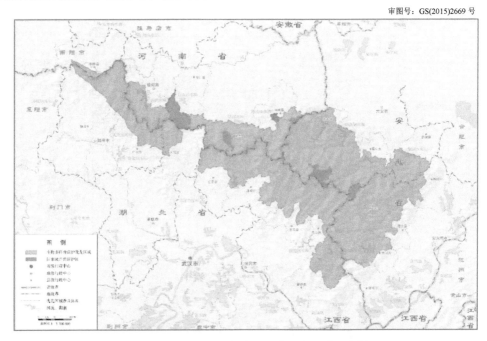

图 9-5 大别山生物多样性保护优先区域示意图

表 9-3 大别山生物多样性保护优先区域范围（安徽省）

省级行政区	地级行政区	县级行政区	具体范围
安徽省	安庆市	潜山县	五庙乡，官庄镇，黄柏镇，龙潭乡，塔畈乡，槎水镇，水吼镇，天柱山镇，痘姆乡
		太湖县	北中镇，百里镇，弥陀镇，牛镇，刘畈乡，汤泉乡，寺前镇，天华镇，小池镇，晋熙镇北部山区（国道 G105 以北），城西乡西北部山区（国道 G105 以北）
		宿松县	趾凤乡
		岳西县	全境，鹞落坪国家级自然保护区
		桐城市	中义乡，唐湾镇，黄铺乡
	六安市	舒城县	五显镇，山七镇，晓天镇
		金寨县	除白塔畈镇以外的其他地区
		霍山县	诸佛庵镇，落儿岭镇，大化坪镇

黄山—怀玉山生物多样性保护优先区域：位于浙江、安徽和江西三省交界的低山丘陵地带。优先区域总面积达 33 928 km²，涉及 3 个省的 27 个县级行政区，包括 5 个国家级自然保护区。保护重点为台湾松林、苦槠林、青冈林等森林生态系统以及黄山梅、

天目铁木、白颈长尾雉、白冠长尾雉等重要物种及其栖息地（图 9-6、表 9-4）。

审图号：GS(2015)2669 号

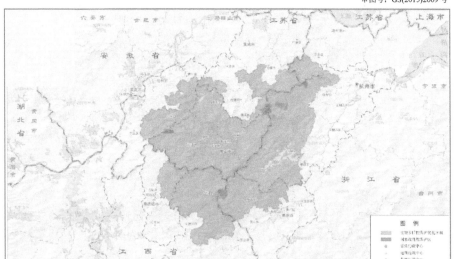

图 9-6　黄山-怀玉山生物多样性保护优先区域

表 9-4　黄山-怀玉山生物多样性保护优先区域范围（安徽省、浙江省）

省级行政区	地级行政区	县级行政区	具体范围
安徽省	黄山市	市辖区	全境
		黄山区	全境
		歙县	全境，安徽清凉峰国家级自然保护区
		休宁县	全境
		黟县	全境
		祁门县	全境，古牛绛国家级自然保护区
	池州市	市辖区	老山省级自然保护区
		东至县	葛公镇，阳湖镇
		石台县	全境，古牛绛国家级自然保护区
		青阳县	杜村乡，庙前镇，九华乡
	宣城市	绩溪县	家朋乡，荆州乡，伏岭镇瀛洲镇，临溪镇，安徽清凉峰国家级自然保护区位于该县境内的区域
		泾县	桃花潭镇，茂林镇，汀溪乡
		宁国市	南极乡，中溪镇，仙霞镇

省级行政区	地级行政区	县级行政区	具体范围
浙江省	杭州市	市辖区	鸬鸟镇，径山镇
		桐庐县	百江镇，合村乡，分水镇
		淳安县	全境
		建德市	李家镇，大同镇，石屏乡
		临安市	除玲珑街道、锦城街道、上甘街道、板桥乡、三口镇和青山镇以外的其他区域，临安清凉峰国家级自然保护区，浙江天目山国家级自然保护区
	湖州市	安吉县	山川乡，天荒坪镇，上墅乡，孝丰镇，杭垓镇，章村镇，报福镇
	衢州市	市辖区	上方镇，灰坪乡，太真乡，双桥乡，七里乡，九华乡，石梁镇，杜泽镇
		常山县	新桥乡，新昌乡，芳村镇
		开化县	全境，古田山国家级自然保护区

武夷山生物多样性保护优先区域：位于浙江、福建和江西三省交界的山地丘陵地带。优先区域总面积为 79 287 km²，涉及 3 个省的 80 个县级行政区，包括 20 个国家级自然保护区。保护重点为台湾松林、白皮松林、苦槠林、青冈林等生态系统以及百山祖冷杉、雁荡润楠、云豹、白颈长尾雉等重要物种及其栖息地（图 9-7、表 9-5）。

审图号：GS(2015)2669 号

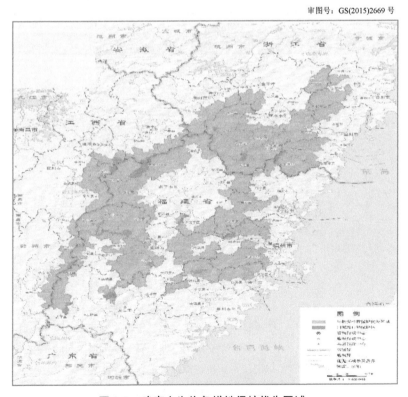

图 9-7　武夷山生物多样性保护优先区域

表 9-5　武夷山生物多样性保护优先区域范围（浙江省）

省级行政区	地级行政区	县级行政区	具体范围
浙江省	温州市	永嘉县	碧莲镇，岩坦镇，巽宅镇
		平阳县	青街畲族乡，顺溪镇，山门镇
		苍南县	桥墩镇北部山区（国道 G104 以北），玉龙湖
		文成县	全境
		泰顺县	全境，乌岩岭国家级自然保护区
		瑞安市	高楼镇，湖岭镇
	金华市	市辖区	安地镇，岭上乡，箬阳乡，沙畈乡，塔石乡，琅琊镇
		武义县	白姆乡，西联乡，桃溪镇，俞源乡
		磐安县	全境，大盘山国家级自然保护区
	衢州市	市辖区	大洲镇，湖南镇，黄坛口乡，举村乡，岭洋乡
		龙游县	社阳乡，大街乡，罗家乡，庙下乡，沐尘畲族乡，溪口镇
		江山市	瓶窑乡，峡口镇，保安乡，廿八都镇，双溪口乡，塘源口乡，张村乡，上余镇南部山区（江山港河以南），石门镇南部山区（高速 G3 以南）
	台州市	天台县	街头镇，龙溪乡，雷峰乡，南屏乡
		仙居县	除安州街道、福应街道、南峰街道和下各镇以外的其他区域
		临海市	括苍镇，白水洋镇南部山区（永安溪以南）
	丽水市	市辖区	黄村乡，大港头镇，峰源乡
		青田县	除青田县城、贵岙乡、小舟山乡、吴坑乡、腊口镇和温溪镇以外的其他区域
		缙云县	石笕乡，大洋镇，大源镇
		遂昌县	全境，九龙山国家级自然保护区
		松阳县	大东坝镇，玉岩镇，新兴镇，安民乡，枫坪乡
		云和县	全境
		庆元县	全境，凤阳山—百山祖国家级自然保护区
		景宁县	全境
		龙泉市	全境，凤阳山—百山祖国家级自然保护区

　　东海及台湾海峡生物多样性保护优先区域包括上海奉贤杭州湾北岸滨海湿地、青草沙、横沙浅滩，浙江杭州湾南岸、温州湾海岸及瓯江河口三角洲滨海湿地，渔山列岛、披山列岛、洞头列岛、铜盘岛、北麂列岛及其邻近海域，大陈、象山港、三门湾海域，

福建三沙湾、罗源湾、兴化湾、湄洲湾、泉州湾滨海湿地，东山湾、闽江口、杏林湾海域，东山南澳海洋生态廊道，黑潮流域大海洋生态系统。

区域物种多样性丰富。浙江共有野生维管植物 3 343 种，包括我国特有野生维管束植物 1 293 种，如百山祖冷杉、普陀鹅耳枥、天目铁木等；野生脊椎动物 775 种，其中我国特有野生高等动物 141 种，列入国家重点保护野生动物名录的国家一级重点保护野生动物 16 种、国家二级重点保护动物 79 种；近岸海域有浮游植物 530 种、浮游动物 259 种、底栖生物 546 种、潮间带生物 649 种、底栖藻类 273 种，海域共有鱼类 386 种，其中国家保护物种 5 种，中国特有物种 15 种。江苏省有维管束植物 2 290 种、脊椎动物 1 070 种、鱼类 476 种，中国特有物种 550 种。安徽省有脊椎动物近 630 种、种子植物 2 498 种。上海市共有淡水鱼类 300 多种、陆生脊椎动物 530 种、野生维管束植物 780 种。

江苏、浙江、安徽三省的遗传多样性种类繁多、类型多样。江苏有栽培大田农作物 133 种、果桑茶 34 种、蔬菜种质资源 172 种、养殖种质资源 25 种 148 个品种。地方畜禽品种资源丰富，其中，列入《国家级畜禽遗传资源保护名录》10 种，列入《江苏省省级畜禽遗传资源保护名录》29 种，列入省地方品种志 33 种；各类中药资源 1 600 种，其中植物药用资源 1 384 种，重要的道地药材包括茅苍术、苏薄荷、太子参、夏枯草等；观赏植物 1 336 种，种植利用的林果、茶桑、花卉等品种达 260 余个。浙江拥有富含淀粉、蛋白质、维生素的野生食用植物 500 余种、野生药用植物 1 700 多种、野生工业用植物 150 多种；栽培作物品种 6 000 余种，有许多名特优品种，如兰溪大青豆、西湖莼菜、义乌黑芝麻、常山胡柚、西湖龙井等；地方优良畜禽品种 34 个，其中国家级保护品种 7 个，主要有金华猪、湖羊、仙居鸡、绍鸭、永康灰鹅等。安徽主要栽培植物有 645 个品种，如明光绿豆、涡阳苕干、黟县香榧、宁国山核桃、徽州贡菊、宣州木瓜、怀宁望春花、萧县巴斗杏、来安花红、砀山酥梨、徽州雪梨、怀远石榴、大别山猕猴桃、三潭枇杷、水东蜜枣、铜陵生姜等，都是驰名中外的特有品种。

9.1.4　生态保护红线现状

2017 年 2 月，中共中央办公厅、国务院办公厅印发《关于划定并严守生态保护红线的若干意见》，是党中央、国务院在新时期新形势下做出的一项重大决策，是推进国土空间用途管制、守住国家生态安全底线、建设生态文明的一项重要的基础性制度安排。长三角区域三省一市均已批准发布生态保护红线方案（图 9-8），目前正处在生态保护红线方案评估与优化、勘界定标阶段。长三角区域三省一市生态保护红线总面积约为 80 366.4 km²，占长三角区域生态保护空间总面积的 59.8%。

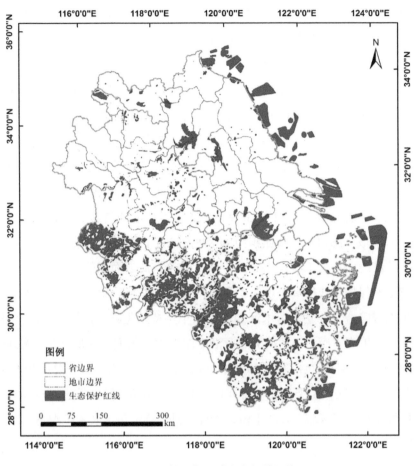

图 9-8　长三角区域生态保护红线

　　上海市生态保护红线呈现"一片多点"的空间格局:"一片"为沿江沿海呈片状集中分布的自然保护区、重要湿地与饮用水水源保护区;"多点"为陆域呈点状分布的森林公园、生物栖息地等区域。生态保护红线区域总面积为 2 082.69 km²,占全市陆海统筹国土总面积的 11.84%。其中,陆域生态保护红线区域面积为 89.11 km²,生态空间内占比为 10.23%,陆域边界范围内占比为 1.30%;长江河口及海域面积为 1 993.58 km²。自然岸线包含大陆自然岸线和海岛自然岸线两种类型,总长度为 142 km,占岸线长度的 22.6%。共包含生物多样性维护红线、水源涵养红线、特别保护海岛红线、重要滨海湿地红线、重要渔业资源红线和自然岸线 6 种类型。

　　江苏省陆域生态保护红线空间格局呈现为"一横两纵三区":"一横"为长江及其沿岸,主要生态功能为水源涵养;"两纵"为京杭大运河沿线和近岸海域,主要生态功能为水源涵养和生物多样性维护;"三区"为苏南丘陵区、江淮湖荡区和淮北丘岗区,主要生态功能为水源涵养和水土保持。江苏省生态保护红线区域总面积为 18 150.34 km²,

占全省陆海统筹总面积的 13.14%。其中，陆域生态保护红线面积为 8 474.27 km^2，占全省陆域面积的 8.21%；海洋生态保护红线面积为 9 676.07 km^2，占全省管辖海域面积的 27.83%。

浙江省生态保护红线基本格局呈"三区一带多点"："三区"为浙西南山地丘陵生物多样性维护和水源涵养区、浙西北丘陵山地水源涵养和生物多样性维护区、浙中东丘陵水土保持和水源涵养区，主要生态功能为生物多样性维护、水源涵养和水土保持。"一带"为浙东近海生物多样性维护与海岸生态稳定带，主要生态功能为生物多样性维护。"多点"为部分省级以上禁止开发区域及其他保护地，具有水源涵养和生物多样性维护等功能。浙江省生态红线总面积为 38 929.09 km^2，占浙江省总面积和管辖海域面积的 26.25%。其中，陆域生态保护红线面积为 24 843.91 km^2，占浙江省陆域国土面积的 14.84%；海洋生态保护红线面积为 1.41 万 km^2，占浙江省管辖海域面积的 31.72%。

安徽省生态保护红线格局呈现为"两屏两轴"："两屏"为皖西山地生态屏障和皖南山地丘陵生态屏障，主要功能为水源涵养、水土保持及生物多样性维护；"两轴"为长江干流及沿江湿地生态廊道、淮河干流及沿淮湿地生态廊道，主要功能为湿地生物多样性维护。安徽省生态保护红线总面积为 21 233.32 km^2，占安徽省国土总面积的 15.15%。包含三大类 16 个片区，主要分布在皖西山地和皖南山地丘陵区等水源涵养、水土保持及生物多样性维护重要区域，长江干流及沿江湿地、淮河干流及沿淮湿地等生物多样性维护重要区域。

9.2　区域生态保护存在的问题

9.2.1　生态用地保护有待加强

长三角区域生态用地破碎化和连通度下降均较为显著（图 9-9、图 9-10）。长三角区域生态用地破碎度为 0~0.1 的面积占区域生态用地总面积的 57.7%，破碎度为 0.1~0.2 的面积占 7.7%，破碎度大于 0.2 的面积占 34.6%；生态用地连通度超过 90 的面积占 81.6%，连通度为 80~90 的面积占 15.5%，连通度低于 80 的面积占 2.9%。现有研究表明，破碎度大于 0.2，或连通度低于 90 时，生态用地的生态服务功能及生态服务流均存在明显的下降趋势。

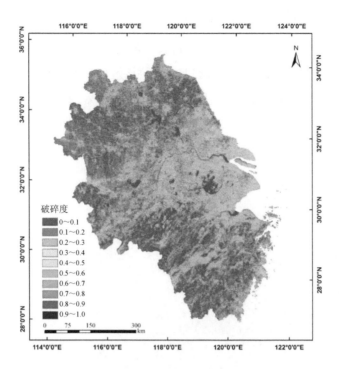

图 9-9　长三角区域破碎度空间分布

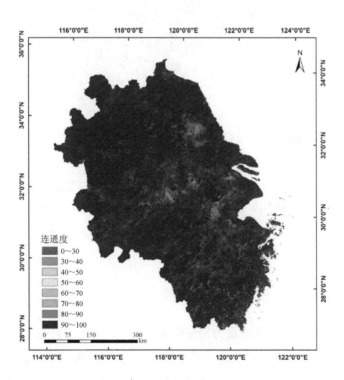

图 9-10　长三角区域连通度空间分布

通过形态空间格局分析法（MSPA），识别长三角生态保护空间（ecological protect area，EPA）总面积约 134 351 km² （图 9-11），占长三角区域国土总面积的 38.1%。其中，生态保护空间面积较大的为核心区（57 185 km²）、桥接区（21 363 km²）、边缘区（17 726 km²）和孤岛（14 287 km²），分别占长三角区域总面积的 16.2%、6.1%、5.0% 和 4.1%。一些具有非常重要保护价值的生态源、生态廊道及特殊物种的生境并没有被划入生态保护红线或各类自然保护地体系范围，导致一些关键生态保护用地空缺。

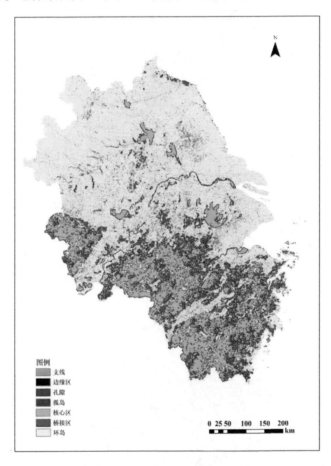

图 9-11　基于 MSPA 的长三角区域生态保护空间分布

9.2.2　区域生态保护与发展矛盾冲突较大

长三角区域是我国经济发展最为快速的地区之一，土地开发强度总体偏高，区域生态空间景观破碎，乡土生态景观和物种趋于消失，生态系统服务功能快速下降问题突出，生态保护与区域发展矛盾冲突明显。1995—2015 年，区域经历快速城市化与无序扩展，景观格局剧烈变化，建设用地增加 101.7%，而耕地、草地和林地分别减少 16.4%、36.5%

和 4.2%，导致生态空间不断被快速侵蚀，生态系统健康整体状况呈明显下降趋势。其中，生态系统健康状态良好与较好的区域面积下降了 60.6%，生态系统健康状况一般的区域面积上升了 24.1%，而较差和差的面积上升了 36.5%。

9.2.3　生物多样性保护存在空缺

尽管长三角区域各省（市）已开展了多项野生动植物资源调查，调查成果在促进保护、加强管理方面发挥了重要作用，但这些调查多为某一领域的专项调查，尚未开展详尽的覆盖全省的生物物种资源调查，缺乏系统性。由于人类活动的影响、开发建设活动的增加，生物多样性保护面临巨大压力，野生动植物适宜栖息地面积不断丧失并呈现非连续性分布，加剧了珍稀濒危物种的受威胁程度。生物资源开发利用过度是造成野生动植物资源丧失的主要原因，许多珍稀濒危药用、林木野生植物资源受到严重威胁，如杜仲、凹叶厚朴、短萼黄连等遭到破坏，白穗花、玉蝉花、海滨木槿等遭到乱采乱挖。生物多样性保护网络不够完善，保护空间布局完整性不足，各类自然保护地数量、面积、分布格局等还不能完全满足生物多样性保护的需要，例如，浙东、浙中地区的生物多样性保护节点较少；对本土特有物种遗传资源的保护力度不够；自然保护区的设立对非重点保护物种、生态系统完整性和栖息地整体保护有待加强。部分重点保护野生动植物，如长喙毛茛泽泻、莼菜、珊瑚菜等，多为小种群物种，分布范围窄，个体数量极少，仍有部分物种分布在保护区范围之外，尚未得到有效保护。部分受威胁等级较高的物种，如雁荡润楠、东方野扇花、球果假沙晶兰、象鼻兰等，还未列入重点保护物种名录，亟须得到全面保护。长三角区域是外来生物入侵危害严重的区域，近年来，凤眼莲、松材线虫、美洲斑潜蝇、稻水象甲、互花米草、加拿大一枝黄花等有害生物的入侵给农林业生产带来严重影响并在局部地区形成危害，对生物多样性构成严重威胁。

专栏 9-1　外来入侵物种名录	
01	第一批外来入侵物种（2003 年） 　　共 10 种分布在长三角区域，分别是紫茎泽兰 *Eupatorium adenophorum*、空心莲子草 *Alternanthera philoxeroides*、豚草 *Ambrosia artemisiifolia*、毒麦 *Lolium temulentum*、互花米草 *Spartina alterniflora*、凤眼莲 *Eichhornia crassipes*、假高粱 *Sorghum halepense*、蔗扁蛾 *Opogona sacchari*、福寿螺 *Pomacea canaliculata*、牛蛙 *Rana catesbeiana*
02	第二批外来入侵物种（2010 年） 　　共 7 种分布在长三角区域，分别是加拿大一枝黄花 *Solidago canadensis*、土荆芥 *Chenopodium ambrosioides*、刺苋 *Amaranthus spinosus*、稻水象甲 *Lissorhoptrus oryzophilus*、克氏原螯虾 *Procambarus clarkii*、三叶草斑潜蝇 *Liriomyza trifolii*、松材线虫 *Bursaphelenchus xylophilus*

03	第三批外来入侵物种（2014 年）
	共 14 种分布在长三角区域，分别是反枝苋 *Amaranthus retroflexus*、钻形紫菀 *Aster subulatus*、三叶鬼针草 *Bidens pilosa*、小蓬草 *Conyza canadensis*、苏门白酒草 *Conyza bonariensis var. leiotheca*、一年蓬 *Erigeron annuus*、圆叶牵牛 *Ipomoea purpurea*、巴西龟 *Trachemyss cripta*、豹纹脂身鲇 *Pterygoplichthys pardalis*、红腹锯鲑脂鲤 *Pygocentrus nattereri*、尼罗罗非鱼 *Oreochromis niloticus*、红棕象甲 *Rhynchophorus ferrugineus*、悬铃木方翅网蝽 *Corythucha ciliata*、扶桑绵粉蚧 *Phenacoccus solenopsis*

9.2.4　跨界区域存在明显的生态保护红线类型与衔接冲突

现已发布的生态保护红线方案是在《生态保护红线划定指南》的技术框架下，结合各省（市）生态本底、发展规划与主要生态环境问题确定各省（市）生态保护红线的标准与依据。因此，不同省（市）生态保护红线方案之间在技术方法与标准体系、红线类型与管控对策方面均存在较大差异。利用 GIS 空间叠加生态保护红线方案与 2017 年土地利用数据（10 m 空间分辨率），剔除生态保护红线图斑中面积少于 1 hm^2 的破碎图斑，统计分析生态保护红线与建筑用地、耕地之间的类型冲突，结果表明：上海、江苏、浙江和安徽生态保护红线与耕地冲突的面积分别为 25.76 km^2、1 071.87 km^2、984.57 km^2 和 4 869.4 km^2，与建设用地相冲突的面积分别为 11.48 km^2、547.82 km^2、316.28 km^2 和 394.91 km^2，累计分别占各省（市）生态保护红线总面积的 1.80%、9.26%、3.44% 和 20.57%（表 9-6、图 9-12）。

表 9-6　长三角区域生态保护红线用地冲突统计

省（市）	生态红线面积/km^2	与耕地冲突/km^2	与建设用地冲突/km^2	冲突小计/km^2	冲突占生态红线面积比例/%
上海	2 072.44	25.76	11.48	37.24	1.80
江苏	17 493.93	1 071.87	547.82	1 619.69	9.26
浙江	37 788.39	984.57	316.28	1 300.85	3.44
安徽	25 595.14	4 869.4	394.91	5 264.31	20.57

叠加三省一市边界、各级子流域（一级、二级）、水系、DEM（30 m）和三省一市生态保护红线，识别重要生态功能跨界区生态保护红线冲突，发现跨界功能区生态保护红线冲突面积达 1 243.7 km^2，占长三角生态保护红线总面积的 1.49%，其中安徽-江苏跨界冲突面积达 858.2 km^2，其次为安徽-浙江（326.48 km^2）、江苏-浙江（40.41 km^2）和江苏-上海（18.6 km^2）（图 9-13）。

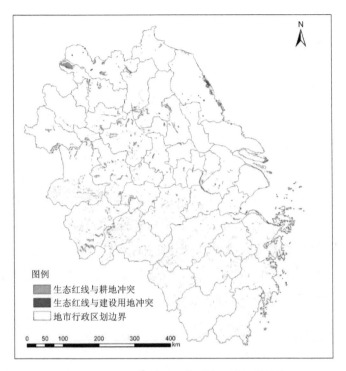

图 9-12　长三角区域生态保护红线用地冲突

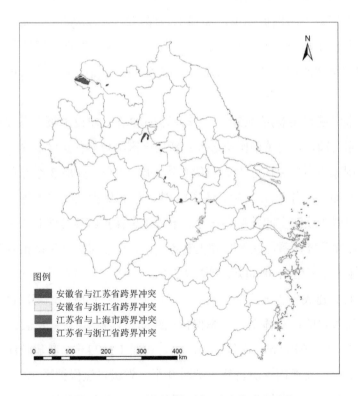

图 9-13　长三角区域生态保护红线跨界冲突

9.3   区域生态共同保护总体考虑

9.3.1   总体思路

以习近平新时代中国特色社会主义思想为指导，全面贯彻党的十九大和十九届二中、三中、四中、五中、六中全会精神，坚定不移贯彻习近平生态文明思想，全面贯彻落实党中央、国务院关于生态文明建设总体部署和要求，牢固树立和贯彻落实"创新、协调、绿色、开放、共享"与"绿水青山就是金山银山"的发展理念，按照山水林田湖草海系统保护的要求，以维护长三角区域生态安全为目标，以保障生态空间、提升生态质量、改善生态功能为主线，推进生态文明建设，强化生态监管，完善制度体系，推动补齐生态产品供给不足的短板，建成一体化生态保护的绿色美丽长三角。

9.3.2   主要目标指标

共筑皖西大别山区、皖南-浙西-浙南山区两大绿色生态屏障，共构长江水道、淮河-洪泽湖水道为重点的生态廊道，形成"两屏两廊"生态保护总体格局；构建以国家公园为主体的多层级生态保护体系，加强生态保护红线分级管控；强化重要珍稀和濒危物种、乡土和原生种质资源保护，建立生态保护红线、生物多样性预警体系与联保联管机制；生态空间面积不减少，生态系统服务持续增加，构筑长三角可持续发展绿色生命线。

2025 年目标：建设生态屏障 2 个、生态保护带 3 条，建设主级生态廊道 1 000 km；建成钱江源国家公园，筹建黄山国家公园；新增国家级自然保护区 5 个、省级自然保护区 8 个；新增国家级自然公园 5 个、省级自然公园 10 个；建成 3 个绿色发展特别生态功能区（上海青浦、江苏吴江、浙江嘉善）；建立生态保护红线监测评估与预警平台、生物多样性联保联管联测空间网络各 1 个；形成生态保护红线分级管控制度、生态补偿机制、生物多样性预警体系与联保联管机制各 1 套；重点保护野生动植物种保护率达到 98%以上，森林覆盖率达到 38%以上（表 9-7）。

2035 年目标：建成生态屏障 2 个、生态保护带 3 条；形成生态屏障区公共服务（医疗、学校等）均等化的保障体系、生态保护红线动态调整机制各 1 套；建设生态廊道 4 863 km，其中主级 1 070 km，次级 1 956 km，一般 1 837 km；新建长江滨海湿地、大别山国家公园 2 个；新增国家级自然保护区 9 个、省级自然保护区 12 个；新增国家级自然公园 9 个、省级自然公园 20 个；建成绿色发展特别生态功能区 4 个；建成生态监

测数据库和监管平台各 1 个，重点保护野生动植物种保护率达到 100%，森林覆盖率达
到 45%以上（表 9-7）。

表 9-7　长三角生态共同保护目标

指标	2025 年目标	2035 年目标
生态屏障	建设 2 个	建成 2 个
生态保护带	建设 3 条	建成 3 条
生态廊道	主级生态廊道 1 000 km	建设生态廊道 4 863 km：其中主级 1 070 km，次级 1 956 km，一般 1 837 km
国家公园	2 个（钱江源、黄山）	2 个（长江滨海湿地、大别山）
自然保护区	新增国家级自然保护区 5 个、省级自然保护区 8 个	新增国家级自然保护区 9 个、省级自然保护区 12 个
自然公园	新增国家级自然公园 5 个、省级自然公园 10 个	新增国家级自然公园 9 个、省级自然公园 20 个
特别生态功能区	3 个（上海青浦、江苏吴江、浙江嘉善）	4 个（千岛湖、宜兴-溧阳丘陵山区、崇明岛、环巢湖）
监测与预警平台	生态保护红线监测评估与预警平台 1 个；生物多样性联保联管联测空间网络 1 个	生态监测数据库和监管平台各 1 个
管理制度与机制	生态保护红线分级管控制度、生态补偿机制、生物多样性预警体系与联保联管机制各 1 套	生态保护红线动态调整机制、生态屏障保障体系各 1 套
重点保护野生动植物种保护率	98%以上	100%
森林覆盖率	38%以上	45%以上

9.4　区域生态共同保护的重点任务

9.4.1　共筑长三角生态安全格局

9.4.1.1　"两屏两廊"生态保护总体格局

基于长三角区域陆海统筹发展、长江经济带"共抓大保护、不搞大开发"等国家战
略与区域发展需求，综合长三角区域重要生态功能区、自然保护区、自然公园、重要生
态源地和生态廊道的空间分布，综合生态系统服务重要性等级、生态斑块的集中连片程

度，共筑皖西大别山区和皖南-浙西-浙南山区两大绿色生态屏障（图9-14）。协调沿江、沿河、沿海等区域生态与经济社会协同发展，构建长江廊道、淮河—洪泽湖水道为重点的生态廊道，形成"两屏两廊"生态保护总体格局。建设以钱塘江、大运河、长三角沿海岸线为重点的重要生态保护带。保护修复自然湿地，严格控制滩涂湿地围填，推进沿江沿河沿海生态修复和景观整治，完善区域一体化生态保护网络。

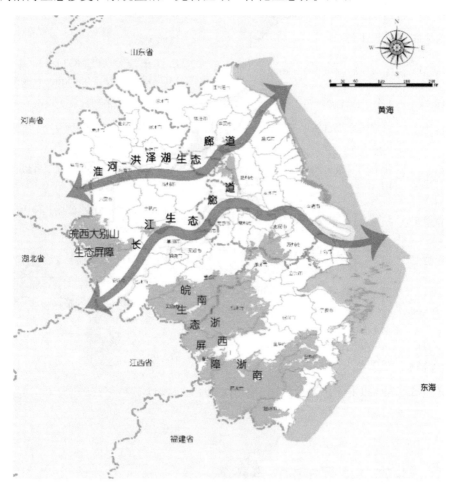

图 9-14   "两屏两廊"生态保护总体格局

9.4.1.2   "十大"重要生态功能区

遴选长三角区域水源涵养、水质净化、土壤保持、气候调节、生境维持等五类最重要的生态系统服务功能，综合气象、土壤、地形、土地利用等空间数据，运用 InVEST 模型定量评估五类重要生态系统服务功能，按各项生态服务功能高值的前20%作为划分依据，叠加取并集，得到长三角生态重要性空间（图9-15）。

考虑地形坡度对生态系统服务功能发挥及生态灾害减缓的重要影响以及水体缓冲带的生态敏感性，采用以坡度为核心的指标评价长三角区域地形敏感性，并根据 1984 年中国农业区划委员会颁发的《土地利用现状调查技术规程》中对坡度的分级，划定长三角区域坡度大于 15°以上的区域为地形敏感区域。同时，遴选出长三角区域重要的河流（长江、淮河、钱塘江等）、湖泊（太湖、洪泽湖、巢湖、千岛湖等）、湿地（江苏沿海滩涂等）以及这些重要水体的 300 m 滨水带作为水文敏感区。叠加地形敏感区和水文敏感区，获得长三角区域生态敏感区空间分布（图 9-16）。

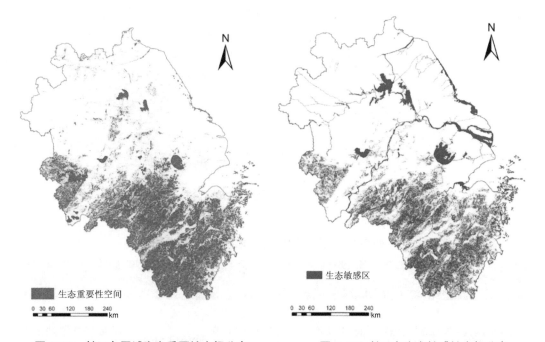

图 9-15　长三角区域生态重要性空间分布　　图 9-16　长三角生态敏感性空间分布

基于长三角区域水源涵养、水质净化、土壤保持、气候调节、生境维持等关键生态系统服务重要性与生态敏感性评估，加强以下十大重要生态功能区的生态保护：苏北—滨海湿地生物多样性保护功能区、大别山水源涵养与生物多样性保护功能区、太湖洪水调蓄与水敏感区、洪泽湖—高邮湖水域洪水调蓄与水敏感区、巢湖洪水调蓄与水敏感区、天目山-怀玉山水源涵养与生物多样性保护功能区、浙闽山地生物多样性保护和水源涵养功能区、浙东丘陵水源涵养功能区、淮河中游湿地洪水调蓄重要区和长江沿岸湿地生物多样性保护与水敏感区。这些重要生态功能区总面积约为 5.6 万 km²，占长三角国土总面积的 15.6%（图 9-17、表 9-8）。

1. 苏北滨海-长江口湿地生物多样性保护功能区
2. 大别山水源涵养与生物多样性保护功能区
3. 太湖洪水调蓄与水敏感区
4. 洪泽湖-高邮湖洪水调蓄与水敏感区
5. 巢湖洪水调蓄与水敏感区
6. 天目山-怀玉山水源涵养与生物多样性保护
   功能区
7. 浙闽、浙中山地生物多样性保护和水源涵养
   功能区
8. 浙东丘陵水源涵养功能区
9. 淮河中游湿地洪水调蓄功能区
10. 长江沿江湿地生物多样性保护与水敏感区

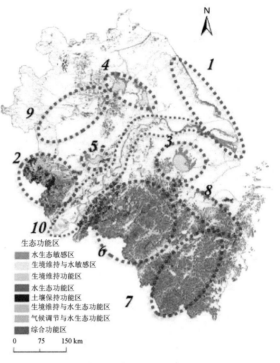

图 9-17 长三角重要生态功能区分布

表 9-8 长三角重要生态功能区类型及分布

序号	重要生态功能区	主导生态功能	空间分布范围	面积（占比）	涉及主要功能区情况
1	苏北滨海-长江口湿地生物多样性保护功能区	湿地生境维持与生物多样性保护	江苏省东部沿海滩涂地带，主要涉及江苏盐城市的响水、滨海、射阳、亭湖、大丰、东台6个县，以及南通市和上海市崇明岛	269 619.3 hm²，占2.05%	苏北滨海湿地生境维持区、崇明东滩生境维持区
2	大别山水源涵养与生物多样性保护功能区	水源涵养、土壤保持、生物多样性保护	河南、湖北、安徽3省交界处，行政区涉及安徽省六安、安庆	665 220 hm²，占5.05%	大别山水源涵养区、大别山生境维持区两个生态功能区
3	太湖洪水调蓄与水敏感区	生境维持与生物多样性保护、水生态敏感区	太湖横跨江苏和浙江两省，行政区涉及无锡、苏州、湖州三市	267 049 hm²，占2.03%	太湖洪水调蓄与水敏感区、茅山岕洪水调蓄与水敏感区、天目湖生境维持区3个生态功能区
4	洪泽湖-高邮湖洪水调蓄与水敏感区	生境维持与生物多样性保护、水生态敏感区	江苏省境内，行政区涉及宿迁、淮安、泰州、扬州、滁州5个市	260 736 hm²，占1.98%	高邮湖洪水调蓄与水敏感区、洪泽湖洪水调蓄与水敏感区两个生态功能区

序号	重要生态功能区	主导生态功能	空间分布范围	面积（占比）	涉及主要功能区情况
5	巢湖洪水调蓄与水敏感区	生物多样性保护、水生态敏感区	安徽省合肥以南区域，行政区仅涉及合肥市	108 267.6 hm², 占 0.82%	巢湖生境维持区
6	天目山-怀玉山水源涵养与生物多样性保护功能区	水源涵养、水质净化、土壤保持、生物多样性保护	浙江、安徽和江西 3 省交界处，行政区主要涉及浙江省的杭州、湖州、衢州，以及安徽省的宣城、黄山、池州	1 698 156 hm², 占 14.46%	天目山-怀玉山水源涵养与生境维持区
7	浙闽、浙中山地生物多样性保护和水源涵养功能区	水源涵养、水质净化、生物多样性保护、气候调节	浙江、福建和江西 3 省交界的山地，行政区主要涉及浙江省的温州、丽水、衢州	1 409 035 hm², 占 10.71%	九龙山水源涵养与生境维持区、浙闽与浙中山地生境维持区、水源涵养区，义乌丘陵水源涵养区
8	浙东丘陵水源涵养功能区	水源涵养	浙江省，行政区主要涉及杭州、绍兴和宁波	199 495 hm², 占 1.52%	象山水源涵养区、天台山丘陵水源涵养功能区、兰渚山水源涵养功能区、新昌丘陵水源涵养区
9	淮河中游湿地洪水调蓄功能区	洪水调蓄功能	安徽省阜阳、六安和合肥	158 230.7 hm², 占 1.20%	瓦埠湖水生态功能区、岱山湖水生态功能区、八仙台生境维持区
10	长江沿江湿地生物多样性保护与水敏感区	洪水调蓄、生物多样性保护、水生态敏感区	安徽省沿长江两岸地区，行政区域主要涉及安庆、池州、铜陵、芜湖和马鞍山等市	354 649.9 hm², 占 2.69%	皖江湿地生境维持区、嬉子湖水生态敏感区、石臼湖生境维持区

9.4.1.3 "五横两纵"生态廊道网络

生态廊道具有生物多样性保护、洪水调控、水土流失防治、污染物过滤等多项重要生态系统服务功能，在保持生态功能与维持生态过程中起着重要的关联作用。采用由 Knaapen 等提出的最小累积阻力模型（MCR），计算物种从源地到目的地运动过程中所需要耗费的代价，反映物种运动的潜在性及趋势，模拟生物穿越不同景观基面的过程。利用最小累积阻力模型，以 24 个重要生态源地作为廊道起点，以剩余的 23 个生态源地作为廊道终点，提取源地间基于阻力面的最小阻力路径，获取长三角区域潜在的生态廊道；通过重力模型，构建 24 个生境斑块间的相互作用矩阵，定量评价生境斑块间相互作用的强度，筛选得到长三角区域最优的 22 条生态廊道布局（图 9-18），最终形成 10 条生态廊道，共计长度 4 081.56 km，覆盖范围广且连通所有的生态源地，为各源地及各地区之间的生态服务流动提供重要通道。

图 9-18　长三角三级生态廊道网络

　　以 24 个主要生态功能区为生态源地，构建具有不同重要性等级的生物多样性连通生态廊道，加强沿江、沿河水生态廊道建设，未来建设并形成"五横两纵"生态廊道网络（图 9-19、表 9-9）。长江水生态廊道、淮河—洪泽湖水生态廊道是长三角生态廊道体系的核心主级廊道，长度分别为 1 130 km、940 km。其余为连通长三角区域 25 个重要生态源地的 22 条骨干生态廊道，连接并形成 10 条生物多样性连通廊道，按照生态源地间重力突变值可划分为次级廊道和一般廊道。其中，次级生态廊道共 15 条，长度约 1 956 km，占生物多样性连通廊道总长度的 51.57%，主要分布在浙江、皖西、皖南地区；一般廊道 7 条，长度约为 1 837 km，占比为 48.43%，主要分布在江苏地区。

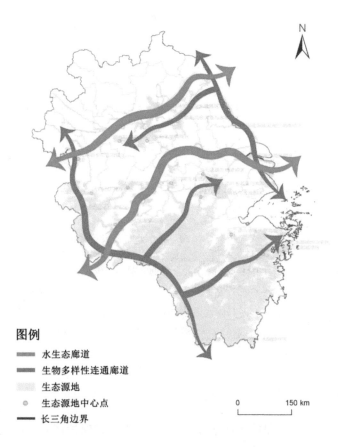

图例

━━━ 水生态廊道
━━━ 生物多样性连通廊道
░░░ 生态源地
◎ 生态源地中心点
━━━ 长三角边界

0　　　　150 km

图 9-19　长三角"五横两纵"生态廊道

表 9-9　长三角生态廊道及重要性等级

编号	廊道名称	空间分布	长度及重要性
1	淮河瓦埠湖-大别山-皖江湿地-浙西-浙南生态廊道	连接淮河、大别山以及浙西、浙南地区，主要分布在长三角西部边界，途经六安、安庆、黄山、衢州、丽水等市	总长度为 1 091.45 km，其中次级廊道为 885.97 km，一般廊道为 205.48 km
2	淮河岱山湖-八仙台-高邮湖-苏北滨海湿地生态廊道	连接淮河与东部沿海湿地等区域，途经滁州、淮安、扬州、盐城等市	总长度为 637.34 km，其中次级廊道为 198.83 km，一般廊道为 438.51 km
3	滨海湿地-崇明东滩生态廊道	连接苏北与东部沿海地区，途经盐城、南通、上海等市	总长度为 486.82 km，均为一般廊道
4	九龙山-天台山生态廊道	连接浙江省西部与东部地区，主要分布在衢州、金华、宁波市境内	总长度为 405.18 km，其中次级廊道为 133.47 km，一般廊道为 271.71 km
5	天目山-怀玉山-天目湖生态廊道	连接浙西与苏南地区，途经黄山、宣城、无锡、常州市	总长度为 349.02 km，均为次级廊道

编号	廊道名称	空间分布	长度及重要性
6	石臼湖-茅山岕-太湖生态廊道	连接长三角中部石臼湖与太湖等区域，主要分布在马鞍山、宣城、湖州、苏州市境内	总长度为 286.59 km，其中次级廊道为 106.57 km，一般廊道为 180.02 km
7	浙东生态廊道	连接浙江东部丘陵地区，主要分布在嵊州、宁波市境内	总长度为 180.97 km，均为次级廊道
8	皖西大别山-巢湖生态廊道	连接大别山与巢湖，主要分布在六安、合肥市	总长度为 143.97 km，均为一般廊道
9	洪泽湖-八仙台生态廊道	连接洪泽湖与淮河地区，主要分布在宿迁、滁州境内	总长度为 110.13 km，均为一般廊道
10	皖西大别山-嬉子湖生态廊道	连接大别山与嬉子湖，主要分布在安庆市	总长度为 101.18 km，为次级廊道
11	长江生态廊道	长江水道，途经上海、南通、泰州、镇江、南京、合肥、池州等市	总长度为 1 129.75 km，均为主级廊道
12	淮河-洪泽湖生态廊道	连接淮河与洪泽湖水体，途经盐城、淮安、宿迁、蚌埠、亳州、阜阳等市	总长度为 940.39 km，均为主级廊道

9.4.2　完善自然保护地体系

建立"国家公园-自然保护区-自然公园"多层级生态保护体系，协调国家公园、自然保护区、国家级自然公园的核心区与生态保护红线管控边界的一致性。

9.4.2.1　建立国家公园

建立国家公园对于推进自然生态系统保护与自然资源合理利用，促进人与自然和谐发展，具有极为重要的意义，是生态文明建设的重要内容。目前，我国已经开展了三江源、东北虎豹、大熊猫、祁连山、海南热带雨林、神农架、武夷山、钱江源、南山、普达措 10 个国家公园试点。其中，涉及长三角区域的钱江源国家公园位于浙江省开化县，是钱塘江的发源地，拥有大片原始森林，是中国特有的世界珍稀濒危物种、国家一级重点保护野生动物白颈长尾雉、黑麂的主要栖息地。参照《建立国家公园体制总体方案》和《关于建立以国家公园为主体的自然保护地体系的指导意见》关于国家公园建设的总体要求、基本原则、内涵及标准，对标已批准试点建设的 10 个国家公园，结合长三角区域生态本底、国家级自然保护区与国家级自然公园空间分布，筹建 3 个国家公园：黄山国家公园（2025 年建成）、长三角滨海湿地国家公园（2035 年建成）、大别山国家公园（2035 年建成）（表 9-10）。其中，黄山公园地处皖南-浙西-浙南生态屏障，涉及贵池、黄山、宣州 3 市，核心区含国家级自然保护区 4 个（安徽古牛绛、古田山、大盘山、临安清凉峰）、国家森林公园 6 个（黄山、徽州、齐云山、青龙湾、塔川、马家溪）、国家湿地公园 2 个（安徽太平湖、休宁横江）、黄山国家地质公园 1 个、5A 级黄山国家风景名胜区。长三角滨海湿地国家公园地处苏北-崇明-杭州湾沿海生态屏障，涉及连云港、盐城、南通、上海、嘉兴、宁波、台州、温州、舟山 9 市，核心区含国家级自然保护区 5 个（盐城湿地珍禽保护区、大丰麋鹿保护区、崇明东滩鸟类保护区、象山韭山列岛保护区、南鹿列岛保护区）、国家湿地公园 2 个（浙江玉环漩门湾、浙江杭州湾）、国家级海洋公园 7 个（浙江嵊泗、象山花岙岛、渔山列岛、普陀、江苏海门蛎岈山、江苏小洋口、连云港海州湾）。大别山国家公园地处皖西大别山生态屏障，主要分布在安徽省大别山地区，涉及六安市和安庆市，核心区含国家级自然保护区 3 个（金寨天马、大别山、鹞落坪）、国家森林公园 7 个（天柱山、大龙山、天堂寨、冶父山、妙道山、石莲洞、万佛山）、国家地质公园 3 个（大别山、天柱山、九华山）、国家湿地公园 1 个（潜山潜水河湿地公园）。

表 9-10　长三角国家公园建设名录

序号	省份	名称	行政区域	核心区	建设类型	建成时间
1	浙江	钱江源国家公园	地处皖南-浙西-浙南生态屏障，开化县	总面积为 252 km²，核心区面积为 72.33 km²，包括田山国家级自然保护区核心区和缓冲区、钱江源国家森林公园的重要区域	试点	已建
2	安徽	黄山国家公园	地处皖南-浙西-浙南生态屏障，涉及黄山市、贵池市、宣州区	国家级自然保护区 4 个：古牛绛、古田山、大盘山、临安清凉峰；国家森林公园 6 个：黄山、徽州、齐云山、青龙湾、塔川、马家溪；国家湿地公园 2 个：太平湖、休宁横江；黄山国家地质公园 1 个；5A 级黄山国家级风景名胜区	新增	2025 年
3	江苏-上海-浙江	长三角滨海湿地国家公园	地处苏北-崇明-杭州湾沿海生态屏障，涉连云港市、盐城市、南通市、上海市、嘉兴市、宁波市、台州市、温州州、舟山市	国家级自然保护区 5 个：盐城湿地珍禽保护区、大丰麋鹿保护区、崇明东滩鸟类保护区、象山韭山列岛保护区、南鹿列岛保护区；国家湿地公园 2 个：浙江玉环漩门湾、浙江杭州湾；国家级海洋公园 7 个：浙江嵊泗、象山花岙岛、渔山列岛、普陀、江苏海门蛎岈山、江苏小洋口、连云港海州湾	新增	2035 年
4	安徽	大别山国家公园	地处皖西大别山生态屏障，涉及六安市、安庆市	国家级自然保护区 3 个：金寨天马、大别山、鹞落坪；国家森林公园 7 个：天柱山、大龙山、天堂寨、冶父山、妙道山、石莲洞、万佛山；国家地质公园 3 个：大别山、天柱山、九华山；国家湿地公园 1 个：潜山潜水河湿地公园	新增	2035 年

9.4.2.2 建设自然保护区

长三角区域国家级自然保护区建设始于 1975 年，于浙江省天目山、乌岩岭、古田山及凤阳山-百山祖建立 4 个国家级自然保护区。上海市起步较晚，20 世纪末才开始，仅有两个国家级自然保护区。至 20 世纪 80 年代，长三角区域国家级自然保护区体系基本建成。进入 21 世纪以后，长三角区域仅建设了古井园、象山韭山列岛和九段沙湿地 3 个国家级自然保护区。根据国家级自然保护区建设的标准与要求，对长三角区域现有省级自然保护区分布的空间位置、保护类型、保护区面积、重要乡土物种和种质资源保护等进行综合分析，新增（升级）国家级自然保护区 14 个，其中 2025 年完成新增 5 个，2035 年新增 9 个（表 9-11）。

表 9-11　长三角国家级自然保护区新增名录

序号	省份	名称	行政区域	面积/hm²	主要保护对象	类型	级别（现）	建设类型	建成时间
1	上海、江苏	长江口中华鲟自然保护区	上海市崇明区、江苏启东市	91 000	中华鲟等珍稀鱼类、典型河口湿地生态系统及白鹳等珍稀野生动物	野生动物	省级	共建升级	2025 年
2	江苏	江苏长江江豚自然保护区	南京市、镇江市	14 422	长江江豚及其生境	野生动物	省级	共建升级	2025 年
3	安徽	安庆、铜陵沿江湿地自然保护区	宿松县、望江县、枞阳县、太湖县、桐城市、宜秀区	50 332	珍稀水禽及湿地生态系统	内陆湿地	省级	共建升级	2025 年
4	安徽	华阳河湖群自然保护区	宿松县	50 496	珍稀水禽及湿地生态系统	内陆湿地	省级	升级	2025 年
5	安徽	老山自然保护区	池州市贵池区	13 855	亚热带常绿阔叶林森林生态系统及金钱松、云豹、珍稀鸟类	森林生态	省级	升级	2025 年
6	江苏	洪泽湖东部湿地自然保护区	洪泽区、淮安市淮阴区、盱眙县	54 000	湖泊湿地生态系统及珍禽	内陆湿地	省级	升级	2035 年
7	浙江	仙居括苍山自然保护区	仙居县	2 701	低海拔沟谷常绿阔叶林和珍稀野生动植物	森林生态	省级	升级	2035 年
8	浙江	仙霞岭自然保护区	江山市	6 990	中亚热带常绿阔叶林、黑麂、白颈长尾雉等	森林生态	省级	升级	2035 年

序号	省份	名称	行政区域	面积/hm²	主要保护对象	类型	级别（现）	建设类型	建成时间
9	安徽	颍州西湖自然保护区	阜阳市颍州区	11 000	湿地生态系统及水生生物	内陆湿地	省级	升级	2035 年
10	安徽	女山湖自然保护区	明光市	21 000	湿地生态系统及水生动植物	内陆湿地	省级	升级	2035 年
11	安徽	天湖自然保护区	黄山市徽州区	4 500	阔叶林及野生动植物	森林生态	省级	升级	2035 年
12	安徽	八里河自然保护区	颍上县	14 600	白鹳、白头鹤、大鸨、琵琶、鸳鸯等珍稀鸟类及其生境	野生动物	省级	升级	2035 年
13	安徽	石臼湖自然保护区	当涂县	10 667	湿地生态系统及珍稀水禽	内陆湿地	省级	升级	2035 年
14	安徽	霍山佛子岭自然保护区	霍山县	6 667	水源涵养林、珍稀野生动植物	森林生态	省级	升级	2035 年

长三角省级自然保护区建设始于浙江省长兴扬子鳄省级自然保护区（1979 年）。2019年新增浙江仙霞岭省级自然保护区。长三角区域主要省级自然保护区类型为森林生态 25个，占总数的 44.6%。此外，还有 14 个省级内陆湿地自然保护区、10 个省级野生动物自然保护区。地质遗迹、古生物遗迹、海洋海岸和野生植物自然保护区较少，分别有 1个、1 个、1 个和 3 个。新增省级自然保护区 20 个，其中 2025 年建成高邮湖湿地、骆马湖湿地、运西湿地、圣人窝森林自然保护区、金湖湿地、西溪湿地、四方湖湿地、两河湿地等 8 个省级自然保护区。

市县级生态保护体系以市县级自然保护区为核心，辅以市县级自然公园。长三角区域已建立各种类型的市县级自然保护区 98 个，其中市级 11 个，县级 87 个，总面积达274 613.45 hm²。保护区类型以森林生态为主（72 个），占市县级自然保护区总数的 73.5%；此外，还有内陆湿地自然保护区 12 个、野生动物保护区 6 个、野生植物保护区 3 个、地质遗迹保护区 3 个和海洋海岸保护区 2 个。主要分布在安徽省（68 个），江苏省和浙江省分别为 17 个和 13 个。加强 98 个现有市县级自然保护区建设，及时新增符合条件的市县级自然保护区。另外，建成支撑长三角区域一体化高质量绿色发展的 7 个特殊生态功能区：上海青浦、江苏吴江、浙江嘉善、千岛湖、宜兴-溧阳丘陵山区、崇明岛、环巢湖。

9.4.2.3　建设自然公园

自然公园作为自然保护地的重要组成部分，在有效保护森林、海洋、湿地、水域、冰川、草原、生物等珍贵自然资源及其所承载的景观、地质地貌和文化多样性方面发挥重要作用。长三角区域已建立省级自然公园 276 个，其中省级森林公园 141 个（浙江省 82 个，江苏省 34 个，安徽省 20 个，上海市 5 个），省级湿地公园 121 个（浙江省 51 个，江苏省 35 个，安徽省 26 个，上海市 9 个）；省级地质公园 14 个（浙江省 8 个，安徽省 5 个，江苏省 1 个）。根据国家级自然公园建设的标准与要求，对现有省级自然公园的空间分布、保护类型、保护面积、重要性等级等进行综合分析，新增（升级）国家级自然公园 14 个（表 9-12），其中 2025 年完成新增骆马湖湿地公园、太湖东山森林公园、目连山森林公园、景宁九龙地质公园、上海滨海森林公园 5 个国家级自然公园。

表 9-12　长三角国家级自然公园新增名录

序号	省份	名称	地市	县（市、区）	面积/hm²	类型	级别（现）	建设类型	建设时间
1	江苏	骆马湖湿地公园	徐州、宿迁	新沂市	5 171	湿地	省级	共建升级	2025 年
2	江苏	太湖东山森林公园	苏州	吴中区	9 660	森林	省级	升级	2025 年
3	安徽	目连山森林公园	池州	石台县	9 800	森林	省级	升级	2025 年
4	浙江	景宁九龙地质公园	丽水	景宁畲族自治县	9 888	地质	省级	升级	2025 年
5	上海	上海滨海森林公园	上海	南汇区	29 800	森林	省级	升级	2025 年
6	江苏	连云港临洪河口湿地公园	连云港	海州区、连云区、赣榆区	2 353	湿地	省级	升级	2035 年
7	江苏	大丰林海森林公园	盐城	大丰区	2 435	森林	省级	升级	2035 年
8	浙江	兰溪兰江湿地公园	金华	兰溪市	1 621	湿地	省级	升级	2025 年
9	浙江	桐庐南堡湿地公园	杭州	桐庐县	1 824	湿地	省级	升级	2035 年
10	浙江	大山峰森林公园	丽水	莲都区	5 400	森林	省级	升级	2035 年
11	浙江	花台山森林公园	金华	磐安县	8 667	森林	省级	升级	2035 年
12	安徽	砀山古黄河地质公园	宿州	砀山县	8 059	地质	省级	升级	2035 年
13	安徽	颍东东湖湿地公园	阜阳	颍东区	6 133	湿地	省级	升级	2035 年
14	安徽	龙眠山森林公园	安庆	桐城市	3 823	森林	省级	升级	2035 年

9.4.3　加强生态保护红线管控

9.4.3.1　优化调整生态保护红线

（1）以破碎度（0.2）和连通度阈值（90）作为生态保护红线优化指标及阈值

生态保护红线划定与优化既要体现技术方法的科学性与先进性，又要简便、易操作。因此，选择景观破碎度和连通度作为生态系统完整性的表征指标，利用 STARS（Sequential T-test Analysis of Regime Shift）检验区域主要生态系统服务变化的突变点，获取发生突变时相应的破碎度和连通度，作为生态保护红线优化的基准阈值。基于 2017年 10 m 空间分辨率土地利用数据（http：//data.ess.tsinghua.edu.cn/fromglc10_2017v01.html）（Gong P.，et al.，2019），利用 Fragstats 4.2 分别计算破碎度和连通度，见式（9-1）和式（9-2）：

$$\mathrm{DIVISION} = 1 - \sum_{i=1}^{m}\sum_{j=1}^{n}\left(\frac{a_{ij}}{A}\right)^{2} \tag{9-1}$$

$$\mathrm{COHESION} = \left[1 - \frac{\sum_{i=1}^{m}\sum_{j=1}^{n} p_{ij}^{*}}{\sum_{i=1}^{m}\sum_{j=1}^{n} p_{ij}^{*}\sqrt{a_{ij}^{*}}}\right]\cdot\left[1 - \frac{1}{\sqrt{Z}}\right]^{-1}\cdot 100 \tag{9-2}$$

式中，DIVISION —— 景观分离度，取值为 0～1；

　　　a_{ij} —— 景观斑块 ij 的面积；

　　　A —— 景观总面积；

　　　COHESION —— 景观连接度指数；

　　　p_{ij}^{*} —— 斑块 ij 的周长；

　　　Z —— 斑块总数。

采用 2017 年 10 m 空间分辨率土地利用数据，由 FROM-GLC10 共享（http：//data.ess.tsinghua.edu.cn/fromglc10_2017v01.html），重采样成 30 m 分辨率，作为生态系统完整性与连通性估算的输入数据；气象数据包含平均温度、降水、太阳辐射月值，由国家气象信息中心共享获取（http：//data.cma.cn/site/index.html），含 217 个气象站点，采用反距离权重插值法（IDW）进行插值，获取覆盖整个长三角区域的 1 km 空间分辨率的气象栅格数据。采用的生态系统服务估算数据与土地利用多源数据因空间分辨率与精度的不一致，导致模拟分析存在一定的不确定性。长三角区域三省一市生态保护红线，由三省一市官网发布的生态保护红线方案矢量化获取。利用 ArcGIS 10.4 对破碎度按

0.02 步长进行重分类,利用 ArcGIS 10.4 的 ZonalStatistics 分别计算林地、草地和湿地对应不同破碎度和连通度的 4 类生态系统服务均值。破碎度、连通度及对应的生态系统服务均值作为 STARS 突变检验的输入数据。

随着生态系统完整性的持续增加,主要生态系统服务均呈下降趋势,且存在多个突变点。其中,生境质量指数和 NPP 存在 5 个下降突变点,水源涵养和水土保持存在 4 个下降突变点。比较生态系统服务随破碎度增大出现显著下降的第一个突变点(破碎度最小的突变点),确定生态保护红线优化的破碎度阈值为 0.2(图 9-20)。随着生态系统连通性的持续增大,生态系统服务均呈上升趋势,也存在多个突变点。其中,NPP 和水土保持存在 5 个显著上升的突变点,水源涵养和生境质量指数分别存在 4 个和 3 个上升突变点。比较生态系统服务变化的最后一个突变点(即连通度最大的突变点),确定生态保护红线优化的连通度阈值为 90(图 9-21)。

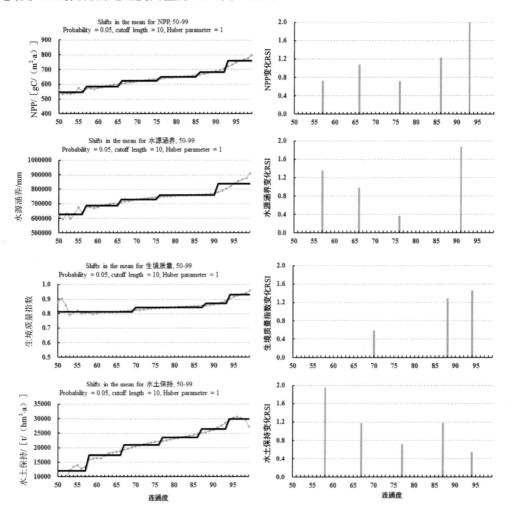

图 9-20　长三角破碎度与生态系统服务突变

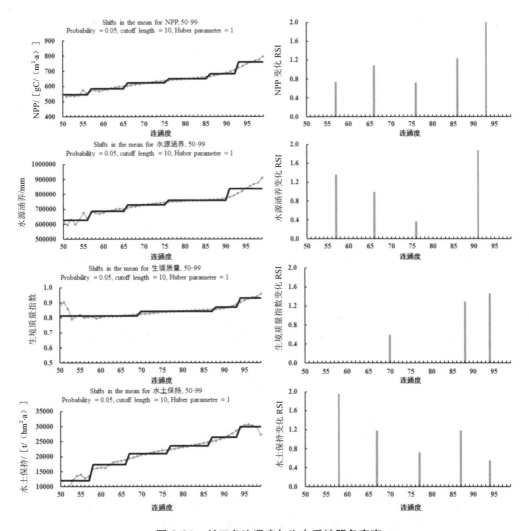

图 9-21　长三角连通度与生态系统服务突变

（2）长三角生态保护红线 17.25%空间需优化与生态修复

　　叠加长三角区域破碎度和连通度的 30 m 空间分辨率栅格数据和生态保护红线矢量化数据，基于破碎度（0.2）和连通度（90）作为控制阈值，通过叠加分析表明长三角区域现有生态保护红线约 82.75%的区域均满足破碎度小于 0.2 和连通度大于 90 的双重约束，而其余 17.25% 的区域需进行空间优化。其中，生态系统完整性不满足的生态保护红线占 9.01%，生态系统连通性不满足的生态保护红线占 0.02%，两者均不满足的生态保护红线占 8.22%（图 9-22）。破碎度不满足、连通度满足的生态保护红线主要分布在六安市、杭州市、池州市、丽水市、黄山市、安庆市、宣城市，累计占该类生态保护红线总面积的 54.7%；破碎度满足、连通度不满足的生态保护红线主要分布在黄山市、杭州市、宣城市和池州市，累计占该类生态保护红线总面积的 77.3%；破碎度和连通度均不满足的生态保护红线主要分布在杭州市、六安市、丽水市、安庆市、金华市、池州市、绍兴市、黄山市，累计占该类生态保护红线总面积的60.4%。

　　针对需优化的生态保护红线，涉及自然保护区的生态保护红线，自然保护区的核心区都应全部划入生态保护红线并进行严格管控，未划入生态保护红线的各类自然保护地，或虽已划入但仍需调整的，按自然保护地的建立和划界可以适当调整，可以采用异地划补方案确保生态保护面积不减少。针对生态保护红线破碎度超过 0.2 或连通度低于 90 的部分区域，建议将其中的建设用地、矿产用地、基本农田、人工商品林等选择部分有序退出，加强生态廊道的建设与连通，使其破碎度降到 0.2 以下，连通度提高到 90 以上。同时，对退出的生态空间积极开展生态修复与恢复工程，包括湿地修复治理、退耕还林、重要水源地保护、水土小流域治理、露天矿山和尾矿库复绿、跨界水体环境治理与水生态修复等工程。

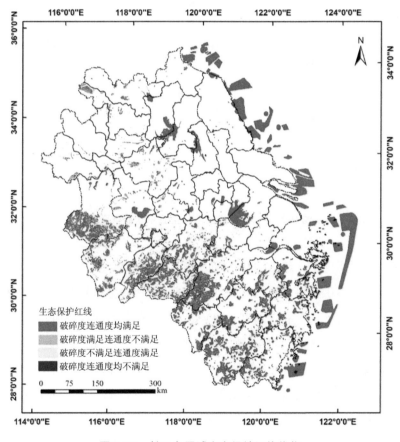

图 9-22　长三角区域生态保护红线优化

9.4.3.2 建立生态保护红线预警体系与联保联管机制

整合长三角区域现有的野外生态环境监测平台与定位观测站，建立"天-空-地"一体化的长三角生态保护红线监测网络平台，构建长三角生态保护红线监测大数据平台，为生态保护红线评估、监管、考核、预警与优化等提供第一手的基础数据；构建以"结构-质量-过程-功能-服务"为核心的生态保护红线生态评估与预警平台，定期调查、监测、评估与发布生态保护红线的生态系统结构、功能状况、动态变化及成效，及时预测预警风险；引入第三方评估机制，建立生态保护红线动态调整机制，及时增补符合条件的生态保护红线名录；建立生态保护红线常态化执法机制，依法处罚破坏生态保护红线的违法行为；针对退化严重或被破坏的生态保护红线，及时开展生态修复与补救措施，严格追究相关人的刑事与民事责任。

9.4.4 生物多样性保护重点任务

9.4.4.1 开展生物多样性调查、评估与监测

联合开展区域生物多样性本底调查、编目，查清生物多样性及物种资源现状，明确生物多样性特征及主要影响因素，定期评估生物多样性现状与变化趋势。建设区域生物多样性监测网络，推进生物多样性监测技术能力、设备、基础设施、人才队伍及制度标准化建设，对珍稀濒危物种、特有物种、重要经济价值物种的种群结构特征、受胁因素等进行系统性的长期监测。建立科学评估、快速反应、持续监控、有效治理的外来入侵物种监测预警和防控体系。加强对近岸海域赤潮的监测和预警，减轻赤潮灾害。

9.4.4.2 提升就地保护与迁地保护水平

深化自然保护地规范化管理，以国家级和省级保护地为重点，建立健全管理机构，加强保护站点、巡护路网、监测监控、应急救灾、森林草原防火、有害生物防治和疫源疫病防控等保护管理设施建设，利用高科技手段和现代化设备促进自然保育、巡护和监测的信息化、智能化。加强人才队伍建设，强化监管措施，确保运行经费得到落实。进一步完善保护地规范化建设考核指标体系，将考核结果与生态省建设考核、专项资金拨付、生态补偿挂钩，全面提升整体管护水平。开展对特有濒危物种的濒危机制、就地和迁地保护技术、退化生态系统的恢复与重建技术进行研究，实施生物多样性保护与恢复示范工程，加强对野生银缕梅、宝华玉兰、金钱松、榉树、天目木兰、秤锤树、琅琊榆、青檀、明党参、麋鹿、丹顶鹤、华南虎、扬子鳄、江豚等珍稀濒危或国家重点保护动植

物的保护,建立野生动物人工繁育及野生放养基地。加强地方特有珍稀水生物种及其栖息地繁衍场所的保护,在鱼类产卵场、索饵场、越冬场和洄游通道等重要渔业区域建设水产种质资源保护区。重视农业野生植物和乡土树种的原生境保护和恢复。以植物园、树木园、药物园为主,开展野生植物迁地保护,构建野生植物迁地保护体系。建立种质资源库,加强农作物、林木、果树、蔬菜、畜禽、水生生物、珍稀濒危野生植物、药用与观赏植物、农业野生植物品种资源的异地保存。

9.4.4.3 强化生物安全管理和防范

开展外来入侵生物基础调查,建立外来入侵生物环境风险评估与预警平台,加强对外来入侵生物的防治技术研究,加大对水花生、加拿大一枝黄花、互花米草、美国白蛾等外来入侵生物的防控。建立野生动物区域共同救助制度,建设监测站点,完善野生动物疫源疫病监测体系,将野生动物保护纳入区域生态安全监管体系。开展主要外源基因和转基因生物安全性评价研究,开发环境释放、生产应用、进出口转基因生物的安全监测、风险管理、有效控制和安全处理的技术与标准。加强生物物种资源和外来生物出入境查验体系建设,加强海关和检验检疫机构人员的专业知识培训,提高查验和检测水平。

9.4.4.4 促进生物资源可持续开发利用

鼓励生物多样性保护及物种资源可持续利用新技术的研发,把发展生物技术与促进生物资源的可持续利用相结合,加强生物资源的发掘、整理、检测、筛选和性状评价,筛选优良生物基因,推进相关生物技术在农业、林业、生物医药和环保等领域的应用,鼓励合法、合理利用野生动植物资源,保障传统医药、现代生物医药、民族乐器、工艺品制造、对外贸易、旅游产业、种植业、花卉种源和畜牧业等众多产业的快速发展。借鉴国际、国内先进经验,提高知识产权保护能力。探索建立生物遗传资源及传统知识获取与惠益共享制度,协调生物遗传资源及相关传统知识保护、开发和利用的利益关系。

9.4.4.5 提升国际合作水平和公众参与意识

发挥区域优势,引领国际交流与合作,增强应对生物多样性保护新威胁和新挑战的能力。调动国内外利益相关方参与生物多样性保护的积极性,充分发挥民间公益性组织和慈善机构的作用,共同推进生物多样性保护和可持续利用。依托各类保护地,深入开展生物多样性宣传教育,加强学校、社区、企业、机关的生物多样性科普教育,完善公众参与机制,引导公众积极参与生物多样性保护,形成生物多样性保护的良好社会氛围。制定生物多样性保护公众监督、举报制度。

9.5　实施山水林田湖海系统保护修复重点工程

对接《规划纲要》，推进长三角生态共同保护规划，强化生态共保联治，坚持生态保护优先，把保护和修复生态摆在重要位置。加强生态空间共保，夯实绿色发展生态本底，努力建设绿色美丽长三角。规划期内，重点开展布局生态廊道与生态屏障建设、生态保护与修复、生态保护体系建设三类重点工程（表 9-13）。

表 9-13　重点工程

类型	序号	项目名称	目标
生态廊道与生态屏障建设	1	长江生态廊道建设	建成绿色生态廊道，提升生态系统服务功能，提高生态屏障对区域生态保护与支撑功能
	2	淮河—洪泽湖生态廊道建设	
	3	皖西大别山区生态屏障建设	
	4	皖南—浙西—浙南山区生态屏障建设	
	5	苏北—崇明—杭州湾沿海生态带建设	
生态保护与修复工程	1	江河沿岸整体修复（长江、淮河、京杭大运河）	恢复湿地景观，完善湿地生态功能；提高重点跨界水体联保共治水平；开展露天矿山、尾矿库区、矿区塌陷区及洪区的生态修复，提升沿江沿河生态安全水平
	2	丘陵山区流域综合治理与生态修复	
	3	新安江—千岛湖、太湖、巢湖、太浦河、淀山湖等重点跨界水体水生态修复	
	4	长江流域露天矿山和尾矿库区复绿、两淮矿区塌陷区治理、淮河行蓄洪区安全建设工程	
生态保护体系建设	1	新增 3 个国家公园（黄山、长江滨海湿地、大别山国家公园）	建成"国家公园—自然保护区—自然公园—特殊生态功能区"多层级"4+2+5+7"生态保护体系
	2	新增国家级自然保护区 14 个、省级自然保护区 20 个	
	3	新增国家级自然公园 14 个，新增省级自然公园 30 个	
	4	特别生态功能区 7 个：上海青浦、江苏吴江、浙江嘉善、千岛湖、宜兴-溧阳丘陵山区、崇明岛、环巢湖	保护生态敏感区，支撑长三角区域绿色一体化高质量发展

第10章　区域固体废物协同共治研究

坚持创新引领、转型驱动、协同治理、联防联控的原则，系统推进区域"无废城市"建设，推动固体废物源头大幅减量、深度资源化利用和安全处置，推进建立区域固体废物协同治理机制，打造固体废物协同治理、联防联控样板示范区域。

10.1　区域固体废物管理现状及问题

作为"世界第六大城市群"的长三角区域，包括上海、江苏、浙江、安徽"三省一市"，拥有 41 个城市组成的城市群，地理环境优越，经济基础雄厚，是我国重要的经济增长点和经济核心区，为带动全国经济发展做出了重要贡献。作为中国经济社会发展的领头羊，长三角区域在取得经济高速增长的同时，也面临着严峻的资源环境压力。随着人民生活水平的提高，废弃物产生量与日俱增，给长三角区域带来巨大的环境安全隐患，特别是近年来频发的固体废物跨省非法转移问题引发各界高度关注。当前，长三角区域废弃物处置已成为制约区域经济发展的短板，成为新时期我国区域环保工作的重点和热点。加强区域间协同管理，通过推动长三角区域一体化协同处置，合力解决废弃物资源化问题、实现长三角区域一体化高质量发展已迫在眉睫。

10.1.1　固体废物产生与处置现状

近年来，长三角区域工业固体废物持续增长，从 2000 年的 4 388.8 万 t 增长到 2009 年的 11 048.7 万 t，10 年间增长了 152%。固体废物污染事件频发，2017 年，安徽破获长江沿岸跨省倾倒 7 000 t 危险废物案。分地区来看，江苏工业固体废物超过浙江、上海，呈大幅增长态势，年均增长 10.43%。随着快递、外卖行业的迅猛发展，废塑料等各类包装废弃物产生量快速增长。据统计，2017 年上海市废塑料本地资源化利用率仅为 17%，废玻璃、废纸等大量废弃物流入长三角区域周边非正规渠道，造成很大的环境污染风险。在基础设施建设上，长三角区域很多城市废弃物处理设施处于满负荷或超负荷运转状态。

2017 年，上海市环卫系统统计的生活垃圾清运量为 899.5 万 t，占全国总量的 4.4%。上海是中国生活垃圾产生量最大的城市。2005—2017 年，上海市生活垃圾产生量年均增速为 3.1%。近三年，上海市生活垃圾产生量平均增速接近 7%。目前，上海市生活垃圾末端处理能力已达 900 万 t/a，其中焚烧处理能力为 485 万 t/a，且在继续增大。

10.1.1.1　工业固体废物

2018 年，长三角区域工业固体废物产生量为 31 324 万 t，综合利用量为 29 000 万 t，综合利用率达到 92.6%。其中，安徽省工业固体废物产生量最高，但综合利用率最低，为 89.9%。浙江省工业固体废物综合利用率最高，达到 96.5%（表 10-1）。

表 10-1　2018 年工业固体废物产生情况对比

地区	产生量/万 t	综合利用量/万 t	综合利用率/%
上海	1 688.77	1 552.84	92
江苏	11 809.86	11 109.91	94.1
浙江	4 748.84	4 581.04	96.5
安徽	13 076.78	11 756.23	89.9
汇总	31 324.25	29 000.02	92.6

10.1.1.2　生活垃圾

2018 年，长三角区域生活垃圾产生量为 4 788.98 万 t。垃圾焚烧处理量为 3 116.3 万 t，占比为 65.1%；卫生填埋无害化处理量为 1 370.51 万 t，占比为 28.6%；其他无害化处理方式处理量为 302.17 万 t，占比为 6.3%。江苏生活垃圾数量最多，其次为浙江、上海，安徽生活垃圾产生数量最少（图 10-1）。

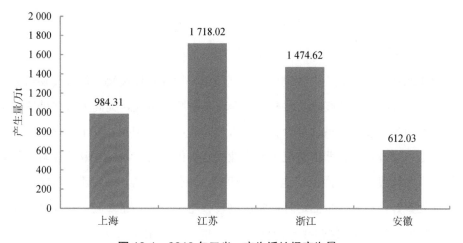

图 10-1　2018 年三省一市生活垃圾产生量

10.1.1.3 危险废物

2016 年,长三角区域工业危险废物产生量为 786.06 万 t,占全国总产生量的 14.7%。从产生量来看,江苏和浙江产生的工业危险废物量较大。根据《2019 年全国大、中城市固体废物污染环境防治年报》,按各省(区、市)2018 年工业危险废物产生量排序,江苏、浙江分别位于第 1 位、第 5 位,江苏省苏州市、浙江省宁波市 2018 年工业危险废物产生量分别为 156.4 万 t、103.9 万 t,位列产生量最大的十大城市排行榜第 2 位、第 9 位。从处置率来看,上海、浙江、江苏的工业危险废物利用处置率较高,均达到 90% 以上,安徽的处置利用率较低,为 72.7%(表 10-2)。

表 10-2 2016 年长三角区域工业危险废物产生及处置利用情况

省份	产生量/t	综合利用量/t	处置量/t	贮存量/t	利用处置率/%
上海	648 860	288 849	357 812	11 915	98.2
江苏	3 509 810	1 771 321	1 577 449	301 818	91.7
浙江	2 330 836	894 843	1 472 044	134 630	94.6
安徽	1 371 128	695 358	314 863	378 387	72.7
合计	7 860 634	3 650 371	3 722 168	826 750	—

数据来源:2016 年中国环境统计年报。

2016 年,长三角区域医疗废物处置量为 18.72 万 t。其中,上海、江苏、浙江、安徽的医疗废物处置量分别为 4.57 万 t、4.81 万 t、7.01 万 t、2.33 万 t。上海是全国医疗废物产生量最大的城市,2017 年、2018 年产生量分别为 5.1 万 t、5.5 万 t。

10.1.2 长三角区域固体废物管理相关政策要求

10.1.2.1 《规划纲要》

强化生态环境共保联治,推进环境协同防治,加强固体废物、危险废物污染联防联治。统一固体废物、危险废物防治标准,建立联防联治机制,提高无害化处置和综合利用水平。推动固体废物区域转移合作,完善危险废物产生申报、安全储存、转移处置的一体化标准和管理制度,严格防范工业企业搬迁关停中的二次污染和次生环境风险。统筹规划建设固体废物资源回收基地和危险废物资源处置中心,探索建立跨区域固体废物、危险废物处置补偿机制。全面运行危险废物转移电子联单,建立健全固体废物信息化监管体系。严厉打击危险废物非法跨界转移、倾倒等违法犯罪活动。

10.1.2.2　《长三角区域一体化发展三年行动计划》

《长三角区域一体化发展三年行动计划（2018—2020 年）》覆盖了交通能源、科创、产业、信息化、信用、环保、公共服务、商务金融等 12 个合作专题，并聚焦交通互联互通、能源互济互保、产业协同创新、信息网络高速发展、环境整治联防联控、公共服务普惠便利、市场开放有序 7 个重点领域。在环境整治联防联控方面，要合力打好污染防治攻坚战，建设绿色美丽长三角，强化区域环境协同监管，进一步完善区域环保合作机制。

10.1.2.3　《上海市贯彻落实〈长江三角洲区域一体化发展规划纲要〉实施方案》

上海已制定落实《规划纲要》的上海实施方案，主要是紧扣"一体化"和"高质量"两个关键，抓好"七个重点领域"合作、"三个重点区域"建设。其中，"七个重点领域"，就是围绕区域协调发展、协同创新、基础设施、生态环境、公共服务、对外开放、统一市场等重点领域，加快与苏浙皖三省对接，把《规划纲要》中明确的重大项目和重大事项尽快落实落地。"三个重点区域"，就是长三角生态绿色一体化发展示范区、上海自贸试验区新片区和虹桥商务区。要加快投产一批，加快开工一批，加快储备一批，力争做到早建成、早投产、早见效。

关于固体废物治理，方案中提出：生活垃圾等固体废物协同处置机制初步建立，生态文明制度建设和跨区域生态补偿机制加快建立。统筹固体废物处置设施布局和危险废物协同监管。要求上海市固体废物处理处置综合规划，统一固体废物、危险废物防治标准，提高无害化处置和综合利用水平，探索固体废物区域转移处置合作机制，完善危险废物产生申报、安全储存、转移处置的一体化标准和管理制度，严格防范环境风险。探索建立跨区域固体废物、危险废物处置补偿机制。建立健全区域危险废物、医疗废物全过程信息化管理体系，开展危险废物规范化管理督察考核工作，严厉打击危险废物非法跨界转移、倾倒等违法犯罪活动。

10.1.2.4　《〈长江三角洲区域一体化发展规划纲要〉江苏实施方案》

江苏实施方案提出"六个一体化"：一是产业创新一体化，要主动加强与沪浙皖在金融、科技、物流、工业互联网等方面的深度合作，大力推动沪宁产业创新带、苏南国家自主创新示范区、南京江北新区等建设。二是基础设施一体化，南沿江城际铁路和北沿江高铁、南通新机场、5G 网络等列入国家规划的项目要加快实质性推进。三是区域市场一体化。四是绿色发展一体化。五是公共服务一体化，要广泛应用大数据、云计算、智能互联等技术。六是省内全域一体化，要实质性推动苏锡常、宁镇扬一体化，更大手笔推进南京都市圈、徐州淮海经济区中心城市建设。

10.1.2.5   《浙江省推进长江三角洲区域一体化发展行动方案》

方案结合浙江实际，启动实施高质量发展民营经济、高层次扩大对外开放、高普惠共享公共服务等九项重点任务。固体废物防治方面，方案中提出：联动实施长三角污染防治攻坚战，加强危险化学品跨界运输管控协作和固体废物、危险废物污染联防联治，提高固体废物、危险废物的无害化处置和综合利用水平。建设生态环境信息共享平台，统一制定与发布环境治理政策法规及标准规范，加强环境执法和环境突发事件应急联动，共同打造生态环境监管执法最严区域。

10.1.2.6   《安徽省实施长江三角洲区域一体化发展规划纲要行动计划》

关于固体废物防治方面，行动计划中提出，强化更高标准重点领域污染防治。提升固体废物、危险废物防治水平。健全固体废物污染防控长效机制，加强固体废物、危险废物无害化处置和综合利用。有效防控固体废物、危险废物非法跨界转移。建立涉固体废物单位清单，实行危险废物和工业固体废物产生、贮存、运输、利用、处置全过程申报登记，严格防范工业企业搬迁关停中的二次污染和次生环境风险。全面运行危险废物转移电子联单，健全固体废物信息化监管体系。严厉打击危险废物非法跨界转移、倾倒等违法犯罪活动。强化固体废物、危险废物处置和综合利用。统筹规划固体废物资源回收基地和危险废物资源处置中心，推行垃圾分类，支持建设大宗固体废物综合利用基地，鼓励各地建立"无废城市"建设综合管理制度和技术体系，探索建立跨区域固体废物、危险废物处置补偿机制。

10.1.2.7   《关于提升危险废物环境监管能力、利用处置能力和环境风险防范能力的指导意见》（环固体〔2019〕92号）

2020年年底前，长三角区域部分省（市）（包括上海市、江苏省、浙江省）率先建立健全"源头严防、过程严管、后果严惩"的危险废物环境监管体系，各省（区、市）危险废物利用处置能力与实际需求基本匹配，危险废物环境风险防范能力显著提升，危险废物非法转移倾倒案件高发态势得到有效遏制。其他地区于2025年年底前实现。同时，长三角区域应开展危险废物集中处置区域合作，跨省域协同规划、共享危险废物集中处置能力，编制危险废物联防联治实施方案。

10.1.2.8　其他地方政策

（1）上海市

上海市政府于 1995 年 1 月 6 日颁布《上海市危险废物污染防治办法》，自 1995 年 3 月 1 日起实施。2019 年，发布《关于废止〈上海市危险废物污染防治办法〉的决定（草案征求意见稿）》，拟予以废止。

2019 年 3 月，上海市生态环境局印发《上海市产业园区小微企业危险废物集中收集平台管理办法》（沪环规〔2019〕4 号）。2019 年 8 月，上海市生态环境局、上海市卫生健康委员会印发《关于本市进一步规范医疗废物环境管理工作的通知》（沪环土〔2019〕206 号）。

（2）江苏省

2018 年 11 月，江苏省印发《江苏省危险废物集中处置设施建设方案》，明确到 2020 年工业危险废物集中处置能力较 2017 年新增 85 万 t，年总处置能力达到 180 万 t 以上。同期印发的《关于加强危险废物污染防治工作的意见》（苏政办发〔2018〕91 号）要求，到 2020 年，全省基本建立与经济和社会发展相适应的危险废物处置体系，处置能力和实际需求基本匹配；形成较为完善的源头严防、过程严管、违法严惩的危险废物监管体系，危险废物规范化管理水平和环境监管能力明显提升，全省危险废物规范化管理抽查合格率达到 85%以上。

（3）浙江省

大力推动危险废物利用处置设施建设，2015 年，印发《浙江省危险废物集中处置设施建设规划（2015—2020 年）》；2019 年，印发《浙江省危险废物集中处置设施建设规划修编（2019—2022 年）》，按照"危险废物不出市"的原则，大力推动危险废物处置设施建设。

2016 年，开展危险废物"存量清零"行动，同年印发《浙江省危险废物处置监管三年行动计划（2016—2018 年）》。2017 年 1 月，印发《关于进一步规范危险废物转移过程环境监管工作的通知》（浙环函〔2017〕39 号）；同年 6 月印发《关于进一步规范危险废物处置监管工作的通知》（浙环发〔2017〕23 号）。全省重点危险废物产生单位和持证经营单位联网监控率均达到 100%。

（4）安徽省

2017 年 7 月，印发《安徽省"十三五"危险废物污染防治规划》，安徽省"十三五"期间危险废物污染防治工作目标是，明确到 2020 年全省危险废物产生单位和经营单位的规范化管理抽查合格率分别达到 90%以上和 95%以上，全省乡镇及以上医疗机构的医疗废物无害化处置率达到 100%。

2017 年 11 月，安徽省环境保护厅印发《关于进一步加强危险废物环境监督管理的通知》（皖环发〔2017〕166 号），要求自 2018 年 1 月 1 日起，除再生铅综合利用企业和国家有特殊要求的行业企业外，现有危险废物综合利用企业接受省外转入的工业危险废物，原则上不得超过其核定规模的 30%。通知发布前批复的环评文件中确定原料主要来源于外省的企业，其跨省转入比例不得超过核定规模的 60%。2019 年 5 月，安徽省人民政府印发《关于建立固体废物污染防控长效机制的意见》，要求"严格落实利用类危险废物外省转入限额，禁止外省危险废物转入安徽省焚烧、干化、物化、填埋"。

10.1.3　区域固体废物管理存在的问题

固体废物处置关乎百姓对美好生活的向往与追求，关乎区域协调与高质量发展，关乎生态文明建设大局。长三角区域城市群面临固体废物产生量大、人口密度大、流动人口多、土地紧张等客观因素，区域废弃物处置难题主要体现在以下几个方面。

（1）体制机制不完善，全程废弃物分类处置衔接不畅

首先，在源头分类环节，垃圾桶分类标识设置不够"通俗、易懂"、居民分类知识缺乏、小区缺少有害垃圾投放设施等因素，导致群众真正参与垃圾分类的积极性差，垃圾分类基本停留在"口号响，行动差"的层面；其次，在垃圾收运环节，受经济利益驱动，低价值、无价值的品种如废玻璃、废电池、废节能灯等无人回收，混入生活垃圾中，造成环境污染；最后，在末端处置环节，前端回收、中端收运环节分类不畅，导致末端资源化利用率低，基本上仅限于焚烧和填埋两种方式，资源浪费严重，环境成本高昂。

（2）城市用地紧缺，回收站、分拣中心、末端处置项目落地难

再生资源回收体系建设、垃圾分类处理等，从回收网点，到收集转运，再到分拣加工，最后到末端处置利用的全流程，都需要一定的用地空间保障。以上海市为例，城市规划范围越来越大，城市用地"寸土寸金"，导致上海市城区土地资源愈发紧张，流动人员被迫向城外转移，严重影响到上海市废弃物回收利用体系建设。存储场地、分拣加工及处理利用的用地难题，成为制约长三角区域废弃物回收处理的最大"痛点"。

（3）各区域固体废物处置能力仍不匹配

长三角区域固体废物处置仍存在区域供需不平衡、种类不匹配等问题，特定种类固体废物处理能力存在结构性缺口。新建固体废物处置项目选址往往遭遇"邻避效应"，处置缺口短时间内无法填补。如上海、杭州等大城市，固体废物产生量大，在末端处置能力上存在明显不足。危险废物处置能力呈现区域性、结构性不均衡现象。浙江省嘉兴、

温州、丽水、杭州能力缺口比较大，表面处理污泥、焚烧飞灰、油泥、废盐等危险废物种类的处置能力较为缺乏。安徽省危险废物处置单位主要位于合肥、马鞍山、铜陵、滁州、宿州、池州等市，综合利用单位主要集中在合肥、阜阳、滁州、宣城、铜陵、芜湖、马鞍山等市。安徽省危险废物利用处置率水平较低。

（4）区域协同性差，长三角城市群尚未形成废弃物协同处置良性机制

近年来发生的跨地区非法转移倾倒固体废物事件，反映出各地存在着废弃物处置压力大和区域间协同性差等问题。首先，城市间缺乏协同处置联动机制，基本上都立足自身行政职能和本地利益，尚未形成统筹规划，各家"自扫门前雪"，在废弃物处置上存在"邻避"效应；其次，未形成区域间的良性补偿机制，包括生态补偿、利益共赢机制等。如上海、杭州等城市土地资源稀缺、处置设施超负荷运转，江浙、浙江、安徽部分城市土地相对充足，处理设施"吃不饱"；固体废物跨省转移审批流程多，耗时长，效率低，审批仍待优化。另外，跨区域协同监管合力仍待增强。工业固体废物成分复杂，跨区域非法处置隐蔽性强。近年来，固体废物跨区域非法转移倾倒事件频发，给区域生态环境造成巨大威胁。特别是长江流域、长三角区域固体废物产生量大、处置成本高、处理压力大，非法转移处置固体废物现象不容乐观。固体废物监管力量薄弱，省际交界地成了监管"盲区"，适应跨区域、跨流域的固体废物防治监管体系仍待完善。

10.2　长三角"无废城市"建设试点情况

"无废城市"建设是以创新、协调、绿色、开放、共享的新发展理念为引领，通过推动形成绿色发展方式和生活方式，持续推进固体废物源头减量和资源化利用，最大限度地减少填埋量，将固体废物环境影响降至最低的城市发展模式。开展"无废城市"建设试点是党中央、国务院在打好污染防治攻坚战、决胜全面建成小康社会关键阶段做出的重大改革部署。2018 年 6 月，中共中央、国务院《关于全面加强生态环境保护坚决打好污染防治攻坚战的意见》（中发〔2018〕17 号）提出开展"无废城市"试点。2018 年 12 月，国务院办公厅印发《"无废城市"建设试点工作方案》（国办发〔2018〕128 号），要求探索建立"无废城市"建设综合管理制度和技术体系，形成一批可复制、可推广的"无废城市"建设示范模式，为推动建设"无废社会"奠定良好基础。2019 年 4 月，生态环境部印发《"无废城市"建设试点推进工作方案》（固体函〔2019〕12 号），遴选 11+5 个城市和地区作为"无废城市"建设试点。2019 年 9 月，11+5 个城市和地区编制的"无废城市"建设试点实施方案，逐一通过生态环境部会同"无废城市"建设试点部际协调小组各成员单位组织的咨询专家委员会专家的评审，相继印发实施。长三角城市群中的

浙江省绍兴市、江苏省徐州市、安徽省铜陵市是我国"无废城市"建设试点城市。此外，浙江省为践行习近平总书记"秉持浙江精神，干在实处、走在前列、勇立潮头"要求，深入贯彻《国务院办公厅关于印发"无废城市"建设试点工作方案的通知》（国办发〔2018〕128号），省委、省政府决定开展全域"无废城市"建设，制定并下发实施《浙江省全域"无废城市"建设工作方案》。

10.2.1　浙江省全域"无废城市"建设

10.2.1.1　工作目标

2021年年底，完成首批"无废城市"示范区建设；2022年至2023年年底，所有设区市分两批完成"无废城市"建设，基本实现产废无增长、资源无浪费、设施无缺口、固体废物无倾倒、废水无直排、废气无臭味；2025年年底，全省各地"无废城市"建设水平得到进一步提升，完成全国"无废城市"示范省建设。

10.2.1.2　主要任务

（1）坚持能减则减，全面抓好产废源头减量化

统筹推进结构调整。结合大湾区、大通道、大花园、大都市区建设，严格落实"三线一单"管控要求，科学布局生产和生活空间。加快传统产业改造提升，禁止新增化工园区，严格控制新建、扩建固体废物产生量大，区域难以实现有效综合利用和无害化处置的项目。抓好源头减量管理。鼓励工业固体废物产生量大的企业在场内开展综合利用处置，严格落实固体废物动态化清零要求。提高废水回用比例，强化废水分质分流处理，源头减少污泥产生。严格按照建设项目环评及批复、危险废物管理计划要求落实固体废物减量化措施。全面落实生活垃圾收费制度，推行垃圾计量收费。建立健全农膜市场准入制度，从源头上保障农膜的可回收性。大力推动资源节约。加快推进清洁生产审核，推动工农业生态化与循环化改造，打造循环经济产业链，形成有利于资源节约、环境友好、循环利用的现代产业体系。支持发展共享经济，减少资源浪费。积极开展节约型机关、绿色家庭、绿色学校、绿色社区、县域节水型社会达标等建设行动。餐饮企业、学校、单位食堂等全面推行"光盘"行动，推广自主点餐计量收费。加快形成绿色生产生活方式。全面开展绿色矿山建设，到2020年，大中型矿山达到绿色矿山建设要求和标准，其中煤矸石、煤泥等固体废物实现全部利用。大力推行绿色设计，提高产品可拆解性、可回收性，减少有毒有害原辅料使用，培育一批绿色设计示范企业。推行绿色供应链管理，发挥大企业及大型零售商带动作用，培育一批固体废物产生量小、循环利用率

高的示范企业。创建绿色商场,培育一批应用节能技术、销售绿色产品、提供绿色服务的绿色流通主体。减少一次性包装物使用,加快推进快递业绿色包装应用,到 2020 年,基本实现同城快递环境友好型包装材料全面应用。鼓励推广绿色建筑,提倡绿色构造、绿色施工、绿色室内装修。

（2）坚持应分尽分,全面落实分类储存规范化

全面实施生活垃圾强制分类。以"易腐垃圾、可回收物、有害垃圾、其他垃圾"为基本分类标准,建立生活垃圾强制分类制度。到 2020 年,城镇、农村生活垃圾分类全覆盖。到 2022 年,城乡生活垃圾分类基本实现全覆盖,建成省级高标准生活垃圾分类示范小区、示范村各 3 000 个以上。推进危险废物分类储存规范化。督促企业做好固体废物产生种类、属性、数量、去向等信息核查,夯实管理基础。严格落实危险废物规范化管理考核要求,重点抓好工业危险废物分类储存规范化管理,全面提升危险废物规范化管理达标率。强化医疗废物源头分类管理,重点提升医疗卫生机构未被污染的一次性输液瓶（袋）规范化管理水平。

（3）坚持应收尽收,全面实现收集转运专业化

建立完善全域固体废物收集体系。以铅酸蓄电池、动力电池、电器电子产品、汽车为重点,落实生产者责任延伸制,到 2020 年,基本建成废弃产品逆向回收体系。推广小箱进大箱回收医疗废物做法,建立完善城乡医疗废物收集、运输、登记、管理机制,实现医疗废物集中收集网络体系全覆盖。建立政府引导、企业主体、农户参与的农业废弃物收集体系,推行废旧农膜分类回收处理,将无利用价值的废旧地膜纳入农村生活垃圾处理体系,到 2020 年,废旧农膜回收处理率达 90%以上。按照"谁购买谁交回、谁销售谁收集"的原则,建立农药包装废弃物回收奖励或使用者押金返还制度,对农药包装物实施有效收集,到 2020 年,农药废弃包装物回收率达到 90%以上。加大固体废物转运环节管控力度。加强运输车辆和从业人员管理,严格执行固体废物转移交接记录制度,强化运输过程中二次污染风险防控。严禁人为设置危险废物省内转移行政壁垒,保障省内危险废物合法转移和公平竞争。

（4）坚持可用尽用,全面促进资源利用最大化

大力拓宽工业固体废物综合利用渠道。加快开展静脉产业基地建设,提升工业固体废物综合利用率,促进固体废物资源利用园区化、规模化和产业化。努力打造工业固体废物"回收网络化、服务便民化、分拣工厂化、利用高效化、监管信息化"回收利用体系,促进再生资源就地回收利用。构建工业固体废物资源综合利用评价机制,制定出台工业固体废物资源综合利用财税扶持政策。对一般工业固体废物有稳定综合利用渠道的,允许跨区域合作,促进综合利用企业做大做强,实现规模化、集约化经营。加快推动生

活垃圾资源化利用。推广城乡生活垃圾可回收物利用、焚烧发电、生物处理等资源化利用方式。促进餐厨垃圾资源化利用,拓宽产品出路。引导鼓励回收龙头企业以连锁经营、授权经营等方式整合、收编中小企业和个体经营户,提高集约化、规模化水平。到 2020 年,培育再生资源回收龙头企业、骨干企业 30 家以上,再生资源利用率达到 90%以上。统筹推进建筑垃圾资源化利用。开展存量治理,对堆放量比较大、比较集中的堆放点,经评估达到安全稳定要求后,开展生态修复。积极推动建筑垃圾的精细化分类及分质利用,推动建筑垃圾生产再生骨料等建材制品、筑路材料和回填利用,推广成分复杂的建筑垃圾资源化成套工艺及装备的应用,完善收集、清运、分拣和再利用的一体化回收利用系统。建立健全建筑垃圾资源化利用产品认证标准体系,明确适用场景、应用领域等,提高建筑垃圾资源化再生产品质量。着力提升农业废弃物资源化利用水平。以种养循环为重点,实施"废物循环"工程,推动畜禽粪污就近就地综合利用,到 2021 年,规模养殖场粪污处理设施装备配套率达到 100%,畜禽粪污综合利用率达到 91%以上;在此基础上,逐步实现规模养殖场粪污处理设施装备配套全覆盖及畜禽粪污全量综合利用。以生产秸秆有机肥、优质粗饲料产品、固化成型燃料、沼气或生物天然气、食用菌基料和育秧、育苗基料,生产秸秆板材和墙体材料为主要技术路线,建立肥料化、饲料化、燃料化、基料化、原料化等多途径利用模式。到 2020 年,秸秆综合利用率达到 95%以上。

(5)坚持应建必建,全面推进处置能力匹配化

加快补齐固体废物处置能力缺口。将固体废物处置设施纳入城市基础设施和公共设施范畴,形成规划"一张图"。2019 年年底前,基本实现设区市内工业危险废物产生量与利用处置能力相匹配;2020 年年底前,补齐县(市)域内生活垃圾处置能力缺口;2021 年年底前,补齐县(市)域内一般工业固体废物、农业废弃物等处置能力缺口。积极推动工业固体废物、生活垃圾、建筑垃圾、农业废弃物等各类固体废物处理设施的共建共享,建立工业垃圾与生活垃圾处置设施调剂协调机制,畅通处置出路,提高利用处置设施利用效率。强化地方政府医疗废物集中处置设施建设主体责任,推动医疗废物集中处置体系覆盖各级各类医疗卫生机构。充分发挥市场配置资源的主体作用。强化政府监管,建立各类固体废物处置价格的动态调整机制,规范各类固体废物处置价格指导价管理。充分利用市场机制,通过对供求关系的宏观调控推动处置价格合理化,构建就地就近、价格合理、途经便捷的利用处置渠道,到 2022 年,形成"技术先进、管理规范、能力富余、充分竞争"的全种类固体废物综合利用处置体系。

（6）坚持应管严管，全面营造高压严管常态化

重点加强固体废物物流及资金流的管理。加大固体废物运输环节管控力度，严查无危险货物道路运输资质从事危险废物运输的行为。严控产废单位将处置费用直接交付运输单位或个人并委托其全权处置固体废物的行为。鼓励通过政府购买服务等方式，委托第三方审计机构对重点对象固体废物的产生、转移、利用处置和资金往来情况进行审计。持续加大执法力度。落实固体废物违法有奖举报制度，督促村镇建立完善网格化的巡查机制，推动形成固体废物违法案件快速发现的群防群治体系。开展专项执法行动，严厉打击违法倾倒固体废物行为。强化行政执法与刑事司法协调联动，对违法案件综合运用按日连续处罚、查封扣押、限产停产等手段依法从严查处。主动曝光环境违法犯罪典型案件，实施环境违法黑名单和产业禁入制度，合力构建实施严惩重罚制度体系，形成环境执法高压震慑态势。

（7）坚持应纳尽纳，全面构建管理手段信息化

着力提升监管信息化水平。从"生产源头、转移过程、处置末端"等 3 个环节重点突破，搭建便捷高效的可监控、可预警、可追溯、可共享、可评估的浙江省固体废物信息管理系统，所有固体废物产生和利用处置单位全部纳入系统管理，实现固体废物管理台账、转移联单电子化。推广信息监控、数据扫描、车载卫星定位系统和电子锁等技术，推动固体废物转运环节信息化监管能力建设。生活垃圾焚烧企业全面实施"装、树、联"，强化信息公开，确保达标排放。推动建立协调联动共享机制。破解国家、省级、市级信息系统多网并存运行、企业多头填报的局面，打造与全国系统相衔接的全省固体废物监管平台。直面信息孤岛的堵点和难点，聚焦有机整合与提升优化，加快打通各类固体废物信息化管理平台，实现跨部门、跨层级、跨领域的数据共享与平台互联互通。充分发挥"智慧城市"优势，基于物联网、人工智能等信息化技术，推动固体废物治理体系和治理能力现代化，着力打造监管"一张网"。

（8）坚持创业兴业，全面培育治理行业产业化

激发市场主体活力。引导各类社会资本积极参与全域"无废城市"建设，加大力度培育发展环保产业，鼓励第三方机构从事固体废物资源化利用、环境污染治理、咨询服务、污染源在线监测运营。加快推动固体废物从产生、收集到利用处置全过程延伸的产业新模式。探索构建绿色金融体系，调整优化信贷结构，加强全域"无废城市"建设重点领域和薄弱环节的金融支持。进一步优化固体废物利用处置企业税收优惠政策，支持引导企业做大做强。到 2020 年，危险废物经营单位全面推行环境污染责任保险。大力推进治理技术创新。加强固体废物污染防治学科研究和专业建设，积极培养和引进适应地方"无废城市"建设需要的技术与管理人才。加强废水、废气污染防治技术的优化与

研发，重点突破废水、废气污染防治过程中的固体废物减量化问题。支持企业加强与科研机构的产学研技术创新合作，打造成果转化平台，加快突破关键共性技术"瓶颈"。

（9）坚持问题导向，全面推动制度创新精准化

解决固体废物底数摸清难的问题。各地要以第二次全国污染源普查数据为基准底数，加强培训指导，督促工业固体废物产生单位于2020年年底前登录浙江省固体废物管理信息系统，实时填报工业固体废物产生、转移、利用处置等数据，实现工业固体废物基础数据的实时动态更新。全面推广浙江省固体废物管理信息系统，在生活垃圾、建筑垃圾、农业废弃物、医疗废物等全领域实现电子化申报，形成产废"一本账"。推动地方在立法中明确涉废单位使用信息系统的法定责任及相应罚则。解决特种危险废物清运难的问题。通过政府向有资质单位购买服务、危险废物持证经营单位委托授权、政府统一建设集中储存设施、各地结合实际探索创新等工作模式，建立完善小微企业危险废物及实验室废物集中统一收运体系。到2020年，各地均建立小微产废企业危险废物及实验室废物集中统一收运体系。解决综合利用产品出路难的问题。开展危险废物"点对点"利用及建设预处理点工作试点，健全危险废物综合利用后产品的地方标准体系，着力解决废盐、飞灰等危险废物综合利用产品出路难的问题。加强对固体废物利用处置行业的政策支持力度，优化资源综合利用产品市场环境。破解工业危险废物处置难。推动焚烧技术优化研发，着力强化液态废物预处理、烟气处理净化、二噁英类物质控制等技术的研发，有效降低炉渣和飞灰产生量，控制二次污染。鼓励水泥窑协同处置实验室危险废物，重点研究并实施生活垃圾焚烧飞灰熔融、燃煤电厂协同处置油泥、钢铁厂协同处置重金属污泥、工业废盐综合利用等试点项目。破解利用处置项目落地难。实施危险废物利用处置行业整治提升行动，开展行业领跑企业评选，优先支持领跑企业改建扩建。鼓励建设观光工业式固体废物利用处置设施，鼓励固体废物利用处置企业向社会开放，接受公众参观，努力破解"邻避效应"。严格落实地方政府配套环保基础设施建设主体责任，实施固体废物处置生态补偿机制，着力打破地方保护主义。

（10）坚持长效常治，全面夯实齐抓共管制度化

夯实产生者的主体责任。强化法治思维，污染物产生者必须依法承担污染防治的主体责任。坚持污染物"谁产生、谁负责""谁产生、谁治理"的原则，延长产生者的责任追究链条，巩固污染治理成果，促使产生者从源头做好生态设计，推进源头减量，推动无害化利用处置。压实政府的监管职责。明确政府污染防治监管主体责任，进一步树立"管行业必须管环保、管发展必须管环保、管生产必须管环保"的理念，建立健全部门责任清单，健全长效机制，将各地各部门齐抓共管的良好工作格局制度化，有效提升固体废物管理水平。

10.2.1.3　重要保障

（1）明确职责分工

地方各级人民政府要认真落实属地管理责任，充实各级各部门监管力量。各有关部门要强化责任担当，密切协作配合，形成上下联动、齐抓共管、合力推进的工作格局。加大各级财政资金统筹整合力度，明确全域"无废城市"建设资金范围和规模。强化技术支撑，成立专家技术团队，指导各设区市或示范县（市、区）组织开展全域"无废城市"建设工作。

（2）强化督察考核

将全域"无废城市"建设作为重要内容纳入美丽浙江建设考核体系和省级生态环境保护督察机制。将全域"无废城市"建设评估结果作为领导班子和领导干部实绩考核评价、自然资源资产离任审计的重要依据，并与环境保护专项资金挂钩。

（3）鼓励公众参与

推动信息公开，健全舆情应对机制，紧密结合新媒体技术，构建全方位立体式"无废城市"宣传教育体系，营造舆论氛围，培育"无废"文化。强化全民责任意识、法治意识和企业社会责任意识，自觉践行资源节约、环境友好的生产方式和简约适度、绿色低碳的生活方式。全面构建政府为主导、企业为主体、社会组织和公众共同参与的全域"无废城市"建设格局。

10.2.2　绍兴市"无废城市"建设试点

10.2.2.1　工作基础

（1）一般工业固体废物处理处置方面

多头推进工业固体废物源减量，不断优化产业和园区布局。绍兴市颁布实施了多项文件，并设立了产业转型升级基金，促进产业优化和园区整治提升。通过开发区（工业园区）整体规划调整和生产力重新布局，实现了产业集聚发展，园区层面实现了工业固体废物的集中管理和重污染企业的搬迁改造或关闭退出。持续推进工业园区循环化改造。以园区为循环经济发展"主战场"和重要平台，以项目为载体，积极落实专项资金，推进园区循环化改造和循环示范项目建设，实现了部分工业固体废物资源在园区内的循环和固体废物的源头减量。鼓励重点企业开展清洁生产审核。自"十三五"以来，绍兴市累计有 1 000 余家企业开展了清洁生产审核。全面推进绿色制造实施。2017 年，绍兴市制定出台了《绍兴市全面推进绿色制造实施方案（2017—2020）》，大力开展绿色制造示范行动，深入推进产品绿色设计、过程绿色改造建设等工程。不断完善一般工业固体废物管理制度与监管手段。印发实施了《绍兴市清废行动实施方案》。推进工业固体废物信息化管理。

（2）农业源固体废物管理方面

源头减少畜禽粪污产生。大力推进实施畜禽养殖场沼液资源化利用，实现"一县一策"。建立"畜禽-肥料（沼液）-作物"为主线的生态养殖全链条循环模式，实现畜禽粪污资源化利用。以养殖废弃物源头减量、过程控制、末端利用和除臭技术为核心，加强科技创新和联合攻关。大力推广畜禽粪污收集无害化处置与还田利用、发酵床垫料资源化利用、沼液肥料化利用和水肥一体施用技术，促进畜禽粪污就近就地还田利用。绍兴市共培育秸秆农业机械合作社 9 家、农作物秸秆综合利用企业 11 家，共建设农作物秸秆收储网点 31 个，开展秸秆收储发电试点，建立以市场需求为导向、企业和专业合作经济组织为骨干、农户参与、政府推动、市场化运作、多种模式互为补充的秸秆收储管理体系。2018 年，绍兴市已基本建立废旧农膜回收处置体系，主要为农民自行归集，由供销社进行定点、统一收集处置，但整体回收效果及相关机制体系有待完善。完善健全农药废弃包装物回收处置制度体系及补贴政策。

（3）生活源固体废物管理方面

2018 年 3 月，绍兴市发布了《绍兴市城乡生活垃圾分类实施方案》，要求按照厨余垃圾、有害垃圾、可回收物、其他垃圾对生活垃圾进行分类，并建立生活垃圾分类投放、收集、运输及处置体系，提出了"一年见成效、三年大变样、五年全面决胜"的总体目标。发布了《绍兴市城乡生活垃圾分类"五大"专项行动计划》，大力推进生活垃圾分类工作。绍兴市各区、县先后出台了相关管理办法。初步建成了从回收车/智能回收站/居民自送—回收站点—分拣中心—利废企业的四级再生资源回收产业链。全市 2018 年建设完成生活垃圾回收站点 187 个，建成分拣中心 8 家。培育了以浙江联运环境工程股份有限公司为代表的 8 家骨干回收企业。

（4）危险废物管理方面

近年来，绍兴市按照"危险废物不出市"的原则，不断开展危险废物管理工作，包括推动危险废物的环境风险防控工作，建立覆盖全市的危险废物产生、储存、转运、处置全过程的监管体系，并完成全市市控以上危险废物产生单位联网监控，探索完善小微企业危险废物收集体系，开展社会源危险废物收集工作。通过相关工作的开展，截至目前，基本实现全市危险废物产生量与利用处置能力相匹配，初步形成全过程、信息化的固体废物全过程闭合管理体系。

10.2.2.2　工作目标

以"创新、协调、绿色、开放、共享"的新发展理念为引领，面向"大湾区大花园大通道大都市区"和"江南生态宜居水城"发展战略，推进各类固体废物全过程管理与多部门协同治理，力保大宗工业固体废物储存处置总量趋零增长，推进主要农业废弃物全量利用，提升生活垃圾减量化、资源化水平，实现危险废物全面安全管控，健全规章制度，促进技术创新，完善市场机制，强化监管能力，形成各类固体废物减量化、资源化、无害化综合管理的"无废绍兴"新模式。

10.2.2.3　主要任务

（1）推动工业高质量发展与大宗固体废物储存处置总量趋零增长

继续推进工业园区深度整合、企业高度集聚，加快对城市建成区内钢铁、焦化、造纸、水泥、平板玻璃等重污染企业搬迁改造或关闭退出，推进工业园区循环化改造，推进企业清洁生产审核，推进绿色制造工程体系，推进绿色矿山建设，从而推进工业固体废物源头减量，降低工业固体废物产生强度；提升印染污泥减量化、资源化水平，提高尾矿的资源化率，促进焚烧炉渣综合利用，从而提高一般工业固体废物的资源化水平；健全工业垃圾管理制度，完善工业垃圾末端处置出路，促进造纸行业废渣产量化、资源化，促进纺织固体废物协同处理，开发利用"城市棉田"，鼓励全谱系废弃纤维再生利用的技术集成与开发应用，推进食品加工行业下脚料的处理与利用，从而促进工业垃圾资源化利用；完善重点行业一般工业固体废物管理制度，提高工业固体废物管理水平，完善工业固体废物产生与综合利用统计体系，加快建立智能化、智慧化管理平台。

（2）加快农业循环发展，促进主要农业废弃物资源化利用

首先，着力提升农业绿色发展水平。推进农药减量行动，推进化肥减量增效行动，加快农作物病虫害绿色防控技术推广应用，提高统防统治专业化水平，推进"三品一标"健康发展，创建省级农业绿色发展先行县。其次，推动畜禽养殖生态循环化，促进农业废弃物源头减量。大力开展"百场引领、千场提升"行动，推进美丽牧业建设，通过总量控制、农牧对接，调整优化畜禽养殖业空间布局，提升产业发展水平，加快环保型饲料研发推广，树立畜禽粪污处理模式典范，健全区域联动规范处置病死动物机制，强化养殖污染物排放监管等措施，加大畜禽养殖污染防治和畜禽粪污综合利用力度。再次，推进农业秸秆收储运体系建设，提升秸秆综合利用水平。组织开展秸秆收集贮运体系、秸秆综合处置中心和全量化利用示范基地试点建设，实施农作物秸秆综合利用工程，构建农村能源社会化服务体系，大力发展绿色生态农业；建立健全相关措施，提升废旧农

膜再利用水平。构建全民参与的废旧农膜回收利用体系，组织全面普查，建立农膜信息统计制度，严格执法监管，从源头控制农膜市场准入，完善工作机制，强化销售及回收利用网络体系，加强集成示范，强化农膜回收科技支撑；持续推广农药废弃包装物回收和集中处置管理。加强农药实名制购销工作，完善农药废弃包装物回收处置制度，优化农药废弃包装物回收网点设置，推进农药废弃包装物回收归集主体收储仓库标准化建设，提升农药废弃包装物处置能力，建立农药废弃包装物处置进度考核通报制度。

（3）推动践行绿色生活方式与生活垃圾源头减量和资源化利用

首先，推动践行绿色生活方式，促进生活源固体废物源头减量。限制塑料袋及一次性用品使用，促进生活垃圾源头减量；大力宣传光盘行动，促进餐厨垃圾源头减量；大力推动装配式建筑，促进建筑垃圾源头减量；推行绿色包装和循环袋使用，促进包装源头减量；全市开展集贸市场净菜进城，促进垃圾源头减量。其次，加大生活源固体废物资源化回收和利用水平。强化垃圾分类，完善分类运输体系，提升生活垃圾分类质量，推进再生资源回收产业建设，完善资源回收体系，提高可回收量；提高建筑垃圾资源化利用政策扶持，推动建筑垃圾资源化利用。最后，提升和健全生活源固体废物无害化处理能力。推动生活垃圾无害化处理设施建设，实现"趋零"填埋，健全绍兴市餐厨垃圾处理设施能力，加快园林绿化废弃物处理设施及建筑垃圾处置设施建设；健全生活源固体废物处理制度及监管体系，提升管理水平。

（4）强化风险防范，推动危险废物全过程规范化管理与全面安全管控

第一，持续推进危险废物规范化管理，建立危险废物监管源清单，建立覆盖全市的危险废物智能化、智慧化监管体系，达到强化危险废物环境监管能力的目的。第二，通过县区重点危险废物规范化收集网络建设，建立小微企业及社会源危险废物统一收集服务试点，加快重点危险废物处理处置体系建设，促进危险废物资源化利用，开展危险废物经营单位整治提升，推动涉危险废物污染修复土壤综合利用，从而加快危险废物收运与利用处置能力建设。第三，强化危险废物环境风险防范能力。着力提升危险废物环境应急响应能力，打击危险废物环境违法行为，完善危险废物鉴别体系。

（5）推动固体废物精细化综合管理与三产发展协同融合

第一，加强制度政策集成创新与探索。加强"无废城市"建设与现有制度政策的集成，继续探索完善生态环境损害赔偿管理制度，建立固体废物跨区、县（市）处置生态补偿金制度。第二，统筹城市治理与固体废物管理。建设工业、农业、生活等领域间资源和能源梯级利用、循环利用体系，加强产业间协同，建立多源固体废物耦合处理示范应用，打造固体废物领域全国数字化转型试点。第三，积极培育第三方市场，大力发展环保产业。鼓励专业化第三方机构从事固体废物资源化利用、环境污染治理与咨询服务，

打造一批固体废物资源化利用骨干企业。第四，加强"无废城市"理念宣传推广。围绕党政机关、企事业单位、社区、家庭等不同社会单元，广泛开展"无废城市"理念和措施的宣传推广；充分发挥绍兴市传统文化优势，将传统文化与"无废文化"深度融合。

10.2.2.4　重要保障

成立绍兴市"无废城市"建设试点工作领导小组。市委书记、市长为组长，市委、市政府领导班子成员为副组长，市委组织部、市委宣传部、市发改委等部门领导为成员。领导小组下设"无废城市"建设试点办公室，各区、县（市）、滨海新城管委会参照建立"无废城市"建设试点领导小组和办公室。

成立绍兴市"无废城市"建设试点方案编制阶段工作专班。工作专班共分为 3 个组，分别为综合组、业务组（工业固体废物工作小组、农业废弃物工作小组、建筑垃圾工作小组、生活垃圾工作小组、危险废物工作小组、信息化工作小组）和宣传组。

形成绍兴市"无废城市"建设职责清单。将"无废城市"建设主要任务进行细化分工，明确落实牵头部门及参与部门。

提供可靠的技术保障。充分利用绍兴的区域优势，加强国内知名高校和研究机构技术交流与合作，推进产学研平台建设；实施规上工业企业研发机构全覆盖计划、固体废物相关规上工业企业专利"清零"计划等五大计划，提升企业自主创新能力；推动实施绍兴市《高水平建设人才强市的若干政策》，围绕"无废城市"建设需求，分类建立人才项目库，打造人才服务平台；紧密结合《绍兴科创大走廊三年建设计划》，依托"百项千亿"建设项目落地，进一步加强科技创新平台建设；充分利用浙江省作为数字大省，以及绍兴数字化转型的优势，建立固体废物"互联网+信用+监管"管理平台。

提供稳定的资金保障。强化国家、省、市对无废城市相关扶持政策的贯彻实施，积极跟踪国家政策导向，借鉴先进开发区经验；在用足用好国家、省、市相关优惠政策的基础上，进一步落实现有的促进废弃物循环利用的投资、补贴、奖励等政策；加快制定有利于"无废城市"建设的科技、人才和金融等要素扶持政策，为加快科技创新步伐、引进和培养专业人才搭建政策平台。

10.2.3　徐州市"无废城市"建设试点

10.2.3.1　工作基础

"十二五"至"十三五"期间，徐州市在清洁生产、循环经济、固体废物资源化利用、节能减排、乡村振兴战略和生态文明建设等领域开展了大量试点示范工作，为"无废城市"建设打下了坚实的基础,从制度建设、能力建设、载体支撑等方面为全市开展系统性的固体废物综合处置工作奠定了全面扎实的基础。徐州市高度重视生态文明建设、固体废物资源化利用等工作,近年来获得联合国人居环境奖荣誉,获批资源循环利用基地、循环经济示范市等国家级试点 12 个,相关试点工作取得了良好成效,促进了工业固体废物、餐厨垃圾、生活垃圾等细分领域固体废物处理处置水平的提升,为"无废城市"创建夯实了基础。

城市建设方面,徐州市作为"联合国人居城市"试点,重点开展生态修复和固体废物管理工作,在推动智能化管理和源头控制,垃圾联网收集、转运、循环利用等方面走在了全国前列。

循环经济方面,作为国家"双百工程"示范基地、国家园区循环化改造试点、国家循环经济试点示范城市、国家"城市矿产"示范基地,徐州市针对煤矸石、粉煤灰、工业副产石膏、冶炼渣等大宗固体废物开展综合利用,构建循环型产业体系,全面推行园区循环化改造,完善绿色化循环化城市体系,健全社会层面资源循环利用体系,构建循环型流通模式,推广普及绿色消费模式,构建相对完整的再生铅产业体系,提升技术装备水平。

固体废物资源化利用方面,作为国家餐厨垃圾资源化利用和无害化处理试点城市、徐州市国家资源循环利用基地、新沂市国家资源循环利用基地,徐州市 2014 年颁布《徐州市餐厨废弃物管理办法》,有效提升全市餐厨垃圾资源化利用水平,拟建设第二生活垃圾焚烧发电厂、餐厨垃圾处理厂(已建成运营)、污泥处理项目、危险废物综合处置中心、医疗废物处置中心等项目。

节能减排方面,作为节能减排财政政策综合示范城市,徐州市围绕"产业低碳化、交通清洁化、建筑绿色化、服务业集约化、主要污染物减量化、可再生能源和新能源利用规模化"六大方面,实施 1 000 余个项目,制定 15 类差别化定价政策,出台 130 多份文件。

生态农业方面,作为国家农业可持续发展示范区、果菜茶有机肥替代化肥示范县——邳州,徐州完善重要农业资源的台账制度,提高地膜回收利用率,严控化肥、农药施用,建立农业可持续发展预警机制和 15 个农业可持续发展新模式。

10.2.3.2　工作目标

徐州市通过主抓固体废物产生量密集型的传统产业转型升级,发展壮大固体废物产生密度低的战略性新兴产业,倡导绿色生活,实现城市固体废物的源头减量;通过完善配套固体废物收运和处理处置基础设施,全面提高工农城危固体废物资源化和安全处置水平。要全面建立制度、市场、技术三大体系，形成共建共享的"无废文化"氛围。国内外交流合作全面开展，固体废物综合管理处置达到国内领先水平。

至 2020 年，落实 72 项重点工程，初步形成支撑"无废城市"创建的 31 项制度体系、21 项技术体系和 23 项市场体系。形成"传统资源枯竭型城市全产业链减废模式""农作物秸秆还田及收储运一体多元化利用模式""矿山生态修复模式"3 项成熟创新模式，探索形成"工业源危险废物'闭环式'全覆盖监管模式""推进固体废物协同处置壮大新产业，带动高质量绿色发展""'以智管废'的智慧平台构建精细化统筹管理模式"3 项创新模式，形成徐州市"3+3"无废城市建设模式，在实现徐州市固体废物综合处置的同时，培育骨干企业和资源循环利用产业集聚区，形成新的经济增长点，将"无废文化"融入城市建设及产业发展理念中，推动徐州"无废城市"试点建设达到国内领先水平。

10.2.3.3　主要任务

（1）高位推动试点工作，建立协同推进机制

紧抓"一把手"工程，强力推进"无废城市"试点，成立无废城市推进办公室，联动国家咨询专家委员会，指导徐州无废城市建设，实施各局联动合作；加强制度建设，逐步开展生活垃圾、工业固体废物、农业固体废物、医疗废物四大领域的专项立法工作，建立考核机制，强化部门分工协作，制定规范性文件。

（2）降低工业产废强度，探索生态修复协同利用途径

通过煤电能源等传统固体废物产生量密集型产业转型升级、高端装备制造等新兴低产废产业发展壮大，不断调整优化徐州产业结构，降低工业产废强度；通过优化已有工业固体废物综合利用能力、探索高值利用路径，提高工业固体废物资源化利用水平；结合生态环境恢复治理工作，推进采煤沉陷地、采石宕口等生态修复工程，探索大宗工业固体废物规模化消纳的多元化路径，实现工业固体废物贮存量"趋零"增长；通过建立一般工业固体废物细化分类申报体系、固体废物排污许可"一证式"管理等措施，全面提升工业固体废物的综合管理能力，推动区域工业高质量绿色发展。

（3）推行农业绿色生产，促进农业废弃物高值利用

首先，加强循环农业示范园区建设，促进畜牧业转型升级，强化投入品源头管控。其次，进一步完善农业废弃物收储运体系建设；推动形成以还田为主，其他多种形式利用为辅的秸秆"1+X"综合利用格局，以肥料化和能源化利用为主的畜禽粪污资源化利用模式，以及基于市场化的农业投入品回收利用体系，加快构建徐州市农业绿色发展产业链、价值链，推动形成徐州农业可持续发展新格局。

（4）完善生活源固体废物分类，构建高效处理处置系统

完善生活垃圾分类投放、分类收集、分类运输、分类处置的全链条建设；推进多类城乡固体废物配套处理处置设施和资源化综合利用基地建设，加快构建徐州市固体废物处理处置技术体系和规模化产业集群；强化生活垃圾、市政污泥等末端无害化处置能力，弥补短板，防控风险；从法规保障、过程监管等方面，全面促进生活源固体废物治理能力的全面提升。

（5）提升危险废物处置能力，强化全过程智能监管

第一，通过重点产废行业清洁生产及严控涉危项目建设，筑牢源头防线；第二，通过引入第三方治理模式，探索中小企业危险废物、医疗废物、焚烧飞灰、废盐等重点品种危险废物的规范化收集处置；第三，搭建危险废物环境管理智慧应用平台，实现全过程智能化监管；第四，建立危险废物环境污染强制责任保险制度等危险废物管理制度，加强危险废物综合管理能力建设，形成2～3项危险废物全面安全管控技术示范。

（6）推动固体废物精细化管理与三产发展协同融合

优先保障固体废物处置项目的设施用地，进一步强化产业结构优化，实现源头产废削减和固体废物处理处置能力提升。构建徐州市固体废物处置技术示范体系，以点带面提升关键领域固体废物处置能力。明确奖惩政策，规范资源循环利用市场环境，依托基地等载体培育骨干企业和资源循环利用产业集聚区，打造区域新的经济增长点。建设固体废物智慧管理平台，实现无废城市科学化、精细化管理。全面推进"无废文化"软硬件建设，培育"无废城市"单元，吸引社会各界全面参与试点建设。

10.2.3.4　保障措施

（1）加强组织领导

成立"无废城市"建设指挥部，各部门联动合作；明确职责分工，创建工作有序推进；将"无废城市"建设列为政府年度重点工作任务，制定考核指标体系，完善考核评价机制。

（2）加强技术指导

由企、学、研、政组建专业技术团队，绘制建设蓝图；创建"产学研政"技术创新和应用推广平台，推进技术孵化和工程示范，推行《绿色产业指导目录》，以此打造技术创新平台，推动先进适用成果转化。

（3）加大资金支持

通过申请国家、省级财政支持，成立固体废物专项环保产业基金等，加大财政扶持力度，多渠道拓宽资金保障；通过实施税收优惠政策、鼓励社会资本参与、积极推行绿

色信贷、落实上级绿色金融政策等措施,落实各项优惠政策,鼓励引入金融资本。

(4)强化宣传引导

通过定期开展学校和企业生产、生活"无废文化"宣传交流,推进政府领导干部培训工作,加强无废文化建设;定期向社区、家庭开展"无废城市"建设教育,引导形成无废文化。通过政府建设环境信息发布平台,企业建设环境信息公开平台来拓展"无废城市"环境信息公开通道;通过建设意见反馈平台、召开意见反馈座谈会等形式,构建"无废城市"意见反馈通道。

10.2.4 铜陵市"无废城市"建设试点

10.2.4.1 工作基础

工业固体废物管理方面。铜陵市循环经济基础雄厚,循环经济产业链条成熟。2005年10月,铜陵市被列为国家首批循环经济试点市,出台了《加快发展循环经济的决定》《循环经济示范企业示范项目认定管理办法》《发展循环经济引导资金管理办法》等一系列扶持政策。2013年,铜陵市成为国家首批循环经济示范创建市,加快循环型产业、循环型社会、循环型城市建设。水泥建材行业基础好,保障工业固体废物综合利用产业可持续发展。铜陵市依托成熟的建材产业,在尾矿、粉煤灰、炉渣、工业副产石膏等大宗工业固体废物的综合利用领域形成了一批具有一定规模、生产工艺技术先进、拥有一项或多项核心技术的综合利用项目。工业危险废物自行利用、处理比例高。初步建立医疗废物和社会源危险废物收集体系。危险废物利用处置能力基本匹配处理处置需求。

农业废弃物管理方面。制定了农业污染综合治理工作方案和行动计划,出台了《铜陵市农作物秸秆产业化利用奖补资金管理办法》《铜陵市秸秆综合利用奖补资金管理使用细则》等农业废弃物资源化利用保障政策;大力开展产学研结合的农业科技创新与成果转化孵化基地建设、促进农民增收的科技创业服务基地建设、培育现代农业企业的产业发展基地建设,培育了一批以秸秆和畜禽粪污资源化利用为代表的农业废弃物资源化利用骨干企业。

生活源固体废物管理方面。生活源固体废物管理效果日益显现。生活源固体废物管理制度体系初步构建,垃圾分类试点初见成效,生活垃圾收运市场化体系呈现雏形,生活垃圾水泥窑协同处置技术成熟。

10.2.4.2 工作目标

以源头大幅减量、资源高效利用、废物安全处置、管理精细到位、机制科学长效为总体目标，到 2020 年，"无废城市"建设理念和实践初见成效，资源消耗与产废强度同步下降，分类收运体系和处置能力大幅提升，"一张网"信息化综合管理平台投入运行，以"无废城市"建设为引领的城市固体废物综合管理体系初步形成；到 2025 年，城市固体废物综合管理体制进一步健全，资源化利用程度进一步提升，"无废城市"建设理念深入人心，"无废城市"建设试点目标全面实现。

10.2.4.3 主要任务

（1）构建绿色工业体系，加快工业固体废物综合利用产业发展

首先，以健全制度为核心，全方位提升工业固体废物管理水平。制定《铜陵市一般工业固体废物管理办法》《铜陵市绿色矿山管理办法》《铜陵市工业固体废物资源综合利用产品推行方案》等；制定尾矿、粉煤灰、冶炼渣、硫酸烧渣、工业副产石膏等大宗工业固体废物综合利用标准和技术规范，完善资源化利用技术标准体系，形成可推广的行业规范。其次，推动铜产业全产业链减废，打造"无废城市"建设行业样板；发展再生铜产业，形成废旧金属拆解—材料分离—废旧铜资源化利用的产业链，加快再生铜产业发展，实现"铜产品—废铜—铜原料"的闭路循环，以铜产业链固体废物中有价资源回收为重点，全力攻关铜产业固体废物利用先进技术研发，形成原创性的技术储备，深化资源综合利用领域产学研合作。最后，以减量和降风险为目标，多渠道推进尾矿治理；以"三化一可控"为抓手，多元化解决磷、钛石膏难题；推进资源循环利用和产业集聚，推动沿江工业高质量发展，开展清洁生产技术改造，持续开展清洁生产审核，以绿色发展为指引，多措并举共创绿色循环生产模式。

（2）发展生态循环农业，促进主要农业废弃物全量化利用

分阶段推进规模化养殖场粪污收集处理设施升级，全面防控畜禽面源污染，分级别构建非规模化养殖场粪污治理市场化模式，分区域制定畜禽粪污资源化综合利用方案；完善秸秆收储运体系，开展收储运体系标准化和信息化建设试点，优化秸秆综合利用模式，提高产业化利用率；落实《铜陵市农业投入品废弃物回收处理方案》，建立集中配送制度，提高农药包装废弃物回收率，从而构建农资集中配送模式，提高农业废弃物回收处置率。

（3）加强配套体系建设，推动垃圾分类全链条闭合管理

完善生活源固体废物相关法规标准，加强生活源固体废物的分级监管和两网融合，健全生活源固体废物处置市场化体系，推动垃圾处置市场化运作；促进生活垃圾源头减量，扩大生活垃圾分类覆盖范围；建立垃圾分类管理"桶长制"，促进分类投放准确率，完善生活垃圾分类收运体系；提高生活垃圾处置能力，形成技术示范；建立建筑垃圾收

运、处置和利用体系,发展绿色建筑和装配式建筑,提升餐厨垃圾和污泥处置利用能力;促进物流业绿色发展,推动再生资源循环利用。

(4) 提升风险防控能力,强化危险废物全过程动态监管

健全危险废物产生源清单,落实企业危险废物污染防治主体责任,加快全过程动态监管能力建设;适时扩大危险废物集中处置规模,提升危险废物资源化利用能力,健全危险废物收集转运体系;通过建立部门和区域联防联控工作机制,严厉打击危险废物环境违法行为,提高危险废物环境风险防范能力。

(5) 建设综合信息平台,实现固体废物全流程协同治理

完善工业固体废物、危险废物统计技术方法,建立生活和农业领域固体废物统计方法;制定部门责任清单和考核制度,实现"零疏漏"监管,建立固体废物综合执法机制,保障"定向化"管理;构建常态化、网格化、高效化固体废物日常监管制度,建立专项督查制度,实行不定期抽查,将网格化监管与信息平台相结合,确保全方位监管;开发固体废物全流程监管平台,建设无废城市固体废物监管大数据中心等,建设"互联网+固体监管"平台,提升信息化监管能力。

(6) 产业融合全民参与,形成多元共建"无废城市"格局

以系统衔接为宗旨,建设全产业链融合的农业生态示范园区;以优化配置为导向,创新农业废弃物处置利用产业组织体系;以全面融合为目标,打造固体废物综合利用的"两高"模式;运用财税、金融多项政策优惠,激发市场主体活力;多方位、多角度、多渠道加大宣传力度,培育"无废文化";全社会多层次、多样化开展培训教育,夯实"无废理念"。

10.2.4.4　保障措施

(1) 加强组织领导

成立铜陵市"无废城市"建设试点工作推进领导小组,由书记、市长任双组长,各分管市长任副组长,各责任单位主要负责人为成员。将"无废城市"建设试点工作作为市(区、县)政府年度重点工作任务,纳入市(区、县)政府年度绩效考核目标。将各区(县)、各部门"无废城市"试点进展情况纳入市级督查。

(2) 强化技术研发

设立"无废城市"市级科技专项,加大科技研发支持力度。深化产学研合作,充分利用各项科技创新平台,重点推进固体废物污染防治领域科技成果研发、验证、转化和落地。在人才引进专项资金中安排一定比例资金,重点资助"无废城市"建设紧缺的高层次创新创业人才。

（3）加大经费支持

各区县、各部门所需工作经费由同级财政予以保障。加大对固体废物处置等公共设施建设的资金支持力度。鼓励金融机构在风险可控前提下，加大对"无废城市"建设试点的金融支持力度。

（4）鼓励公众参与

强化信息公开，各部门依法公开相关执法文书，固体废物产生、利用与处置信息，企业环境信用评价名单，企业清洁生产审核名录等，保障公众知情权。创新公众参与方式，利用网站、微博、微信、手机 App 等，加强"无废城市"建设线上线下交流互动，邀请专家和利益相关方参与"无废城市"建设工作。

10.3　固体废物协同处置国内外经验借鉴

（1）国际成熟一体化区域注重废弃物区域内流通，为行业管理提供模式借鉴

美国纽约湾区、旧金山湾区以及日本东京湾区等，与长三角区域相似。这些国际一流区域具有开放的经济结构、高效的资源配置能力和强大的集聚外溢功能。纽约、旧金山、东京这些国际一流大都市与上海有相似之处，即"人多地少"，它们在废弃物区域协同处置上，采取的做法是"区域内流通"，如上述湾区高度重视建筑垃圾的区域内流通和资源化利用，核心城市与周边城市建立密切合作联动机制。一方面，核心城市为周边城市提供一定的"环境补偿资金"，为纽约、旧金山等大城市有序运转减轻了空间用地上的负担；另一方面，周边城市利用土地空间优势，承接大城市建筑垃圾进行资源化利用，形成了良性合作机制，实现了共治共享。

（2）京津冀开展资源利用产业协同发展，为长三角区域探索了有效路径

为贯彻落实《京津冀协同发展规划纲要》，探索京津冀资源利用产业协同新模式，2015 年，工信部印发了《京津冀及周边地区工业资源综合利用产业协同发展行动计划（2015—2017）》（简称《行动计划》），为京津冀废弃物协同处置探索了有效路径。《行动计划》立足京津冀协同发展重大战略，以区域产业协同为主线，以资源利用为重点，以市场为导向，以基地、园区和重点企业为依托，以科技为支撑，以体制创新为保障，充分发挥京津市场优势与河北资源优势，推进区域间资源利用产业规模化、高值化、集约化发展，为长三角提供了参考借鉴。

与京津冀类似，随着上海加工制造业的逐步转移，上海为周边地区利用废弃物生产原材料提供了广阔的市场空间，周边地区再生资源企业也为上海产生的大量再生资源提供了消纳场所和再生利用途径。实施长三角一体化废弃物区域协同处置，充分发挥各地

优势和潜力，构建区域资源综合利用协同发展体系，有利于减缓长三角区域生态环境恶化趋势，实现长三角一体化高质量发展。

10.4　总体要求

10.4.1　总体思路

以习近平新时代中国特色社会主义思想为指导，全面贯彻党的十九大和十九届二中、三中全会精神，坚持党中央集中统一领导，按照党中央、国务院决策部署，统筹推进"五位一体"总体布局，协调推进"四个全面"战略布局，充分发挥长江三角洲地区优势，以"创新引领、转型驱动、协同治理、联防联控"为方向，系统推进长三角区域"无废城市"建设，推动固体废物源头大幅减量、深度资源化利用和安全处置，推进长三角区域固体废物协同治理机制建立，将长三角区域打造成固体废物协同治理、联防联控样板示范区域。

10.4.2　主要目标指标

以浙江省全域开展"无废城市"建设工作为契机，以第一批"无废城市"建设试点城市徐州、绍兴及铜陵形成的固体废物管理经验及模式为基础，借鉴国内外固体废物跨区域协同治理先进经验，充分发挥长三角区域固体废物、危险废物环境管理的头雁效应，探索建立长三角区域固体废物联防联控长效工作机制，全面推进长三角"无废区域"建设，提升长三角区域固体废物管理水平，将长三角建设成为全国固体废物、危险废物联防联治的样板区、引领区、示范区，实现长三角区域固体废物同抓共管、全面防控的良好局面（表 10-3）。

表 10-3　长三角区域固体废物协同共治主要指标

序号	主要指标	现状值（2018 年）	2020 年年底	2025 年	指标属性
1	一般工业固体废物综合利用率/%	低于 93	95	98	预期指标
2	工业危险废物安全处置率/%	100	100	100	底线指标
3	工业危险废物综合处置利用率/%	98	99	100	预期指标
4	生活垃圾资源回收利用率/%	—	35	38	预期指标
5	城镇生活垃圾无害化处置率/%	100	100	100	底线指标
6	城镇生活垃圾填埋无害化处理率/%	28.6	20	0	预期指标
7	重、特大突发环境事件（固体废物相关）数量	0	0	0	底线指标

指标说明:

（1）一般工业固体废物综合利用率

指一般工业固体废物综合利用量占一般工业固体废物产生量（包括综合利用往年贮存量）的百分率。具体类别包括煤矸石综合利用率、粉煤灰综合利用率等。

（2）工业危险废物安全处置率

指工业危险废物实际处置量占工业危险废物应处置量的比例，要求该指标达到100%。

（3）工业危险废物综合利用处置率

指城市工业企业产生的危险废物综合利用量及安全处置量占工业危险废物产生总量的比例。

（4）生活垃圾资源回收利用率

指生活垃圾进入焚烧和填埋设施之前，可回收物和易腐垃圾的回收利用量占生活垃圾产生量的百分率。

（5）城镇生活垃圾无害化处理率

指全市域（包括城市和农村）范围内采用无害化处理方式处置生活垃圾的总量占所有生活垃圾处理量的比值。

（6）城镇生活垃圾填埋无害化处理率

指全市域（包括城市和农村）范围内，采用填埋方式处置生活垃圾的总量占所有生活垃圾无害化处理量的比值。该指标用于促进生活垃圾填埋量不断降低，最终实现"零填埋"。

（7）重、特大突发环境事件（固体废物相关）数量

指城市全市域内发生的与固体废物相关的重、特大环境污染事件和突发环境事件数量。

10.5 主要任务措施

固体废物处理处置是一项复杂的系统工程，同时具有高度的关联性，需要从顶层设计、市场化及协同机制等方面进行研究，并提出系统解决方案。为此，从长三角一体化废弃物协同处置出发，提出以下建议。

10.5.1 强化制度顶层设计，推动区域固体废物"联防联控"

建立长三角一体化固体废物区域处置行动计划。参考国外及京津冀一体化固体废物协同处置既有经验做法，沪苏浙皖三省一市积极探索长三角区域环境保护合作机制，成立长三角固体废物协同处置领导小组，统筹制定长三角一体化固体废物协同处置行动计

划，从长三角区域一体化高质量发展的高度系统谋划，制定切实可行的城市群固体废物处置空间规划及协同处置方案，分解细化落实工作任务，定期调度考核，强化区域固体废物污染联防联控。

开展长三角区域固体废物协同处置管理政策研究。针对长三角区域工业固体废物、农业固体废物、生活源固体废物等协同处置现状及存在的突出问题，梳理固体废物跨区域转移处置存在的政策"瓶颈"，研究制定促进长三角区域固体废物协同处理处置的政策文件，充分发挥各省（市）在资源、技术、人才、土地、资源环境条件等方面的不同优势，解决废弃物处理的决策协同、行动协同、利益协同、责任协同等，为实现长三角区域固体废物"联防联控"提供保障。制定"谁生产谁再生、谁销售谁回收、谁废弃谁回收、谁污染谁付费"的生产者责任延伸制度，推进生活垃圾分类体系与再生资源回收体系"两网融合"，完善城市废弃物"全过程、全品种、全主体"的"三全"分类责任主体。

将固体废物处置纳入长三角区域合作机制工作范畴。目前，长三角已建立了沪苏浙皖三省一市共同参加的"三级运作、统分结合"区域合作机制。同时，在区域生态环境联防联控方面，三省一市已联合制定了《长三角区域大气和水污染防治协作近期重点任务清单》，将长三角固体废物处置纳入长三角区域合作污染联防联控工作范畴，形成专项议题，进一步完善区域环境监管联动和应急合作。

10.5.2 统筹处置能力建设，实现固体废物设施"共建共享"

统筹规划固体废物处置设施建设。长三角区域各省（市）结合本地区经济发展现状和产业结构分布状况，通过企业自查上报、第三方技术核查等方式，摸清当地固体废物产生种类和数量，分析处置缺口。根据本地区产业结构和行业特点，统筹编制固体废物处置设施项目规划，建设与实际需要相符合的固体废物资源回收基地、危险废物资源处置中心、固体废物末端处置利用设施等，解决处置能力区域供需失衡和结构性短板。各省（市）在强化各自辖区内固体废物自我消纳和处置能力的基础上，通过合作组织开展区域性、专题性监测与调查等行动，制定落实区域规划等方式，统筹区域间固体废物处理处置设施建设，加强区域设施共建共享，促进区域固体废物污染防治和综合处理能力的提升。到 2025 年，实现长三角区域一般工业固体废物综合利用率超过 98%，工业危险废物综合处置利用率达到 100%。

建立省（市）综合处置利用"绿色通道"，共享处置能力。各省、市摸清区域内产废底数，制定跨省废物转移种类、消纳处置能力及负面清单。加快固体废物跨省转移网上平台建设，加快拓展跨区域转移审批功能，统筹推进跨区域转移网上审批，运用"互联网+审批"逐步实现固体废物跨省转移审批"网上跑"。参考国外和京津冀区域协同治理经验，核算废弃物处置成本，进行成本分摊，共同投资建设废物处置设施，切实解决上海等地区废物处理"无地可用"，周边地区对废弃物"敬而远之"这一最大痛点。

探索固体废物跨界转移配套制度措施。为保障公平竞争和合作共赢，应确立相应的制度安排和政策措施。建立合理的固体废物处理定价机制，运用排污权交易、生态补偿等经济手段，探索建立固体废物跨界转移的配套制度措施。如借鉴皖、浙两省新安江流域水环境生态补偿试点成功经验，探索工业固体废物、工业危险废物、生活源固体废物等固体废物跨省转移生态补偿，区域内采用相对统一的补偿办法和补偿额度，输出地给予输入地适当的经济补偿，建立废物跨省（市）生态补偿机制，形成跨区域处置设施共享的合作共赢机制。

积极引入社会力量，推进设施建设，保障稳定运行。由于固体废物基础设施具备一定的经营属性，应充分引入市场主体参与设施建设与运行。充分发挥企业在应用物联网、大数据等科技手段方面的商业智慧，支持企业开发手机 App，依托"互联网+"开展线上线下回收，探索新型商业回收模式。充分发挥长三角区域资源环境高科技龙头企业的技术优势，切实解决企业在项目用地、立项、环评等方面的实际困难，为企业稳定运行提供保障。到 2025 年，力争生活垃圾资源回收利用率超过 38%。

10.5.3　打通协同共治机制，推动固体废物管理"互联互通"

建立跨地区、跨部门齐抓共管机制。建立长三角区域固体废物管理信息网络共享机制，建立统一的固体废物处理信息平台和联合调度平台，加强对固体废物管理、固体废物处置设施使用和再生资源循环利用等方面的统筹协调，以实现各方面、各环节相互衔接，协调发展。对区域内危险废物产生及处理企业进行统一的申报管理，对危险废物运输车辆、船舶实行资质管理，要求落实环保责任。环保部门加强对公安、交通、海事等部门危险废物识别技术指导，协助查处危险废物非法转移行为。加强长三角区域间的固体废物技术合作，合力攻克技术难题。

推进实施固体废物监管网格化管理。以行政区的边界划分，形成市、县、乡镇（街道）、村（社区）四级网格，各类工业园区作为独立的环境监管网格，按照管理权限纳入监管。市级网格负责部署、调度本网格固体废物环境管理工作，组织相关部门依法查处、严厉打击固体废物环境违法犯罪行为；县级网格负责组织本网格固体废物问题排查、整改，依法查处、严厉打击固体废物环境违法犯罪行为，制定乡镇（街道）网格的日常巡查方案，对乡镇（街道）、村（社区）网格履职情况进行督导检查；乡镇（街道）、村（社区）网格负责对本网格进行巡查，及时发现、制止、上报环境违法行为；工业园区网格负责本网格固体废物排查、整改，配合上级依法查处固体废物环境违法行为。

完善固体废物跨区域转移监管机制。进一步完善跨区域转移监管的法律机制。优化固体废物跨省转移制度，建立统一的固体废物跨区域转移电子联单制度，进一步拓展跨省转移智慧监管的范围，统筹推进各类固体废物跨省转移的网上审批，建立健全固体废物信息化监管体系。推进长三角区域市级发改、工信、环保、卫生、交通、公安等部门固体废物相关信息平台的整合、优化，并与省级、国家固体废物管理信息系统进行对接，加快实现固体废物信息资源共建共享，有效遏制固体废物跨区域非法转移、倾倒等环境污染事件，确保不发生与固体废物相关的重、特大突发环境事件。

建立长三角区域固体废物、危险废物企业环境信用管理机制。推进长三角区域固体废物、危险废物企业环境信用体系建设，完善"守信激励、失信惩戒"机制，建立长三角区域固体废物、危险废物转移处置诚信单位名录。对企业环境行为进行信用评价，确定信用等级，通过媒体、网络等渠道定期公布区域内危险废物处置企业运作情况，特别是相关违规违法经营行为，并对企业信用评价结果进行及时、全面公开。

第 11 章　区域环境风险联合防控研究

以突发环境事件应对和生态安全保障为重点，加强区域环境风险联合防控，推动实施环境健康风险管理，构建全过程、多层级的环境风险管理模式，健全防控体系，提升重点区域、重点领域重大环境风险应对能力，确保区域环境风险水平总体可控。

11.1　环境风险防控形势与问题

11.1.1　高风险企业比重大，结构性风险问题突出

11.1.1.1　风险企业数量多，高风险企业比重大

长三角区域风险企业总量位居全国前列。长三角、珠三角、成渝、京津冀等区域是国家经济社会发展战略重点关注的区域，长三角区域风险企业数量为 24 407 家，占全国风险企业数量的 30.1%；其次为珠三角区域（7 274 家）、京津冀区域（5 040 家）、成渝区域（3 778 家），占比依次为 8.97%、6.22%、4.66%。长三角区域面积为 35.8 万 km²，占全国总面积的 3.73%，成渝、京津冀、珠三角等地区面积占全国总面积的比例分别为 2.50%、2.29%、1.14%（表 11-1）[珠三角地区包括广州、深圳、佛山、东莞、惠州、中山、珠海、江门、肇庆、汕尾（深汕特别合作区）、阳江、清远、云浮、河源；成渝地区包括重庆市、四川省的成都、德阳、绵阳等 15 个地市；京津冀地区包括北京市、天津市、河北省的 11 个地级市]。

表 11-1　风险企业统计情况

序号	地区	面积/万 km^2	面积占比/%	风险企业数量	企业数量占比/%
1	长三角	35.8	3.73	24 407	30.1
2	珠三角	10.9	1.14	7 274	8.97
3	京津冀	22	2.29	5 040	6.22
4	成渝地区	24.0	2.50	3 778	4.66
5	全国	960	100	81 083	100

　　长三角区域主要风险行业为化学原料和化学制品制造业，金属制品业，通用设备制造业，纺织业，橡胶和塑料制品业，计算机、通信和其他电子设备制造业。三省一市中，风险企业数最多的是江苏，共计 11 916 家，占长三角区域全部风险企业总数的 48.8%；其次为浙江、上海、安徽，风险企业数分别为 7 830 家、2 876 家、1 785 家，占比依次为 32.1%、11.8%、7.3%（图 11-1）。长三角区域主要风险物质为油类物质、硫酸、二甲苯、乙醇、盐酸、氨气。长三角区域主要风险工艺为氧化、聚合、氯化、加氢、涂胶工艺。长三角区域主要风险行业、风险物质以及风险工艺具体分布情况见表 11-2。

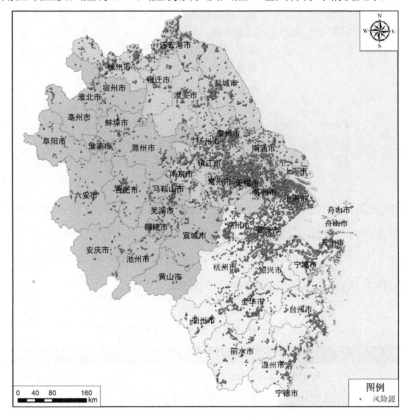

图 11-1　长三角区域风险企业分布情况

表 11-2　长三角区域风险企业特征情况

序号	地区	风险企业数量	占长三角比重	主要风险行业	主要风险物质	主要风险工艺
1	上海市	2 876	11.8%	化学原料和化学制品制造业，金属制品业，计算机、通信和其他电子设备制造业，通用设备制造业，医药制造业	油类物质、乙醇、二甲苯、乙酸乙酯、硫酸、乙炔	氧化、聚合、加氢、电解（氯碱）、裂解（裂化）工艺
2	江苏省	11 916	48.8%	化学原料和化学制品制造业，通用设备制造业，金属制品业，纺织业，计算机、通信和其他电子设备制造业，专用设备制造业	油类物质、乙醇、硫酸、二甲苯、盐酸、甲苯	聚合、氧化、氯化、涂胶、加氢工艺
3	浙江省	7 830	32.1%	金属制品业，纺织业，化学原料和化学制品制造业，通用设备制造业，黑色金属冶炼和压延加工业，橡胶和塑料制品业	硫酸、盐酸、二甲苯、氨气、油类物质、乙酸乙酯	氧化、聚合、高压、高温、易燃工艺
4	安徽省	1 785	7.3%	化学原料和化学制品制造业，金属制品业，非金属矿物制品业，医药制造业，计算机、通信和其他电子设备制造业	硫酸、乙醇、油类物质、氨水、盐酸、二甲苯	氧化、聚合、氯化、加氢、硝化工艺
5	长三角区域	24 407	100%	化学原料和化学制品制造业，金属制品业，通用设备制造业，纺织业，橡胶和塑料制品业，计算机、通信和其他电子设备制造业	油类物质、硫酸、二甲苯、乙醇、盐酸、氨气	氧化、聚合、氯化、加氢、涂胶工艺

　　长三角区域各地级市风险企业分布统计情况见表 11-3。风险企业数量最多的是上海市，有 2 876 家，占长三角区域风险企业数的 11.78%；其他依次为江苏省苏州市（2 223 家）、常州市（1 955 家）、无锡市（1 602 家）、盐城市（1 355 家），浙江省嘉兴市（1 081 家），占比依次为 9.11%、8.01%、6.56%、5.55%、4.43%。

表 11-3　长三角区域城市风险企业分布统计情况

序号	城市	风险企业数量/家	占长三角区域比重/%
1	上海市	2 876	11.78
2	江苏苏州市	2 223	9.11
3	江苏常州市	1 955	8.01

序号	城市	风险企业数量/家	占长三角区域比重/%
4	江苏无锡市	1 602	6.56
5	江苏盐城市	1 355	5.55
6	浙江嘉兴市	1 081	4.43
7	浙江温州市	992	4.06
8	浙江绍兴市	961	3.94
9	江苏泰州市	819	3.36
10	江苏徐州市	793	3.25
11	江苏南通市	781	3.20
12	江苏连云港市	776	3.18
13	浙江台州市	770	3.15
14	浙江宁波市	732	3.00
15	浙江湖州市	679	2.78
16	浙江金华市	644	2.64
17	浙江舟山市	595	2.44
18	浙江丽水市	555	2.27
19	浙江杭州市	542	2.22
20	江苏南京市	533	2.18
21	江苏扬州市	392	1.61
22	安徽合肥市	305	1.25
23	浙江衢州市	279	1.14
24	江苏宿迁市	270	1.11
25	江苏镇江市	240	0.98
26	安徽滁州市	191	0.78
27	安徽宣城市	181	0.74
28	安徽芜湖市	180	0.74
29	江苏淮安市	177	0.73
30	安徽马鞍山市	143	0.59
31	安徽六安市	121	0.50
32	安徽蚌埠市	98	0.40
33	安徽池州市	93	0.38
34	安徽宿州市	77	0.32
35	安徽铜陵市	76	0.31
36	安徽安庆市	71	0.29
37	安徽黄山市	57	0.23
38	安徽淮南市	52	0.21

序号	城市	风险企业数量/家	占长三角区域比重/%
39	安徽阜阳市	52	0.21
40	安徽淮北市	47	0.19
41	安徽亳州市	41	0.17

11.1.1.2 突发环境事件频发，环境风险形势严峻

2006—2019年生态环境部调查的突发环境事件中，长三角区域共发生270起，约占全国的12%，其中，特大突发环境事件2起，重大突发环境事件4起，较大突发环境事件47起。从各省突发环境事件来看，江苏最多（102起），占总数的37.5%；其次为浙江（95起），占比为36.4%；上海最少，占比为6.7%。

涉水突发环境事件总计140起，占事件总数的51%。事件诱因中，交通事故、安全生产以及违法排污导致的事件总数为109，占事件总数40%。其主要原因在于，长三角区域工业生产活动发达，各类化学品生产、运输及使用频次高、密度大。在未来一段时间内，本地区的环境风险形势依然严峻（图11-2）。

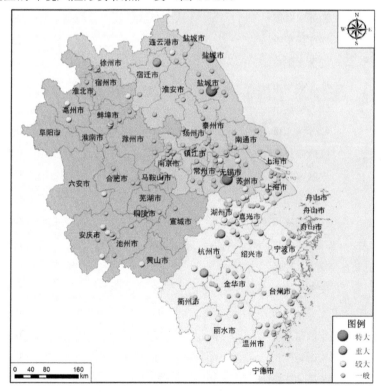

图11-2 长三角区域突发环境事件分布情况

　　长三角区域的行业类型主要为化学原料和化学制品制造业、金属制品业、纺织业、橡胶和塑料制品业等，这些行业均为高风险行业，环境风险物质使用、存储、转运量大。同时，取水量和排水量大，易由生产安全事故或非法排污等引发水污染事件。2006—2018年，长三角区域共发生 253 起突发环境事件，约占全国总数的 11.7%。其中，较大以上环境风险 51 起，占长三角区域总数的 20.2%。

11.1.2　饮用水安全保障压力大，布局性风险显著

11.1.2.1　敏感受体与风险企业交织分布，饮用水安全保障压力大

　　长三角区域主要河流有长江、淮河、钱塘江、京杭大运河，有 311 个县级以上饮用水水源地，人口主要集中分布在上海市、江苏省东南部、安徽省中部、浙江省东北部等地区（图 11-3～图 11-5）。

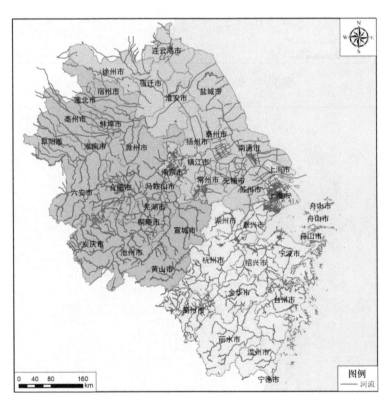

图 11-3　长三角区域河流水网分布

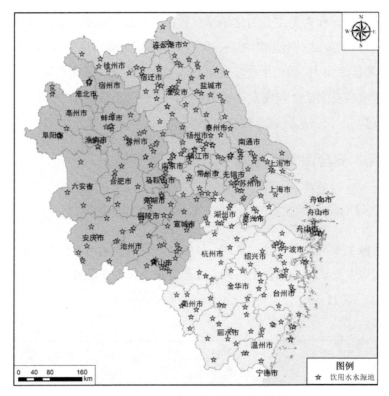

图 11-4   长三角区域饮用水水源地分布

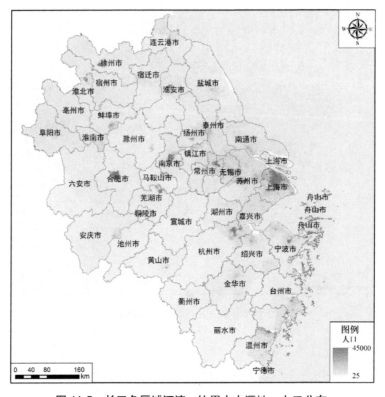

图 11-5   长三角区域河流、饮用水水源地、人口分布

长三角区域风险企业相对较多,其中,长江干流 1 km 范围内有 520 家风险企业,饮用水水源地 1 km 范围内共有 51 家风险企业。这些风险企业与区域内河流、饮用水水源地交织分布,存在布局性风险(图 11-6)。

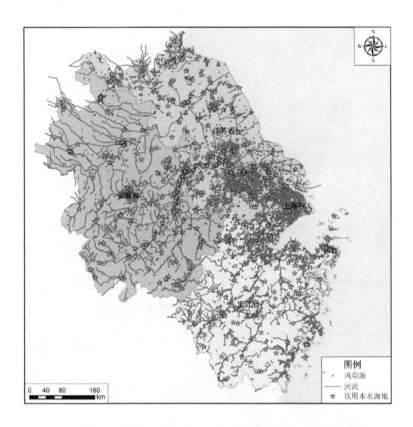

图 11-6　长三角区域风险企业与河流、饮用水水源地叠加分布情况

11.1.2.2　区域内环境风险状况差异大,布局性风险显著

为进一步明确长三角区域风险分布,本书构建了长三角区域网格化风险评估方法,对长三角区域开展风险评估,得到网格化风险分区图(图 11-7、图 11-8)。高风险区主要分布在上海市、江苏南部、浙江北部及安徽中东部地区。

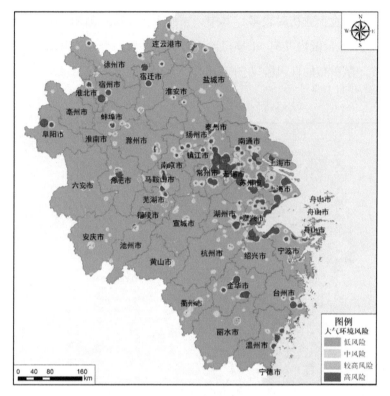

图 11-7　长三角区域突发大气环境风险分区

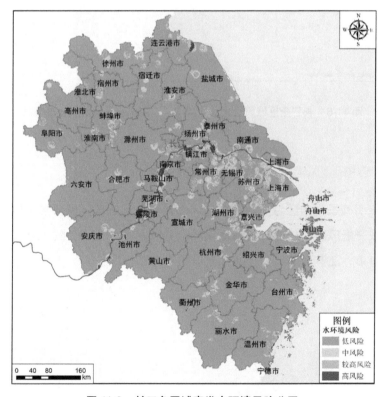

图 11-8　长三角区域突发水环境风险分区

如表 11-4 所示，长三角区域大气环境高风险区面积为 12 778.9 km²，占全国大气高风险区总面积的 33.21%；其他依次为珠三角地区 5 514 km²、京津冀地区 2 628 km²、成渝地区 1 009 km²，占比分别为 14.33%、6.83%、2.62%。长三角区域水环境高风险区面积为 2 049.4 km²，占全国水高风险区总面积的 14.52%；其他依次为珠三角地区 2 388 km²、成渝地区 879 km²、京津冀地区 368 km²，占比依次为 16.92%、6.23%、2.61%。

表 11-4　高风险区域分布情况

序号	地区	大气高风险区面积/km²	大气高风险区面积占比/%	水高风险区面积/km²	水高风险区面积占比/%
1	长三角	12 778.9	33.21	2 049.4	14.52
2	珠三角	5 514	14.33	2 388	16.92
3	京津冀	2 628	6.83	368	2.61
4	成渝地区	1 009	2.62	879	6.23
5	全国	38 476	100	14 114	100

长三角区域水环境高风险区主要沿长江分布，主要原因是，沿江环境风险源多，沿江敏感点位敏感性高。在环境风险源方面，根据 2018 年统计数据，长三角区域长江沿线分布有约 200 个涉及化学品储运的码头，其中江苏 106 个、安徽 41 个、上海 49 个（沿江 36 个，沿海 13 个），浙江水域内拥有码头总计 277 个，沿江分布的码头化学品储运活动密度高，存在较高的环境风险。在沿江敏感点位方面，长江沿线分布有大量集中式饮用水取水点位，受到交通运输、生产制造等经济社会活动影响，一旦发生涉水突发环境事件，极易引发取水终端水污染。

11.1.3　防控能力稳步增强，共同预防应对体系有待健全

源头预防不断加强。截至 2018 年年底，江苏省完成重点企业现场核查 2 516 家，现场核查率达 89%；数据库入库企业 4 900 余家，入库率达 99%以上。浙江省自 2012 年起就试点开展企业环境安全隐患排查治理工作，并纳入常态化管理。2016—2018 年，全省排查环境风险源企业 22 865 家次，排查环境风险隐患 5 976 处，且全部完成整改。安徽省自 2015 年开始，每年均开展环境安全隐患集中排查整治活动，建立了重点行业企业环境安全隐患数据库。上海市完成长江经济带涉危涉化 1 155 家企业应急预案的备案管理工作。

监控预警体系不断完善。江苏省指导常州滨江经开区化工园建成原环保部首批园区有毒有害气体环境风险预警体系建设，实现园区风险基础信息、监测监控、预测预警和

应急联动等功能，并已通过生态环境部验收。推进南京、镇江、扬州等地化工园区接续开展有毒有害气体环境风险预警体系建设，充分发挥园区边界屏障作用，推动实现园区环境风险即时监控、第一时间预警和系统有效的管理。

应急联动机制建设持续推进。三省一市已建立长三角区域跨界突发环境事件应急联动联席会议机制，联合签订了跨界协调联动工作方案，共同组织了跨界应急演练，以便有效处置涉长江等跨界突发环境事件和跨界污染纠纷。江苏省构建全部沿江八市环境应急联动机制，每年组织召开沿江八市环境应急联动联席会议。

应急能力稳步提高。一是应急机构逐步建立，三省一市均成立了省级专职环境应急管理机构。江苏省 13 个设区市实现环境应急机构全覆盖。二是推进应急队伍建设，常州、南京和盐城组建三支省级救援队伍，具备环境监测、危化品泄漏及水体污染处置、生态修复等方面的应急救援能力。三是加强配备应急物资和装备，江苏省建设完成并不断充实无锡、南京和淮安 3 个省级物资储备基地环境应急物资；浙江省建有 5 个省级、29 个市级社会化环境应急物资储备中心。

预防应对体系建设仍需进一步加强。尽管各地环境风险防控体系和应急能力建设取得了长足的进步，但在严峻的环境风险防控形势下，仍不能满足实际需求，存在区域风险底数不清、源头防控体系不协调、联动协调不平衡等突出问题，亟待建立以高风险企业、化工园区等为重点，跨区域、跨流域的环境风险防控体系，加强高效的应急协调联动机制建设，对饮用水水源、次生突发环境事件以及有毒有害物质等重点领域加强环境风险防控。

11.1.4　环境健康风险管理初步启动，核与辐射环境风险可控

2018 年，生态环境部启动环境健康风险管理试点工作。目前，已将浙江省丽水市云和县、江苏省连云港市和上海市确定为试点地区，旨在为国家逐步建立环境健康风险管理体系提供示范，总结出可复制、可借鉴、可推广的经验，切实保障广大人民群众的环境与健康安全。

长三角区域是核与辐射环境风险重点区域。长三角区域在运行核电基地 3 个（秦山核电、三门核电、田湾核电），共 15 台机组，总装机容量 1 304.6 万 kW；正在建设机组 2 台（田湾 5/6 号机组）。根据核电中长期规划，未来五年在建核电机组 12 台（三门核电二期、三期 4 台机组，田湾 2 台机组及象山核电 6 台机组），总装机容量为 1 450 万 kW。

长三角核与辐射环境风险可控。长三角区域辐射环境质量总体良好，其中环境电离辐射水平处于本底涨落范围内，环境电磁辐射水平低于国家规定的电磁环境控制限值。

11.2　总体要求

11.2.1　总体思路

以生态安全体系构建为根本指向，以环境质量改善为抓手，严守区域生态安全底线。坚持预防为主，构建以企业为主体的环境风险防控体系；落实源头管控，强化重点领域环境风险管理；优化产业布局，提升重点区域、领域重大环境风险应对能力；健全联动机制，加强上下游协调及应急救援能力；创新管理模式，提高环境健康风险管理比重。

11.2.2　主要目标

长三角区域环境风险防范的主要目标是，基于环境风险水平综合分析和趋势判断，以环境质量改善为基础，以突发环境事件应对和生态安全保障为重点，构建全过程、多层级的环境风险管理模式，健全防控体系，提升防控能力，确保长三角区域环境风险水平总体可控。

强化重点领域环境风险管理。加强饮用水水源地风险防控体系建设，增强备用水源、应急水源建设，确保集中式饮用水水源环境安全。强化各类化学品生产、运输和使用安全，严防安全生产和交通运输次生突发环境事件风险。摸清长三角区域危险废物底数和风险点位，实施有毒有害物质全过程监管。

提升重点地区环境风险监控预警能力。针对沿河取水的城市，开展水源水质生物毒性监控预警建设。长三角区域建立环境风险源、敏感目标、应急资源与应急预案数据库，建立省际统一的危险品运输信息系统。建设长三角区域环境风险与应急大数据综合应用与工作平台。建设跨界流域水质监测预警系统。

开展长三角三省一市环境健康风险管理试点。开展区域环境健康风险评估，基于环境健康风险评估和风险比较，确定生态环境管理的管控对象（重点区域、重点行业、重点物质、环境要素、目标人群）和管控目标。制定长三角区域环境健康风险管理实施方案，逐步将环境健康风险管理纳入日常生态环境管理。

11.3　主要任务措施

11.3.1　严格环境风险源头防控

加强环境风险评估。强化企业环境风险评估，开展化学原料和化学制品制造业、金属制品业、通用设备制造业、纺织业、橡胶和塑料制品业等重点行业企业环境风险评估，对环境隐患实施综合整治。开展区域内长江干流、主要支流、湖库等累积性环境风险评估，划定高风险区域，实施从严的环境风险防控措施。开展化工园区、饮用水水源地、跨界水体、重要生态功能区环境风险评估试点，2020 年在上海等地开展风险评估综合试点示范。开展长三角区域环境风险评估，识别跨界传输环境风险，探索区域一体化环境风险防控机制，开展针对性环境风险防控。

强化工业园区环境风险管控。工业园区或集聚区要淘汰不符合产业政策的技术、工艺、设备和产品，实施生态化、循环化改造，加快布局分散的企业向园区集中，按要求设置生态隔离带，建设相应的防护工程。在上海金山化工园区、浙江上虞化工园区等开展化工园区环境风险防控体系建设试点示范。

11.3.2　进一步完善区域应急联动

制定跨区域突发环境事件应急预案。针对长江、淮河、太湖等重要水体，上下游相邻区域共同开展流域水污染环境风险评估，并协同编制流域突发水污染事件应急预案，成立联合指挥机构，明确研判预警及应急响应程序，建立快捷、高效的信息报告及通报流程，确定规范、合理的联合应急监测工作方案，制定科学、可行的污染拦截、控制及处置措施。

深化跨区域应急联动机制。在目前三省一市建立的长三角区域跨界突发环境事件应急联动联席会议机制的基础上，进一步深化跨界协调联动合作，细化各方职责和权益，在监测预警、信息通报、应急物资储备、应急处置等方面，实现信息共享、协调合作。三省一市共同建立长三角区域层面的环境风险防控和应急指挥平台，实现突发环境事件快速预警、信息实时共享、共同决策和统一调度指挥，增强突发环境事件风险防控和应急能力。

继续完善部门之间应急联动合作。在机构改革新形势下，进一步深化环境部门与应急管理部门、水利部门、交通运输部门、公安部门等其他相关部门之间的合作关系，针对环境风险防控及突发环境事件处置中面临的危化品储运管理、水利资源调度、案件调查等事宜，厘清各部门的管理职责，建立合作模式，并通过定期开展联合培训、联合演练等强化协作能力。

建立国家环境应急实训基地。依托区域环境督察局和流域管理局，建立国家级的区域性环境应急实训基地和环境应急物资装备储备库，探索国家储备物资装备调配机制。地方根据突发环境事件特点，建设环境应急物资储备库。探索环境应急物资装备社会化保障模式。以石油化工、金属制品等行业为重点，研究制定环境应急物资装备储备标准和规范。

11.3.3 推动实施环境健康风险管理

开展长三角区域环境健康风险评估。基于环境暴露和健康风险评估，筛选确定长三角区域亟须重点管控的优先控制化学品名录、有毒有害大气污染物名录、有毒有害水污染物名录和需要重点控制的土壤有毒有害物质名录，作为长三角区域化学品、大气、水、土壤生态环境管理的重点。

实施有毒有害物质或污染物风险管理。发布长三角区域有毒有害物质或污染物重点排放企业目录，建立有毒有害物质生产使用信息登记制度，将有毒有害污染物纳入排污许可管理和企业自行监测管理要求。

开展集中式生活饮用水水源地专项调查。识别特征污染物（重点是《地表水环境质量标准》和《生活饮用水卫生标准》未规定标准限值的项目，如环境内分泌干扰物、抗生素等），并评估人群因生活饮用水暴露而面临的健康风险，制定环境健康风险管理方案。

开展环境健康风险管理试点工作。探索环境与健康监测、调查和风险评估制度建设，探索保护公众健康理念融入生态环境管理机制，提升公民环境与健康素养。

11.3.4 遏制重点领域重大环境风险

确保集中式饮用水水源环境安全。无备用水源的城市要加快备用水源建设。进一步优化沿河取水口和排污口布局，在适宜取水区上游设置缓冲区，适宜取水区不得与一般限制排污区重叠。强化对水源周边可能影响水源安全的制药、化工、金属制品等重点行业、重点企业的执法监管。以地级及以上饮用水水源为重点，在水源周边高风险区域建设风险企业与关联水源三级风险防控工程。

严防交通运输次生突发环境事件风险。加强危险化学品、危险废物道路运输风险管控，加快推进危化品、危险废物运输车辆加装 GPS 实时传输及危险快速报警系统，优化调整涉集中式饮用水水源、自然保护区等危化品运输路线。强化水上危化品、危险废物运输安全环保监管和船舶溢油风险防范，实施船舶环境风险全程跟踪监管，严厉打击未取得资质危化品水上运输等违法违规行为。

实施有毒有害物质全过程监管。全面调查危险废物产生、转移、储存、综合利用和处置情况，摸清危险废物底数和风险点位。开展专项整治行动，严格控制危险废物、危险化学品非法转运。加快重点区域危险废物无害化利用和处置工程的提标改造和设施建设，推进历史遗留危险废物处理处置。苏浙沪皖重化工产业集聚区应开展优先控制污染物的筛选评估工作。严格新建、改建、扩建有毒有害化学品项目的审批。

第 12 章　重点地区生态环境跨界协调机制与政策研究

统筹山水林田湖草沙系统治理，推动制定重要跨界河流和重要生态功能区域的生态环境共保联治方案，完善区域生态补偿机制政策，建立健全区域环境污染联防联治机制，探索跨行政区域的生态环境共保联治、生态文明与经济社会发展相得益彰的新路径。

12.1　区域生态环境跨界协调形势

12.1.1　区域跨界地区类型识别

跨界是指某一公共事务跨越行政辖区的地理区域，导致其事权分属不同辖区的现象。《中华人民共和国宪法》第三十条规定："中华人民共和国的行政区域划分如下：①全国分为省、自治区、直辖市；②省、自治区分为自治州、县、自治县、市；③县、自治县分为乡、民族乡、镇。直辖市和较大的市分为区、县。自治州分为县、自治县、市。自治区、自治州、自治县都是民族自治地方。"本书中的"跨界地区"均指跨越两个或两个以上行政区域的地区，重点关注长三角区域内跨省（直辖市）等层面的生态环境问题，以达到区域共治共保的目标。

随着人口高度集中、土地高度集约化利用，生态环境问题也日渐凸显。长三角区域污染物向毗邻区、下游区乃至长三角全域扩散的现象屡有发生，跨界污染事件频发（表12-1），对长三角人居环境产生严重影响。这类污染问题范围广、治理难度大，极易引发政治风险、区域社会冲突。

表 12-1　2000 年以来长三角典型跨界水污染事件

时间	2001 年	2001 年	2003 年	2004 年	2005 年	2007 年	2009 年	2013 年	2016 年
事件	江苏吴江污染导致浙江嘉兴麻溪港筑坝事件	江苏盛泽印染企业污染导致浙江渔民损失事件	山东薛新河污染导致江苏徐州停水事件	安徽暴雨导致淮河污染团入江苏洪泽湖事件	江苏吴江酒精企业污染导致浙江停止供水事件	江苏太湖无锡流域蓝藻污染事件	江苏盐城水源受化工污染导致下游停水事件	浙江嘉兴倾倒导致上海松江死猪事件	上海垃圾偷倒宿州太湖西山岛事件

　　根据长三角区域地理特点、资源禀赋、社会经济发展需求等现状，其跨界地区大致可分为以下两类：①重点跨界水体，涉及三大跨界流域（长江、淮河、东南沿海诸河）和 22 个跨界子流域，以及长江口、杭州湾等重点河口、海湾地区（图 12-1）。②重要生态屏障，涉及皖南—浙西—浙南山区，地处浙皖、浙闽、浙赣等多地交界处，属于重要的跨界生态保护区，对维护区域社会经济的可持续发展具有不可替代的作用。

　　此外，长三角全域还涉及大气污染综合防治、固体废物、危险废物污染联防联治等跨界生态环境问题。

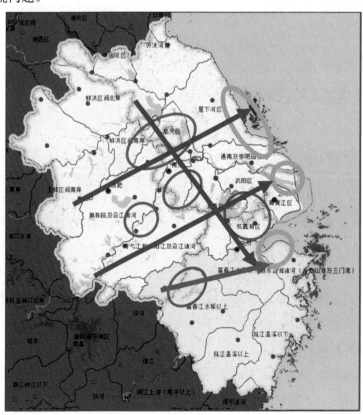

图 12-1　长三角跨界水体分布

12.1.2　生态环境跨界协调现状

推进完善了重点领域污染联防联治联动机制。2008 年年底，苏浙沪明确了区域合作新的机制框架和重点合作事项，环境保护也成为区域合作的重要专题之一。与区域合作相衔接，由各省（市）环保部门轮流牵头，负责区域大气联防联控、流域水污染综合治理、跨界污染应急处置、区域危险废物环境管理 4 个方面合作。2013 年年底以来，长三角大气和水污染防治协作机制相继建立。组长由上海市委书记担任，副组长由三省一市政府主要领导和环境保护部（现生态环境部）部长担任，江浙沪皖和 13 个部委共同参与。协作机制下设办公室，办公室主任由上海市分管副市长和环境保护部分管副部长兼任，办公室日常工作由上海市承担。到目前为止，已召开 8 次协作小组会议、9 次办公室全体会议和 30 多次各类专题会议。2020 年，长三角大气和水污染防治协作机制优化调整为区域生态环境保护协作机制，协作主体不断丰富，协作范围持续拓宽，组织保障不断完善，协作效果不断显现。

探索形成了可复制推广的新安江生态补偿经验。2011 年，财政部和环境保护部联合印发了《新安江流域水环境补偿试点实施方案》，水质考核指标为跨界断面的高锰酸盐指数、氨氮、总氮、总磷 4 项，以最近 3 年平均水质作为评判基准，并设置 0.85 水质稳定系数，制定了《新安江流域水环境补偿试点工作联合监测实施方案》，监测频次为每月一次，由中国环境监测总站核定，中央和浙皖两省分别出资。资金专项用于新安江流域产业结构调整和产业布局优化、流域综合治理、水环境保护和水污染治理、生态保护等方面，流域水质得到了显著改善。2015 年，财政部、环境保护部下发《关于明确新安江流域上下游横向补偿试点接续支持政策并下达 2015 年试点补助资金的通知》，与首轮试点相比，提高资金补助标准，新增加的 1 亿元主要用于黄山市垃圾和污水特别是农村垃圾和污水的处理，提高水质考核标准和水质稳定系数，补偿方式方面体现差水惩罚、好水好价。新安江流域生态补偿的基本特点为：流域上下游跨省份协作机制，资金横向转移支付，以水质约法，不计算水量因素；有奖有罚；为试点建立的补偿资金，从一定程度上缓解了生态区绿色发展的压力。目前，安徽、浙江启动第三轮新安江生态协同治理，江苏、安徽签订滁河上下游横向生态补偿协议，江苏、安徽启动洪泽湖生态补偿机制研究。

率先建立了跨省区域生态绿色一体化示范区。在沪苏浙交界区域建设长三角一体化发展示范区，包括上海市青浦区、江苏省苏州市吴江区、浙江省嘉兴市嘉善县（以下简称"两区一县"），面积约为 2 300 km²（含水域面积约为 350 km²）。一体化示范区的战略定位是生态优势转化新标杆、绿色创新发展新高地、一体化制度创新试验田、人与自然和谐宜居新典范。两省一市共同制定实施一体化示范区饮用水水源保护法规，探索建立原水联动及水资源应急供应机制，共同制定太浦河、淀山湖等重点跨界水体生态建设实施方案，协调统一太浦河、淀山湖、元荡、汾湖"一河三湖"等主要水体的环境要素功能目标、污染防治机制以及评估考核制度。加快建立生态环境"三统一"制度，即统一生态环境标准，统一环境监测监控体系，统一环境监管执法。在统一的生态环境目标下，以共建共享、受益者补偿和损害者赔偿为原则，探索建立多元化生态补偿机制，建立跨区域生态项目共同投入机制，探索建立企业环境风险评级制度和信用评价制度。

12.1.3　重点地区生态环境跨界协调成效

长三角区域在生态环境跨界协调实践方面开展了大量工作：一是由中央相关部委推动，以国家政策形式实施的生态补偿，如新安江流域生态补偿；二是地方自主性的探索实践；三是近几年初步试点的生态补偿市场交易，目前实践工作重点集中在水环境领域，森林、湿地、海洋、重点生态功能区等领域也逐渐展开（表12-2）。

表 12-2　长三角区域重点地区生态环境协调类型

协调模式	重点地区
湿地生态补偿	苏州湿地生态效益补偿资金
海洋生态补偿	浙江等地的海洋生态补偿初探 浙江省海洋生态系统恢复性补偿 盐城海洋工程生态补偿协议 南通海洋生态补偿协议
财政转移支付：直接向饮用水水源地财政转移支付实现区域生态补偿	上海市饮用水水源地生态补偿转移支付
异地开发模式：在下游城市建立一个工业区，所得税收属于上游城市，即异地开发模式	浙江省金华市在金华江下游异地开发建设区域源头地区
水权交易模式：初始水权未完全使用，则使用这部分水量的受益地区需要向上游交纳一定的使用费购买这部分水资源使用权	浙江金华江区域开创了中国首例水权交易
跨界水质生态补偿与污染赔偿：环境责任协议制度）	江苏省太湖区域环境资源区域补偿政策
国家自上而下的政策推动	新安江区域水环境补偿试点
重要生态功能区等区域生态补偿	基于重点生态功能区的跨省东江区域生态补偿探索
地方重点生态功能区保护的补偿	江苏省国家级自然保护区、国家级森林公园以及省级重点自然保护区、重要湿地和重要水源涵养地所在市县生态转移支付

太湖、淮河等流域合作治理取得明显成效。江苏方面，2007—2014 年太湖流域生态补偿模式运行阶段，按照主要水污染物通量对太湖流域的补偿金进行核算；2010—2014 年淮河流域通榆河地区生态补偿模式运行阶段，主要根据水环境质量对通榆河流域的补偿金进行核算；自 2014 年以来，多流域生态补偿模式运行阶段，在全省全流域按水质与流向情况核算正向超标补偿资金和反向达标补偿资金。

浙江省于 21 世纪之初就开始了生态补偿制度的探索，从省内补偿扩展到跨省补偿。自 2011 年以来，财政部和环境保护部先后下发了《新安江流域水环境补偿试点实施方案》《关于明确新安江流域上下游横向补偿试点接续支持政策并下达 2015 年试点补助资金的通知》，在浙江、安徽两省开展新安江流域水环境补偿试点。二轮试点结束后，皖浙两省联合监测的最新数据显示，新安江上游流域总体水质为优；下游的千岛湖湖体水质总体稳定保持为 I 类，营养状态指数由中营养变为贫营养，与新安江上游水质变化趋势保持一致。生态环境部环境规划院的专项评估报告认为，新安江已经成为全国水质最好的河流之一。

安徽省编制淮河、新安江、巢湖、长江省级河湖岸线保护利用规划，开展了河湖岸线专项整治行动，加强水环境的生态保护。皖南地区和大别山区重点工作为补偿机制建设，特别是新安江流域于 2018 年已经开展了第三轮生态补偿，但目前补偿模式不再适用当前情况，规划中应体现机制创新。

12.1.4　生态环境跨界协调存在的问题

跨区域共建共享共保共治机制尚不健全。①协调组织机构的多元主体尚未形成。以"复合行政"理念为指引，加强政府职能转变，增加各层级相关政府部门之间的合作，创造多层级的政府决策系统。以"新区域主义"理论为指引，鼓励多部门、多利益主体充分参与跨域治理，形成网络化的合作关系。不仅需要中央、地方官员的参与，还需要结合不同地区社会经济发展阶段和需求以及生态环境条件，建立流域跨界专家机构。②生态环境协调标准核算机制需要统一标准。加快发挥长三角区域生态环境协作专家委员会作用，落实生态环境联合研究中心建设，开展区域环境标准建设规划调研；形成一体化标准研究的可行性标准目录清单。加大重点生态功能区建设和生态修复，完善生态环境科技资源共享模式。③生态环境协同监管体系亟须统一监管。对于联防联控监督检查机制、监测信息公开共享机制等方面的建立诉求，建议建立长三角统一生态环境科技资源数据共享平台。平台资源主要包括环境基础数据、技术项目、科技成果、创新人才、科技团队和大型设备等。加大生态环境监测网络及信息基础能力建设投入，保证环境质量、重点污染源、生态状况监测全覆盖，各级各类数据系统互联互通，监测、预报、预警等信息化能力需要提升。④构建长三角跨行政区的环境管理协同机制需要国家层面顶层协调及立法权威保障，统一执法。目前较多的是从跨界水污染防治和流域管理体制、政策及手段等方面探讨流域尺度的跨界水环境管理问题，而完善跨行政区环境管理的法律法规、环保制度创新、环境经济政策引入等问题尚未受到关注（图 12-2）。

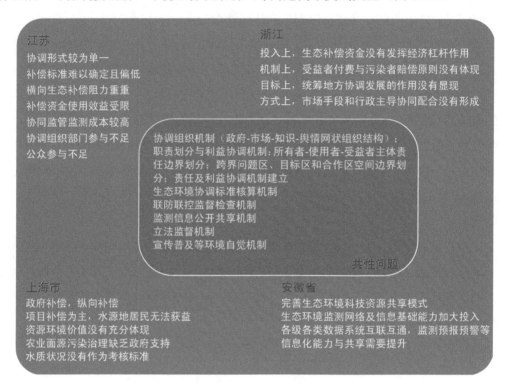

江苏
协调形式较为单一
补偿标准难以确定且偏低
横向生态补偿阻力重重
补偿资金使用效益受限
协同监管监测成本较高
协调组织部门参与不足
公众参与不足

浙江
投入上，生态补偿资金没有发挥经济杠杆作用
机制上，受益者付费与污染者赔偿原则没有体现
目标上，统筹地方协调发展的作用没有显现
方式上，市场手段和行政主导协同配合没有形成

协调组织机制（政府-市场-知识-舆情网状组织结构）；
职责划分与利益协调机制：所有者-使用者-受益者主体责任边界划分：跨界问题区、目标区和合作区空间边界划分：责任及利益协调机制建立
生态环境协调标准核算机制
联防联控监督检查机制
监测信息公开共享机制
立法监督机制
宣传普及等环境自觉机制

共性问题

上海市
政府补偿，纵向补偿
项目补偿为主，水源地居民无法获益
资源环境价值没有充分体现
农业面源污染治理缺乏政府支持
水质状况没有作为考核标准

安徽省
完善生态环境科技资源共享模式
生态环境监测网络及信息基础能力加大投入
各级各类数据系统互联互通，监测预报预警等
信息化能力与共享需要提升

图 12-2　长三角区域生态环境跨界协调共性问题

跨区域生态补偿的标准与方式尚待完善。以新安江流域为例，存在以下几个方面问题：①补偿内容不完善不科学。近年水质持续向好，已经触及水质改善的"天花板"，且水质稍有波动，皖浙两省生态补偿 P 值考核方式的局限性、不科学性就会显现，造成"国家考核居前列、补偿考核不达标"的尴尬局面。②考核内容及标准不完善。以水质高锰酸盐指数、氨氮、总磷、总氮 4 项指标来测算，仅仅体现严格的水质目标要求，没有考虑水量、水权分配等问题，也缺乏对上游地区发展机会成本、污染治理成本以及生态系统服务价值等因素的考虑，生态产品的稀缺性未得到充分反映。主要是通过行政手段协商推动的结果，缺少权威的理论和数据支撑，体现更多的是"补助"，不是真正意义上的"补偿"，现有生态补偿标准偏低。③从多元化补偿方式与协调角度看，上下游主要是通过资金补偿，产业、项目、人才、技术等多元化补偿方式没有正式开展。如何充分发挥市场机制作用，加快推进市场化、多元化补偿，亟须研究突破。目前实施的流

域生态补偿机制主要是纵向财力转移支付，而不是由流域上下游共同建立的，没有体现流域水质保护受益者付费与污染者赔偿的补偿原则。④从目标上来看，统筹地方协调发展的作用没有显现。补偿资金目前主要用于补充地方财力，其他专项资金侧重于水污染整治和生态保护，对流域上游特别是水源地居民生产生活的补偿重视不够，影响了当地居民保护生态环境的积极性。

12.2　区域生态环境协调总体考虑

12.2.1　总体思路

以习近平新时代中国特色社会主义思想为指导，践行绿色发展理念，深入贯彻落实习近平总书记考察上海重要讲话精神，牢牢把握《规划纲要》建立重点跨界水体联保专项治理方案与生态共保机制的要求，突出长三角生态环境"共同"保护的重点领域、重点地区，推进环境污染联防联治机制有效运行，逐步建立生态环境协同监管体系方案，进一步完善区域生态补偿机制政策，着力强化重点跨界地区水环境共保联治机制率先推进，为保护好长三角可持续发展生命线，走出一条跨行政区域生态环境共保联治、生态文明与经济社会发展相得益彰的新路径。

12.2.2　主要目标

建立跨界水体联保专项治理方案与生态共保机制。健全生态环境共保联治管理体制，环境污染联防联治机制有效运行，开展生态环境保护联合科研攻关，生态环境协同监管体系基本建立，全面推进区域环境信息共享，区域生态补偿机制更加完善。

重点地区统一的协调机制与制度率先创新和先行先试。重点推进长江和淮河流域共保联控机制突破；着重完善太湖等跨界湖泊流域协同治理机制；加快推进河口海岸环境联防联治机制建设；完善重要生态功能区共同保护与生态补偿机制；率先进行统一的生态环境保护制度创新示范。

生态环境质量总体改善，区域突出环境问题得到有效治理。到 2025 年，跨界区域生态环境共保联治能力显著提升，生态环境领域基本实现一体化发展，细颗粒物（PM$_{2.5}$）平均浓度总体达标，地级及以上城市空气质量优良天数比率达到 80% 以上，跨界河流断面水质达标率达到 80%，单位 GDP 能耗较 2017 年下降 10%，海洋生态环境质量有所改善，生态保护和修复持续加强，自然生态系统稳定性得到有效提升，区域协同的生态环境保护格局初步形成。到 2035 年，水环境质量稳定向好，跨界河流断面水质达标率达到 90%，海洋生态系统功能明显恢复，长三角生态环境保护一体化体系基本形成，区域实现高质量健康发展。

12.2.3　总体协调方案

为实现长三角区域跨界流域水环境治理与保护的行政规范化和治理效能最大化，必须建立政府间的合作治理机制，把跨界协调共性机制和重点地区鲜明特色方案结合起来，以期形成一套行之有效的组织体系、协调规则和制度环境（图 12-3）。

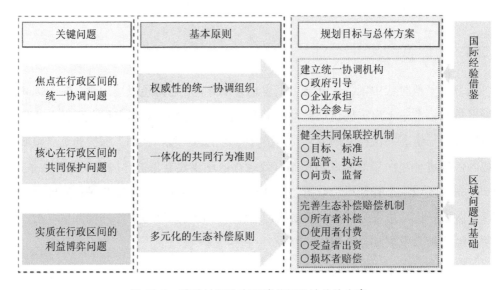

图 12-3　跨界地区生态环境共同保护总体方案

12.2.3.1　健全生态环境跨界协作管理体制与职责

坚持绿色发展新理念和生态优先地位，把长三角命运共同体作为共同保护与发展的前提，坚持生态环境跨界协调的统一管理主导原则，借鉴国际跨界流域管理经验，在长三角区域合作办公室管理体制的基础上，健全生态环境共同保护管理体制与职责。合作办公室作为生态环境一体化的权威性管理机构，负责对流域跨界生态环境问题进行研究，制定跨行政区的共同保护行为准则、行动计划与法规协议。

（1）设立生态环境跨界协调专题组，健全生态环境跨界协作管理体制

完善"隶属中央政府的长江流域管理局—长三角区域合作办公室决策层—长三角区域合作办公室执行层"的长三角区域管理体制。把重点跨界水体联保共治作为长三角区域一体化的重点地区与重点领域。在此层级管理体制框架下，执行层对有重大需求、有条件的重点地区，研究设立"生态环境跨界协调专题组"，专题组下设生态、环境、防

洪、生态补偿等技术部,丰富并制定生态环境共同保护工作机制、行动计划与实施项目并推进落实。

（2）建立流域会商制度,联合开展风险预防和应急机制

科学制定共同保护行为准则与行动计划,关键是形成"共同保护协议和行动计划清单,建成法律约束制度"的工作推进政策。打破地方分割、条块分割、部门分割的行政管理体制,降低各地方政府之间协调的成本,加强跨界地区与长三角区域沟通,协调解决地方政府之间的环境利益争端,及时协调制定科学管理方案;健全区域环境风险预警与应急机制;实现环保信息平台基础设施共享与公开机制,建立河流水环境质量简报制度,对各区域省界断面水质等环境敏感点的水环境质量情况与变化趋势进行及时跟踪、评估、通报、督促、检查,并定期将信息向三省一市通报。

12.2.3.2　建立健全生态环境共同保护目标与标准

强化"利益共同体"理念,针对不同跨界地区及生态环境问题,生态环境跨界协调专题组负责编制跨行政区协调管理的统一目标、统一标准、统一监管、统一执法和统一立法。

（1）推进多目标的统一管理与规划

国外成功案例的治理目标大体经历了 20 世纪 60 年代前的水资源利用管理,到 80 年代前的水质改善及污染治理,再到目前的水生态系统恢复和可持续发展 3 个阶段。目前,长三角区域及一些重要地区的生态环境跨界协作机制处于水质目标管理阶段,即重点地区跨界水体水质目标管理,例如,自 20 世纪 80 年代以来,以长江与淮河干流、太湖流域及新安江等重点地区的水环境联防联控为主导管理目标。建议研究制定重点跨界水体统一管理的多目标体系。针对具体跨界地区及生态环境问题,把水质与水生态、水量、生态系统恢复及绿色发展等多目标综合考虑,也包含发展模式、污染源控制、气候变化等流域生态环境问题源头的方方面面。然后制定统一规划,明确各跨界地区、不同层级相关行政管理机构、企业、社团、居民等相关管理与行为主体的责任与权利、奖惩办法及利益分享方案。

（2）搭建区域环境科研技术平台,科学制定跨界共保联控统一标准

加强长三角区域生态环境联合研究中心建设。发挥长三角区域科研资源丰富的优势,开展长三角区域生态环境保护跨区域、跨流域、跨学科重点问题研究,生态环境共性关键技术攻关,加强联合环境科研示范;以生态、环境、防洪、生态补偿等专业技术部为主导,协调搭建行政管理机构、管理部门、企业、社团、居民等信息交换及信息传播的平台,建立制定共同保护标准与准则的信息技术交流机制,完善区域环保联合执法互督

互学长效机制示范，针对区域共性环境问题，开展相关互督互学研讨，在规划和治理能力目标上达成统一，并制定量化考核指标，为各行政区的政策制定提供基准。环境标准协同机制，加强排放标准、产品标准、环保规范和执法规范对接，联合发布统一的区域环境治理政策法规及标准规范。另外，重点研究跨界水体流域敏感物种评估方法，从一个完整的流域生态系统角度检验流域生态环境健康程度，而不应简单用若干水质指标来制定统一的水污染排放标准。

12.2.3.3　建立区际政府统一监管与执法沟通机制

通过"协调-合作"管理模式，监管与执法沟通机制从目前的"直接对话"转变为"深度沟通"，避免因某个政府基于本地利益的短视行为而破坏流域生态。以公共管理的顾客导向为指引，通过编制联合执法标准并运用网络监管平台，突破碎片式管理体制困境，推动区域联合监管与执法的实现，防止权力滥用和环保权力的"寻租"。

（1）各行政区之间统一编制并实施联合监管行动计划

出台长三角区域水污染防治、排污许可证管理，总量指标有偿使用和交易等制度，积极完善水环境监测网络，统一规划设置监测断面；在定量数据采集方面，利用第三方参与的方式，确保数据标准的统一性、科学性、共享性和权威性。积极提高环境监管能力，加快推行环境监管网格化管理，协调成员关系，进行统一监测和执法，指导并报告各种管理目标的执行情况。

（2）加大环境执法力度，建立一系列合约或法律约束制度

由生态环境跨界协调专题组定期组织各行政区的环保厅等有关部门，对水环境保护工作进行专项联合执法检查。检查内容主要涉及水环境保护目标、标准及政策措施落实情况，对检查中发现的问题要及时进行反馈并提出整改要求。检查结束后，根据各地市政府自查意见和省级交叉检查的意见，形成联合执法报告，上报长三角区域合作办公室各级机构，确保各省水环境行政执法工作得到有效落实。在具体联合执法过程中，不断探索建立区域水环境保护部门与当地工商局、财政局、税务局、银行、法院等相关部门的联合执法合作机制。可借鉴国际流域水污染治理经验，采取边界协议、规制协议、再分配协议等行政协议，在立法出台之前，采纳行政协议。

12.2.3.4　落实跨界环保信息互通与行政问责机制

各级政府、机构和民间组织共同参与流域保护，通过搭建跨部门组织、对话平台等，开展跨地区信息互通，保障流域系统管理过程、规划、决策透明，保障不同利益方能够以平等的地位合理表达自身诉求及行政问责。

（1）跨界环保信息多渠道互通共享

实现不同行政区域之间互通各种信息。互通存量水污染企业的名称、布局及其排放现状，水污染防治实施情况、必要的动态信息及环评信息。区域政府各个部门建立信息共享库，为区域水污染联防联控提供科技上的支撑。建立环保部门双边或多边联席会议制度，互通水污染防治进程中的重要问题，或以简报形式在双边或多边区域的一定范围内印发，对交界断面水质监测数据在简报上予以公布，曝光偷排漏排的违法事件，建立重点污染企业在线监测系统，实现流域相关行政区域之间的监测系统联网。另外，利用公众舆论实施有效监督，强化协调机构的政治影响力。建立实施定期听证会制度，与环境、生态、洪涝、工业、航运及饮用水行业的非政府组织交换信息，将相关非政府组织接纳为观察员，全程参与生态环境跨界协调专题组的大部分会议。

（2）加大对跨界水环境污染的行政监察和行政责任追究力度

减少地方政府为维护地区利益导致的跨流域水污染现象，必须建立和落实跨界水污染治理的行政问责机制。建立行政权力的"绿色清单"，将绿色 GDP 发展理念引入地区经济发展之中。同时，在政府官员考核机制中，以环保问题作为考核标准之一。在重大环境问题上实施领导干部问责机制。对于片面追求经济利益、失职、违法、有不当行政行为，引发环境污染事件的行政官员，应该追究其行政责任。对上游地区违法排污导致的水污染问题，下游地区可要求上游进行补偿。其所遭受的如渔业养殖大面积死亡、农作物绝收、饮用水危机等损失，由上游地区的违法排污、超标排污企业和政府承担赔偿责任。

12.2.3.5　完善区际政府间生态补偿赔偿管理机制

跨界地区生态环境协调的根源是不同行政区域的利益冲突与博弈，在统一的协调机构与共同保护目标下，确立共建共享、受益者补偿和损害者赔偿的原则，重点完善横向跨区域生态补偿标准与方式，建立跨区域协调共同投入机制和多元化生态补偿机制，着重解决流域上下游生态环境保护与受益分离的问题。

（1）核算流域上游生态环境保护基准，完善纵向横向生态补偿标准

基于国家生态安全需要与公共服务均等化目标要求，通过流域上游生态环境基本保护义务和基本发展权分析，明确一定时间内的保护与发展目标体系，核算流域上游生态环境保护基准线。环境保护基准线一方面为公益性生态产品的国家或地方政府"所有者"制定纵向财政转移支付补偿标准提供直接依据，为完善现有横向跨界生态补偿标准和解决纠纷提供参照；另一方面为激发流域上游生态环境自觉与保护激励机制，实施"保护者受益、损害者赔偿"的原则提供基础。

（2）健全生态补偿主体评估体系，拓展横向跨界生态补偿资金来源

流域上下游生态环境保护与受益分离是横向跨界生态补偿的根源，而我国生态补偿以中央和各级政府作为主体，生态补偿财政机制缺乏稳定性与长效性。为唤醒全社会保护环境的自觉意识，推进"使用者出资、受益者付费、保护者补偿"横向跨界多渠道补偿。识别生态环境受益对象和补偿主体，围绕资源节约集约开发利用"使用者付费、优质优价"，使用权人对资源开发的不利影响进行补偿；围绕生态产品价值实现"受益者出资"，由受益主体向保护主体开展补偿。

（3）探索构建以市场化价格机制为核心的生态资源交易制度

"推进市场化交易，在动态平衡中优化生态质量"，建立生态信用、生态金融支撑体系，促进流域上下游生态优势与经济优势的相互转换。开展流域上游剩余生态容量指标交易，将原有公益性生态项目转化为经营性生态项目，打通生态工程融资渠道，研究完善自然资源及其产品价格形成机制。从土地出让收益中提取"耕地与生态保护基金"，用于耕地保护及生态功能提升补偿；从水电上网电价中提取"森林保育基金"，用于上游地区森林资源保护补偿，解决目前生态治理经费过度依靠上级专项经费和地方财政问题，激发上游企业推动污染防治和提升产业清洁生产水平。

（4）探索建立长三角共同保护基金

由长三角合作办公室发起创建，由各省及地市一次性投入公共资金作为股本，建立私营股份制的基金公司，形成"公共资金投资、私人企业经营"的公共资源"授权管理"体制。逐渐完善基金收入目的，包括测试改善流域健康状况的新行动，支持各地区生态环境保护与管理优先事项，根据流域内不同分区的特点，对发展绿色经济、循环经济、环保经济等绿色产业进行基金支持。确定基金支出标准，可根据当地人口数量、地区GDP总值、财政收入规模等因素，合理确定拨付与留存的比例，保证基金不低于一定比例并得到及时补充。

12.3　重点跨界地区类型协调方案

突出长三角区域生态环境"共同"保护的重点地区、重点领域，着力完善不同类型跨界地区水环境共保联治机制，探索重点跨界地区生态环境协调思路，率先探索形成生态环境共保联治示范区经验制度（表12-3）。

表 12-3　长三角区域重点地区生态环境跨界协调机制

跨界类型	重点任务	协调规则	保障体系
跨界河流流域共保联控	（1）实现河流岸线利用全流域协同管理； （2）确保水安全； （3）保障流域利益相关方的共同保护与公平发展	（1）建立流域会商制度； （2）联合开展水质水量以及污染源监测，搭建水质信息共享平台； （3）强化流域水功能分区规划对接； （4）水资源统一配置与联合调度； （5）健全跨界河流断面水质考核评价体系； （6）生态补偿机制	（1）针对长江、淮河等大河流域，建立隶属于中央政府的大河流域管理局； （2）各省及地市投入建立流域生态补偿专项资金； （3）完善公众参与机制，形成广泛的生态环境保护的社会监督力量
跨界湖泊流域协同治理	（1）实现大湖流域综合整治； （2）实现大湖流域生态环境保护目标要求和整体发展愿景	（1）湖泊流域共同管理机构与专业机构相结合，负责统一管理和协调工作，设立"联合湖长"； （2）多元主体共同制定面向未来的流域综合整治方案和发展愿景； （3）建立水环境信息共享机制，完善水环境预警体系； （4）制定湖泊流域治理费用的分担原则和赔偿制度	（1）制定湖泊流域保护制度和水法体系标准； （2）推行湖泊流域各级政府和各行政区管理经费共同投入与分担原则，鼓励企业单位主动资助环保事业和公益活动，设立湖泊流域管理基金、湖泊流域研究基金
河口海岸环境联防联治	打造长三角沿海生态屏障	（1）建立长三角沿海湿地国家公园，探索建立沿海湿地国家公园与生态效益补偿制度； （2）编制入海河流水体达标方案，实现"一河一策"精准治污； （3）建立健全水环境联合执法监督机制	构建长三角河口海岸环境协同管理体系，包括领导小组、管理委员会、专家咨询委员会
重要生态功能区共同保护	（1）建立皖西生态屏障区生态补偿长效机制； （2）共筑皖南—浙西—浙南长三角绿色生态屏障； （3）完善流域跨区域新安江生态补偿机制； （4）探索特殊生态功能区跨区域生态资源交易	（1）构建区域交流合作平台，确定统一的生态环境目标； （2）以共建共享、受益者补偿和损害者赔偿为原则，探索建立多元化生态补偿机制，实现区域内公共服务均等化； （3）探索建立跨区域的生态治理市场化平台，建立跨区域生态项目共同投入机制； （4）构建跨区域生态资源交易市场机制	（1）建立生态补偿法律法规制度体系，加强地方立法研究； （2）建立权威的裁决机构； （3）统一生态环境信用治理，建立以信用为基础的市场监管机制

12.3.1　跨界河流流域共保联控

12.3.1.1　跨界河流流域共保联控机制

跨界河流协同管理核心是岸线功能上下游衔接、水源地联合保护、水环境考核断面联防联控，并通过流域会商、公众监督和利益协调等制度建设提供保障。

（1）流域会商与信息共享制度：提供利益相关方信息交流与磋商协调平台

建立流域会商制度。流域会商机制成员应包括河流沿线地方政府、流域管理机构、三省一市人民政府，河流沿线从事相关开发建设活动单位、学校科研单位、非政府组织、居民代表、新闻媒体等。通过会商机制协调各区域之间生态环境保护的矛盾冲突，形成上下游、左右岸保护协作机制，统筹河流保护规划和沿线产业发展，实现利益相关方和谐发展。联合开展河流水质水量及污染源监测工作，搭建水质信息共享平台。将干流、各支流水质信息及各行政区域内有关河流的工作措施即时共享，做好风险预警工作；建立河流水环境质量简报制度，对各区域省界断面水质等环境敏感点的水环境质量情况与变化趋势进行及时跟踪、评估、通报、督促、检查，并定期将信息向三省一市通报。

（2）流域水功能分区规划对接：实现河流岸线利用全流域协同管理目标

强化流域水功能分区规划对接。完善体制机制，江苏省、浙江省、安徽省以及上海市等地方政府和水行政主管相关部门协调上下游各地区，提出流域分区规划，构建执行和落实分区规划的组织机构。加强协调，组织领导，明确职责，落实分工，将分区规划对接落实到位。功能规划要在流域会商机制的基础上，就共同关注的重点问题，协调水资源保护目标，结合区域社会经济发展现状及水环境现状沟通交流，规范河流岸线利用，明确河流沿线各区域的水功能定位。

（3）河闸及支流闸门联合调度：确保下游水源地取水安全

水资源统一配置与联合调度。以下游取水安全为核心，以水质改善为导向，统筹考虑上下游、左右岸的水资源水环境保护及防洪排涝等多方面需求，重点分析河闸及两岸支流闸门的调度方式对河流水质和水量的影响，制定河闸及两岸支流闸门水质水量联合调度方案。突发风险事件的联合应急机制。在上下游相关部门及流域管理部门协商的基础上，明确突发风险事件的负责管理主体与部门，制定突发事件应急调度方案、供水流量调节计划及两岸支流闸门调度应急预案，防止污染影响扩大，确保下游供水安全。

（4）断面考核评价体系：综合反映河流水环境保护的成效

健全跨界河流断面水质考核评价体系。推动建立河流水质与水生物结合的综合评价考核指标，综合反映水环境保护的成效；评估水质断面布局合理性，综合河流功能分区、水生物考核指标及两岸环境治理目标，进一步优化水质监测断面布点；通过流域会商协商，明确上下游地区断面考核标准、责任主体、考核频次，制定考核结果与生态补偿转移支付资金挂钩机制。建立完善水质风险预警系统。建立限制污染物排放超标通报制度；统筹下游水源地取水安全，完善监测能力与水平，保证监测信息统一发布，实时共享。

（5）生态补偿机制：保障河流利益相关方的共同保护与公平发展

从国家层面提出长三角区域内外跨界河流生态补偿机制。长江、淮河、京杭大运河跨长三角区域内外诸多行政区，建立隶属于中央政府的大河流域管理局，加强对流域涉水资源的统一管理，因地制宜协调利益相关方环境利益与经济利益的分配关系，实现流域行政区域可持续协调发展；健全流域生态补偿范围、补偿主体、补偿课题及补偿形式。建立流域生态补偿专项资金。由各省及地市一次性投入公共资金作为股本，建立私营股份制的基金公司，形成"公共资金投资、私人企业经营"的公共资源"授权管理"体制。逐渐完善基金收入目的，测试改善流域健康状况的新行动，优先支持各地区生态环境保护与管理事项、绿色经济、循环经济、环保经济等绿色产业；基金支出根据当地人口数量、地区 GDP 总值、财政收入规模等因素，合理确定拨付与留存的比例。

（6）公众参与机制：形成广泛的生态环境保护的社会监督力量

提高公众环境自觉意识。开展环境宣传教育、环保社团活动，提高公众环境责任意识，形成"河流生态大保护"理念；提高河流生态环境保护、影响评价及重大决策的公众参与水平，形成环境合作意识与监督机制。完善大河流域生态环境信息公开。建立全流域生态环境保护信息与制度的共享平台；实施公众环保监督、投诉检举渠道及奖励制度，规范非政府组织参与生态环境保护活动，流域管理部门应给予经济上的支持。

12.3.1.2　重点跨界河流协同管理方案

长江三角洲覆盖长江、淮河和浙西南沿海诸河三大流域，浙西南是长三角区域重要的生态屏障区，横跨东西的长江、淮河及纵贯南北的京杭大运河是主要的跨界大河。

（1）长江干流生态环境共保共治

总体定位。在"生态优先、绿色发展"的立法理念下，协调推进《中华人民共和国长江保护法》及其配套法规制度的制定出台：一是实行流域管理与行政区域管理相结合的管理体制，行政区域管理和行业管理应当服从于流域统一管理；二是国家加强长江流域生态保护与修复、流域水污染防治的统一规划、统一标准、统一调度和统一监督管理，完善流域生态补偿机制、公众参与机制等，探索跨界河流协作管理机制，不断完善流域治理体系。

总体要求。坚持依法科学精准，分区施策、分类指导、突出重点、加强协同。生态方面，建议强化省际统筹，兼顾生态空间的增加和生态功能的提升；水方面，建议聚焦重点跨界水体联防联控、综合治理，以及航运污染防治等区域性、系统性问题；政策方面，总结推广提升既有的改革做法，在信息共享、绿色金融、环境信用等方面重点突破；在责任机制上创新完善，以多元政策奖优惩劣、奖先惩后，激励各方主动作为、树立更高标准。同时，加快推动形成示范项目、政策创新集成的落地。实现环境安全、生态大保护共同目标。水环境质量持续改善，长江干流水质稳定保持在优良水平，饮用水水源达到Ⅲ类水质比例持续提升，涉危企业环境风险防控体系基本健全，区域环境风险得到有效控制，水源涵养、水土保持等生态功能增强，生物种类多样，自然保护区面积稳步增加，湿地生态系统稳定性和生态服务功能逐步提升。

协调方案。首先，重构长江流域管理体制。建立隶属于中央政府的长江流域管理局，加强对长江流域涉水资源的统一管理。设立长江流域管理局，由国务院直接掌管，是长江流域监督管理的综合决策机构和协调机构，明确跨省（自治区、直辖市）、跨部门的流域管理责任，建立跨省（自治区、直辖市）、跨部门的协调机制，依法负责或组织协调相关流域监测工作，拟定地方政府流域管理的考核评价指标体系并报国务院批准，参与对地方政府流域管理的考核评价工作。其次，构建契合长江流域整体性、系统性、特殊性的流域生态保护与修复制度体系、流域水污染防治制度体系。经批准的水功能区划是水环境质量改善和水资源开发、利用的依据。长江流域的养殖、航运、旅游等涉及水资源开发利用的规划，都应当遵守水功能区划。长江流域内跨省、自治区、直辖市的饮用水水源保护区，由有关省（自治区、直辖市）人民政府商长江流域管理局划定。根据长江流域水体的使用功能以及有关地区的经济、技术条件，确定长江流域省界水体适用的水环境质量标准，报国务院批准后施行。长江流域管理局负责监测长江流域省界水体的水环境质量状况，作为考核和实施跨界水生态补偿的重要依据。再次，建立健全配套法律机制。包括执法协调协作机制、权力监督机制、经济激励机制、公众参与机制。长江流域管理局应当协调长江流域各省（自治区、直辖市）的生态环境执法活动，建立执法协调、协作机制。长江流域管理局对流域省界断面、省际河流重点断面等水环境质量、水资源量、水生态状况进行考核。相关考核结果作为长江流域各级人民政府及其领导班子和领导干部综合考核评价以及任免、奖惩、问责的重要依据。最后，规定严格的法律责任体系，开展长江流域上下游横向生态补偿试点。在夯实了政府和行政相关人员法律责任的基础上，划分私益责任、公益责任、生态环境损害赔偿责任等责任类型及相关纠纷解决途径。长江流域县级以上人民政府应当根据水环境质量改善的目标、投入、成效和区域间经济社会发展水平等因素，通过财政转移支付、横向资金补助、对口援助、产业转移等方式或者按照市场规则，建立健全对长江沿岸、岸线周边、径流区、重点水源区域、生态保护红线区及其他环境敏感区域的水生态补偿制度。长江流域各省（自治区、直辖市）之间发生跨界水事纠纷的，由长江流域综合决策（协调）机构组织协商解决。建议国务院出台《跨行政区水环境污染纠纷处理条例》，进一步明确跨行政区水环境污染纠纷处理机构、处理原则、处理过程、损失赔付等内容。

近期工作重点。首先，通过统一规划编制，统一长三角区域上下游水质目标衔接，统一水质监测和评价标准，统一考核评估体系。建立区域内水环境质量、污染源等环境基础数据的全面共享机制，推动制定统一的限制、禁止、淘汰类产业目录，加强对高耗水、高污染、高排放工业项目新增产能的协同控制，在长江流域严格执行船舶污染物排放标准。研究建立规划环评会商机制。其次，建设统一的生态环境监测网络。发挥各部门作用，统一上下游布局、规划建设覆盖环境质量、重点污染源、生态状况的生态环境监测网络。加强饮用水水源监测能力建设，建立长江流域入河排污口监控系统。建立长江水质监测预警系统，加强水体放射性和有毒有机污染物监测预警。强化区域生态环境状况定期监测与评估，特别是自然保护区、重点生态功能区、生态保护红线等，提高对水生生物、陆生生物的监测能力。再次，设立长江保护治理基金。三省一市政府共同出资建立长江环境保护治理基金、长江湿地保护基金，发挥政府资金撬动作用，吸引社会资本投入。采取债权和股权相结合的方式，重点支持环境污染治理项目融资。最后，重点推进生态保护补偿。加大长江岸线资源、湿地和生态保护的补偿力度。重点关注安徽省沿江湖泊总磷超标、长江船舶垃圾污水、沿江化工风险等问题。

（2）共建淮河跨区域环境保护机制

总体思路。淮河流域地处长江流域和黄河流域之间，是中国重要的粮食产区和商品粮生产基地，水生态空间被大量挤占，农业面源与畜禽养殖污染突出，生活污染处理能力低，目前污染联防联控机制还未有效、全面运行。必须立足现有基础，深入贯彻落实新发展理念，继续加强淮河流域上游生态功能保护区建设，重点对中下游跨省界农业面源污染进行联防联控，推进跨界水污染纠纷协作处置机制，推动形成人与自然和谐发展的现代化建设新格局。

总体要求。建立健全跨区域生态建设和环境保护的联动机制，统筹上中下游开发建设与生态环境保护。落实最严格的水资源管理制度和环境保护制度，着力保护水资源和水环境，加强流域综合治理和森林湿地保护修复，加快形成绿色发展方式和生活方式，把淮河流域建设成为天蓝地绿水清、人与自然和谐共生的绿色发展带，为全国大河流域生态文明建设积累新经验、探索新路径。到2025年，生态环境质量总体显著改善。沿淮干支流区域生态涵养能力大幅提高，水功能区水质达标率提高到95%以上，形成合理开发、高效利用的水资源开发利用和保护体系。

重点工作。创新区域联防联控机制,共建跨区域环境保护机制。实施环境监管联动,明确各地区环境容量,执行统一标准;完善环境污染联防联控机制和预警应急体系,推行环境信息共享,建立健全跨部门、跨区域突发环境事件应急响应机制,建立环保信用评价、信息强制性披露、严惩重罚等制度和环评会商、联合执法、预警应急的区域联动机制,实现统一规划、统一标准、统一环评、统一监测、统一执法。建立健全生态保护补偿机制。积极推进淮河源头区生态保护补偿研究,完善生态保护补偿、资源开发补偿等区际利益平衡机制;实施淮河流域跨省界主要河流水质断面水污染赔付、补偿机制,明确赔付和补偿评估的技术规范、指标体系等。建立科学合理的淮河流域地方政府绩效评估机制。明确区分淮河流域中央和地方政府的事权、财权;充分发挥现有淮河流域水资源保护机构的作用,强化水质跨界断面的监测和考核,协调推进上中下游水资源保护与水污染防治工作。

重点区域。以保障南水北调东线水质为目标,推进调水工程沿线环境治理;加强淮河干流和洪泽湖、骆马湖、高邮湖、白马湖、南四湖等河湖的生态保护;加强流域污染综合防治,提升南水北调东线生态净化能力和涵养功能,建设淮河干流和沂沭泗河生态走廊、老灌河流域水环境综合协调治理与可持续发展试点。

12.3.2　跨界湖泊流域协同治理

12.3.2.1　跨界湖泊流域协同治理机制

湖泊是流域的汇,流域是湖泊的源。以流域为单元,协调流域各方利益关系,统筹湖泊水体生态环境与流域开发活动关系,协同治理湖泊生态环境问题。借鉴北美五大湖百年跨国治理经验和历经长期治理过程的日本琵琶湖案例,提出协同治理思路。

建立湖泊流域协同管理体制,完善合作工作机制。湖泊流域共同管理机构与专业机构相结合,负责统一管理和协调工作,设立"联合河(湖)长",联合成立交界区域联防联治联席工作小组;对流域跨界污染问题与污染减排等提供科学建议,共同提出生态环境改善的主要问题、主要方案和财政支持,共同制定湖泊流域管理制度、全程治理规划和治理项目,协调各方利益关系,明确各方利益主体职责。

制定全程治理规划,实现全流域综合整治。联合湖泊流域所辖的各行政区及各级部门,共同实施湖泊流域综合调查与整治方案;推动多元主体参与、多层次环境治理体系形成,基于生态系统方法科学制定分期分步实施规划,明确制定各阶段共同保护目标和行为准则,规定各阶段拟解决的主要问题、对策措施、具体工程等。全程规划是湖泊综合治理的行动指南,充分考虑今后20年、50年和100年不同发展阶段流域整体发展需求和生态环境保护目标要求。

完善法律法规体系，统筹跨界利益主体职责。制定湖泊流域保护制度和水法体系标准，对湖泊流域管理原则，中央与地方政府管理分工、利用规制等进行详细规定。制定湖泊流域管理费用的分担原则和赔偿制度。完善推行"河（湖）长制"，分级落实河长管理责任与费用分担制度。搭建跨部门组织、对话平台，建立良好的咨询、协调和联络沟通机制，确保规划、管理、决策等过程透明，保障不同利益方平等表达自身诉求的权利。

多渠道筹措资金，健全流域共同投入机制。推行湖泊流域各级政府和各行政区管理经费共同投入与分担原则，设立湖泊流域管理基金、湖泊流域研究基金，并积极鼓励企业单位主动资助环保事业和公益活动。建立重点水源区综合利益协调与生态补偿机制：完善生态补偿标准与方式，拓展生态补偿资金来源，并保障补偿机制作为普遍制度，稳定执行。

推进信息互通共享，建立巡查会商机制。完善湖泊流域水环境监测网络，建立基础信息通报月报制度，对交界区域水环境监测信息实行单月通报，逐步实现环境监测数据的互通和共享，强化相邻各地应急联动，建立联防联治工作群，发现问题直接互通信息。建立定期联合执法巡查制度，规定每季度至少开展一次联合执法巡查；巡查结束后，召开联席会商会议，逐一研讨巡查结果，通报事项，明确解决措施，按责任区分各自推进落实。联席会商一般每季度不少于一次。

加强环境保护宣传与教育，完善公众参与体系。逐步推行大规模的湖泊环境教育主题保护活动：环境教育从小学生做起，开设环境教育课程，设立专门环境教育基地，配备专门师资力量，加强学生、社会公众参观学习；公共媒体不懈地宣传，社会各团体无偿开设各类讲习班、讲座，定期举办全国性或国际性湖泊大会，提高知名度和公众对环保事业的热情；通过法规条例规范大众的环保行为，提高公众环境自觉意识。

12.3.2.2　太湖流域协同管理方案

强化管理机构与科研机构合作力度，建立流域管理协同目标和治理体系。太湖流域实行流域管理与行政区域管理相结合的综合管理体制，太湖流域水环境综合治理省部级联席会议制度是推动部门、地方和社会形成上下联动、合力治污的重要工作机制。太湖流域管理理念由开发与保护并重向"生态优先、绿色发展"转变。把流域资源、生态与环境保护纳入流域综合管理的目标，开展流域多目标规划管理科研攻关，科学评估流域综合治理的成效与问题，协同太湖流域水质、水量、水生态及绿色发展等目标，形成一体化管理标准，并落实应用到太湖流域生态—经济功能区，重点对跨界地区制定对应的空间管制，明确利益关系和保护职责。

　　加快流域水源地跨界风险评估，研制水源地跨界协同建设方案与应急预案。太浦河作为太湖最大的泄洪通道和重要航道，下游的上海与嘉兴水源地的设置备受争议，上下游功能难以调和。对现有水源地跨界环境风险隐患排查。充分考虑未来绿色一体化示范区建设需要，后期加快论证工作，比选太湖及其他水源地引水方案，优选太浦河水源地布局，论证开辟新的饮用水水源地和供水方式的可操作性。加快应急和备用饮用水水源地协同建设。有条件地区要建设两个以上相对独立的水源地；不具备条件地区可以与相邻地区实行供水管道联网联供；加强对水源地上下游、河流两岸的内外风险源防范工作和应急工程安排。

　　建立水环境信息共享机制，完善水环境预警体系。完善太湖流域水环境综合治理信息共享平台。以现有国家和省（市）两级监测站网为基础，抓紧制定统一的监测技术规程和标准，构建跨部门、跨省（市）、高效率的国家级流域水环境监测信息共享平台和两省一市分平台；建立和完善信息共享机制，做到信息统一发布，实现信息共享。进一步提升流域水环境监测能力。按照统一标准、统一方法、分级建设、资源共享的原则，在现有的监测站网基础上，升级改造水环境监控与保护预警平台，有效整合水量、水质、水生态、气象监测和卫星遥感监测成果，实现对太湖湖体水质和蓝藻信息、重点水功能区水质、环太湖主要出入湖河道水质、重要省际边界河湖水量水质信息实时监视；建立科学的水环境监测预警体系和快速的环境应急处置体系。对省界断面、饮用水水源地及取水口水质实行全域实时监控，扩大监控范围，对重点污染企业实施在线自动监测，加强应急队伍建设和应急物资储备，提高应急处理能力（表 12-4）。

表 12-4　太湖流域水环境综合治理 40 年主要模式

阶段	阶段 I（1980—1998 年）	阶段 II（1998—2007 年）	阶段 III（2007 年至今）
特征	国家主导下的总体化治理	选择诱导的规制化治理	地方主导下的水土综合治理
主导部门和参与主体	国务院、国家发改委、水利部等，和江苏、浙江、上海两省一市	国务院办公厅、国家环境保护局、江苏省人民政府等，江苏、浙江、上海两省一市有关部门，排污企业	江苏省人民政府办公厅，各市、县（市）政府及有关部门，江苏省各委、办、厅、局，江苏省各直属单位
政策发布与导向	以《太湖流域综合治理总体规划方案》《江苏省太湖水污染防治条例》等为代表的总体性指导方针和政策	以《太湖水污染防治"十五"计划》为代表的制度化定期更新的控污计划，以及《淮河和太湖流域排放重点水污染物许可证管理办法（试行）》等经济引导机制	以《太湖流域工业污染专项整治实施方案》《关于加强太湖流域城镇生活污水治理工作的意见》为代表的流域生产生活源头治理方案

阶段	阶段 I（1980—1998 年）	阶段 II（1998—2007 年）	阶段 III（2007 年至今）
工程措施升级	以"治太骨干工程"等防洪除涝为主，统筹考虑供水、航运和改善水环境的效益	通过"引江济太工程"等水资源调配手段改善水环境	以"生态清淤""湿地恢复与重建""退圩还湖"等工程为代表，着力改善和修复水生态环境，提高水体自净能力，促进区域社会经济可持续发展
流域管理机构与合作组织建立	成立"太湖流域管理局"制度化管理机构，建立"太湖流域水污染防治领导小组办公室"，建立联系国家部委及两省一市的协调机制	（该阶段没有成立新的管理机构、合作组织与机制）	成立"江苏省太湖水污染防治办公室"专门机构，在江苏省委、省政府直接领导下，协调太湖水污染防治工作的重大问题，对省有关部门和地方人民政府实施的太湖水环境保护和治理工作进行监督检查；建立省部级联席会议制度，定期召开会议，协商解决流域水环境治理问题

12.3.3　河口海岸环境联防联治

（1）总体思路

海陆统筹，河海统筹，探索建立沿海湿地国家公园与生态效益补偿制度。建议开展长江入海口及重要分界断面水质监测评价，推动区域资源管控、污染治理、风险管控等信息共享。建立区域陆海联动、江海联防的海洋环境污染综合防治机制，强化长江口、杭州湾蓝色海湾陆域入海污染联防联治：从控制陆源污染物尤其是氮磷污染物入手，统筹考虑长江中下游水污染防治，将水质未达标的入海河流作为各海区整治工作的重点，编制入海河流水体达标方案，实现"一河一策"精准治污。

（2）主要任务

建立长三角沿海湿地国家公园，打造沿海生态屏障。长三角区域沿海湿地资源丰富，保护沿海湿地生态，构建长三角沿海湿地生态屏障，尤其需要苏浙沪等省（市）区域联动。把目前各地对湿地保护的管理条例，集成上升到国家层面沿海湿地保护的法规，为沿海湿地保护提供法律保障；加强沿海湿地生态及生物多样性保护的科技支撑，全面调查沿海湿地生物多样性、濒危物种等资源底数并构建数据库；加强和科研院所、高校的合作，协调不同区域利益关系，制订专业、科学的保护规划，划定保护区范围。

构建长三角河口海岸环境协同管理体制。设立长三角河口海岸水环境管理委员会，作为长三角河口海岸水环境管理综合协调机构，负责制订河口海岸地区水环境保护和修复规划，负责构建跨省（市）的海湾水污染防治合作机制，负责三省一市在长三角河口海岸地区水环境治理中出现相关问题时的处理和协商。委员会内设立长三角河口海岸水环境管理专家咨询委员会，由多学科专家、企业代表及公民代表组成，负责对涉水重大建设项目和制度创新进行论证，为长三角河口海岸水资源水环境的开发保护提供技术咨询和决策支撑。三省一市政府分别组建河口海岸水环境管理领导小组，作为区域水污染防治的权威决策和仲裁机构。负责区域内水资源水环境治理规划的制定，定期组织召开区域内水环境保护会议，组织下属地市政府签订具有约束力的区域水环境治理责任书。建立严格的区域水环境治理领导问责制，规范问责程序。

建立健全水环境联合执法监督机制。由长三角河口海岸水环境管理委员会定期组织三省一市的环保厅、海洋渔业局等有关部门，对长三角河口海岸的水环境保护工作进行专项联合执法检查：检查海湾、海岸水环境保护政策措施落实情况、沿岸开发区（或工业园区）环境保护管理情况、海湾水污染防治情况，发现问题及时反馈并提出整改要求；检查结束后，形成联合执法报告，上报长三角河口海岸水环境管理委员会和生态环境部，确保各省水环境行政执法工作得到有效落实。联合执法过程中，探索建立区域水环境保护部门与当地工商局、财政局、税务局、银行、法院等联合执法合作机制。

12.3.4　重要生态功能区共同保护

12.3.4.1　建立皖西生态屏障区生态补偿长效机制

总体思路。从淮河流域生态环境治理和保护现状来看，要想从根本上解决淮河流域生态环境问题，不能长期停留在试点工程项目阶段，必须提升上游生态保育功能，建立比较完善的上游生态补偿长效机制，实现上游生态补偿的全覆盖。一是加大国家重点生态功能区转移支付力度，通过科学、规范、稳定的行业性区域补偿手段，缩小地区间差异，特别要扶持经济不发达地区，加强发达地区对不发达地区的对口支援，探索将地区间的对口支援关系以法律法规的形式固定下来，明确援助条件和金额，规范区域补偿的运作；二是按照大别山水土保持生态功能要求，加大均衡性转移支付力度，完善激励约束机制，逐步建立政府投入和社会资本并重，全社会支持生态建设的生态补偿机制。

重点任务。①实现淮河上游生态补偿制度化、法制化。加强流域各省（市）县生态补偿协同合作，制定统一的淮河流域生态补偿行政法规和相关制度，使淮河上游生态补偿有法可依。特别是建立健全生态补偿财政制度，确保淮河上游生态补偿有充足的物质、资金条件。②构建以政府为主导，其他类型为补充的生态补偿模式。鉴于淮河流域生态补偿涉及诸多省份，宜采用以政府为主导、其他类型为补充的生态补偿模式。中央政府理应担任主要角色，明确地方政府职责，防止地方政府通过寻租，替代利益相关方而使农民的利益受损。由于经济行为的外部性，淮河流域生态系统服务的上游提供者和下游占用者也可以通过协商谈判和市场交易，实现外部效应的内部化。③完善生态补偿责任制，确保生态补偿各项政策落实到位。建立生态补偿"一把手"负责制，上游各省、市、县党政领导为第一责任人，地方政府要成立由党政"一把手"牵头的生态补偿领导小组，下辖相关职能机构，具体负责生态补偿各项事宜的贯彻落实。地方政府财政部门要建立生态补偿专项经费账户，通过银行直接将补偿资金划入受偿的农民账户，减少资金流动的中间环节。成立由纪委、监察、审计部门组成的生态补偿专门监察机构，防止生态补偿资金、物资被中间克扣，或挪作他用。④调动上游群众治理和保护生态环境的积极性。广泛听取人民群众的意见和建议，尊重人民群众的诉求，最大限度地调动人民群众参与生态环境治理和保护的积极性，激励人们为建设美丽淮河贡献力量。

12.3.4.2　共筑皖南—浙西—浙南长三角绿色生态屏障

总体思路。皖南—浙西—浙南地区作为"绿水青山就是金山银山"的重要发源地，跨界保护生态功能区，合作引领践行"绿水青山就是金山银山"理念，实现生态效益、生态价值转换，打造具有重要影响力的绿色发展样板区，是该地区未来共同保护的主要方向。

重点任务。①完善生态价值实现机制，扩大合作区域示范推广。浙西南地区在生态产品价值实现机制方面先行先试，以"六江之源"浙江丽水市为例，探索出"买、卖、转、换"四条实现路径，先后形成了重点生态功能区补偿、公益林补偿及林权赎买、生态环境保护财力转移支付、"绿水青山就是金山银山"建设财政专项资金、绿色发展财政奖补 5 个财政支持渠道。②完善重要生态屏障的生态补偿体系。整合中央、省两级财政的纵向生态补偿投入，促进政府"购买"生态服务进一步规范化、制度化，统一资金拨付渠道，提高政府财政资金使用效率。突出民生导向，中央地方两级财政生态补偿奖金在用途上应向民生事项倾斜，实现区域内公共服务均等化。同时，突出差异性和针对性，按照自然地理环境的分异特征，结合脱贫攻坚目标，细化纵向财政生态补偿资金的分配方案，形成重点突出、支撑有力的分配格局。③促进重点生态功能区生态优势"转化"为绿色产业要素优势。进一步放大绿色发展的引领示范效应，改变目前针对重点生态功能区产业发展单一的"负面清单"管理办法，结合重点生态功能区的具体情况，精心设计"正面清单"引导方案，为重点生态功能区生态旅游、绿色农业、生态型工业发展及运营模式创新提供支持。

12.3.4.3 完善跨流域跨区域新安江生态补偿机制

合作思路。在长三角区域合作办公室领导下，浙皖两省建立新安江—千岛湖生态补偿试验区建设协调联动机制和工作推进机制，构建区域交流合作平台。按照规划共绘、生态共保、发展共享思路，浙皖两省共同编制高水平试验区实施方案，共同构建区域生态环境共保联治体系，联合开展跨界水体污染综合防治，探索实施流域统一的环境标准和监管要求。共同完善跨流域跨区域生态补偿机制，持续推进新安江流域上下游生态补偿机制试点，共同打造区域高质量协调发展试验区，共同争取国家试验区建设有关政策、项目和资金支持，共同争取将试验区重大项目纳入长三角一体化高质量发展项目库，积极争取中央预算内专项资金支持。

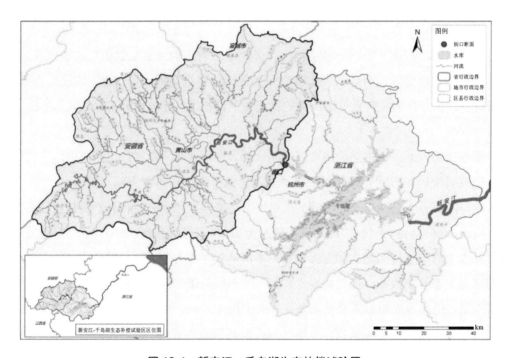

图 12-4　新安江—千岛湖生态补偿试验区

生态补偿机制完善的重点任务。①完善补偿标准，建立权威的裁决机构。综合考虑水量、水权和上游地区发展机会成本、污染治理成本以及生态系统服务价值等补偿因素，开展区域环保义务和补偿基准值科技攻关，提出公正、科学的生态补偿标准；确保生态补偿赔偿机制的有效和长效运行，建立生态补偿法律法规制度体系，并监督实施。②探索和拓展生态补偿方式和领域。探索自然资源资产有偿使用和产权交易补偿制度，围绕国家生态安全，由国家或地方政府自上而下对生态保护重点区域实施补偿，即"所有者补偿"。依据中央和地方事权,由国家或地方政府以财政转移支付购买公益性生态产品服务的方式,对做出生态保护贡献的地区给予机会发展成本和生态保护成本补偿;围绕资源节约集约开发利用,建立与自然资源资产有偿使用相衔接的、由使用权人对国家或地方政府自下而上进行的补偿,即"使用者付费、优质优价"。使用权人对资源开发的不利影响进行补偿,向所有权人缴纳资源税或支付使用费,其中生态、社会价值部分即为生态保护补偿;围绕生态产品价值实现,鼓励开展基于自然资源资产产权交易的市场化、多元化横向生态保护补偿,由受益主体向保护主体开展补偿,即"受益者出资、污染者赔偿"。

12.3.4.4　探索特殊生态功能区跨区生态资源交易

宜溧河流域是太湖上游的主要集水流域,南部宜溧山区特殊功能区是太湖流域重要的上游水源涵养区和水源地保护区,源头在郎溪、广德(图 12-5)。三县行政界线与流域界线犬牙交错,生态系统跨界共保需求迫切。在长三角一体化过程中,建议通过跨区域联动发展,共同探索绿水青山通向金山银山的实践路径,探索跨区域生态资源交易和绿色发展合作机制,践行"绿水青山就是金山银山"理念,共保区域生态环境,打造长三角重要绿色发展阵地。重点联动边界地区的县市,形成区域一体化的生态环境共治体系和生态安全格局,建立生态产品价值实现机制。

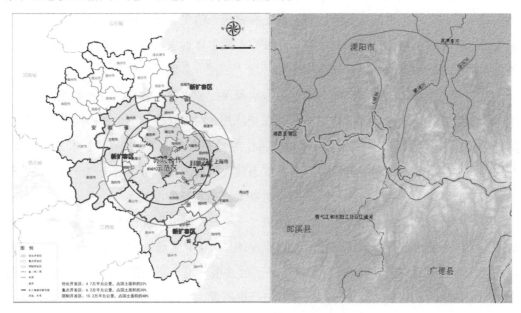

图 12-5　苏皖合作区区位及跨界区

强化规划对接。加强江苏溧阳、安徽郎溪和广德三地间各类空间性规划的对接,探索实施区域"多规合一",强化空间管控,联合划定生态红线。

建立客观科学的生态资源评价体系。评估区域生态容量,设定生态阈值,核算生态资源变动程度,逐步形成量化生态资源价值的长效评估机制,动态反映生态资源资产价值;制定生态资产交易基准价格,为完善生态资源交易制度提供有效支撑。

完善环境损害赔偿和生态补偿机制。明确溧郎广跨界生态环境损害的赔偿范围,完善相应损害的鉴定评估体系,明确具体赔偿内容、标准,制定损害解决途径。共同打造跨界生态旅游和绿色经济区,联合申报"绿色债券",以社渚、梅渚、邱村作为溧阳、郎溪、广德三地先行开展跨界合作的先导区,积极打造社渚—梅渚和天目湖—邱村—凌笪—新杭两大融合板块。

构建生态资源交易市场机制。逐步建立以收储、整合、开发碎片化生态资源为主要功能的"生态银行";加强与绿色金融对接,推动跨区域银行、证券、基金等金融机构合作设立绿色发展引导基金,与政府、企业合作发行绿色债券,优先支持生态产品价值实现重点项目,形成生态资源交易体系健全、全域生态价值充分激活的生态产品价值实现示范路径。

12.3.5　率先统一的生态环境保护制度创新示范

一体化示范区是实施长三角一体化发展国家战略的先手棋和突破口,是为全国区域协调发展探索的示范新路。其中,明确率先探索统一的生态环境保护制度。因此,充分利用示范区建设已有的体制和制度,充分吸收不同主体诉求,明确示范区率先探索统一的生态环境保护制度创新,率先建立生态环境"三统一"制度。

突出重点领域,加快建立统一的饮用水水源保护和主要水体生态管控制度。两省一市共同制定实施一体化示范区饮用水水源保护法规,明确管控范围、管控标准和管控措施,探索建立原水联动及水资源应急供应机制,加强湖泊上游源头涵养保护和水土保持,共同制定太浦河、淀山湖等重点跨界水体生态建设实施方案。协调统一"一河三湖"等主要水体的环境要素功能目标、污染防治机制及评估考核制度。

率先实行制度创新,加快建立生态环境"三统一"制度。统一生态环境标准,执行最严格的污染物排放标准。统一环境监测监控体系,建立区域生态环境和污染源监测监控"一平台",实现信息互通、结果互认、平台共用。统一环境监管执法,制定统一的生态环境行政执法规范,以"一把尺"实施严格监管,推进联动执法、联合执法、交义执法。完善联动共保的工作机制,从统一标准、统一监测、统一监管3个领域,加强排放标准、产品标准、环保规范和执法规范对接,联合发布统一的区域环境治理政策法规及标准规范。

　　加强科技攻关，开展区域环境标准建设。开展示范区水体污染联防联控关键技术研究，形成区域环境标准建设规划，建立区域统一的环境准入体系，统一示范区水环境管控标准，建成一体化标准研究的可行性标准目录清单；对太浦河上下游绿色协调发展，以及太浦河水源地、农业面源污染控制方案等重大生态环境问题进行科技联合攻关，协调和完善生态保护红线划分，形成统筹一致的空间分类管控要求，提升林田空间生态服务功能，引导农用地复合利用，提出示范区上下游及两岸生态廊道、滨岸缓冲带等生态网络建设方案，加强下游水源地的风险防控和保护区建设。

　　夯实保障体系，建立统一监管执法与预警联动机制。实施太浦河水资源保护省际协作机制—水质预警联动方案，加强信息共享、监测预警、联合控污和水资源调度，建立自动监测站及手动监测点，摸清跨界河流本底资料，推进重点跨界河协同整治；建立区域信用联合奖惩机制。加强地方立法研究，为一体化示范区改革创新探索实践提供法制保障；统一生态环境信用治理，建立以信用为基础的市场监管机制。

　　完善利益补偿，建立生态治理新机制。在统一的生态环境目标下，以共建共享、受益者补偿和损害者赔偿为原则，探索建立多元化生态补偿机制。探索建立跨区域的生态治理市场化平台，建立跨区域生态项目共同投入机制。探索建立企业环境风险评级制度和信用评价制度。建立吸引社会资本投入生态环境保护的市场化机制，规范运用政府和社会资本合作模式。支持金融机构和企业发行绿色债券，探索绿色信贷资产证券化。

　　强化实施保障，加强组织领导和统筹协调。在推动长三角一体化发展领导小组领导下，支持两省一市联合成立一体化示范区理事会，作为一体化示范区建设重要事项的决策平台；支持两省一市设立一体化示范区执行委员会，作为一体化示范区开发建设的管理机构。

第13章 区域生态环境治理现代化建设研究

健全区域生态环境共保联治机制，加快构建"政府——企业——公众（社会）"互动的生态环境治理体系，强化制度创新、模式创新、政策创新和能力提升，更加注重社会化、市场化治理机制，推动形成全社会生态环境共建共治共享新格局。

13.1 生态环境治理现代化建设基础和经验

长三角区域是我国人口密集、经济富庶、文化繁荣的经济重地，培育了世界级的城市群。该区域生态环境基础良好、承载能力强、自然条件优越，具备建设美丽中国先行区的良好基础。"绿水青山就是金山银山"理念在这里启蒙发展，"千村示范、万村整治"工程谱写美丽中国建设新篇章，新安江流域生态补偿形成可复制、可推广经验，"八八工程""五水共治"、太湖治理等深入实施，生态省（市、县）集中建设，全国森林城市、环保模范城市和生态城市较为密集，河长制、湖长制率先施行并在全国推广，太湖、淮河等流域合作治理取得明显成效，空气、水、土壤污染联防联治联动机制逐步完善。

13.1.1 生态环境保护理念保持领先

（1）始终坚持将生态文明建设作为长期推进的总方略

三省一市党委、政府高度重视生态文明建设，始终将生态文明建设作为长期推进的总方略，生态环境优先保护的理念水平领先全国。按照习近平总书记在浙江工作期间作出的决策部署，浙江几届省委、省政府高度重视生态文明建设，坚持一张蓝图绘到底，一届连着一届抓，一任接着一任干，保持战略定力，注重与时俱进。2003年1月，浙江把生态省建设列入《政府工作报告》，建设生态省成为全省人民此后20年的奋斗目标。

2010 年 6 月,浙江省委总结生态省建设经验,在全国率先做出推进生态文明建设的决定。2014 年 5 月,浙江省委十三届五次全会进一步做出"建设美丽浙江、创造美好生活"的决定,提出建设全国生态文明示范区和美丽中国先行区。2017 年 6 月,浙江省十四次党代会提出 "在提升生态环境质量上更进一步、更快一步,努力建设美丽浙江"目标;2018 年 11 月,省委、省政府印发《关于高标准打好污染防治攻坚战高质量建设美丽浙江的意见》,构架新时期浙江省生态文明建设的"四梁八柱"。江苏省委、省政府历来高度重视生态环境保护,特别是党的十八大以来,展开了一系列新部署。江苏省第十三次党代会把"生态环境更加优美"作为高水平全面建成小康社会"六大目标"之一,作为提升人民生活质量的重要内涵。2016 年中央环境保护督察反馈意见指出,江苏环保工作总体走在全国前列。2018 年,江苏省委、省政府召开全省生态环境保护大会,设立打好污染防治攻坚战指挥部,确立"1+3+7"攻坚战体系,并出台了一系列重要文件。

（2）始终坚持"绿水青山就是金山银山"的发展理念

浙江省是习近平总书记"绿水青山就是金山银山"理念的发源地,始终坚持并持续践行"绿水青山就是金山银山"理念,深化拓展创新生态文明建设的思路举措,护美绿水青山,做大金山银山,不断丰富发展经济和保护生态之间的辩证关系。2016 年,安吉县被列为全国首个"绿水青山就是金山银山"理论实践试点县;2017 年,湖州市、衢州市、安吉县被命名为全国首批"绿水青山就是金山银山"实践创新基地;2018 年,省政府印发《浙江（衢州）"绿水青山就是金山银山"实践示范区总体方案》,同时,丽水市、温州市洞头区成为全国第二批"绿水青山就是金山银山"实践创新基地。通过试点建设和实践创新,进一步打通"绿水青山"向"金山银山"转化的通道,打造"绿水青山就是金山银山"实践的全国标杆和示范地。经过十余年的深入探索,"绿水青山就是金山银山"理念已在浙江大地生根发芽、开花结果。2018 年 11 月,浙江省丽水市探索生态产品价值转化途径,"点绿成金"被列入国务院办公厅发布的国务院第五次大督察发现的典型经验做法。

（3）"千村示范、万村整治"开创了美丽中国典范

早在 2003 年,时任浙江省委书记的习近平同志亲自调研、亲自部署、亲自推动,启动实施"千村示范、万村整治"工程（以下简称"千万工程"）。15 年来,浙江省委和省政府始终践行习近平总书记"绿水青山就是金山银山"的重要理念,一以贯之地推动实施"千万工程",村容村貌发生巨大变化。目前,全省农村实现生活垃圾集中处理建制村全覆盖,卫生厕所覆盖率为 98.6%,规划保留村生活污水治理覆盖率为 100%,畜禽粪污水综合利用、无害化处理率为 97%,村庄净化、绿化、亮化、美化,造就了万千生态宜居美丽乡村,为全国农村人居环境整治树立了标杆。"千万工程"被当地农民群众誉为"继实行家庭联产承包责任制后,党和政府为农民办的最受欢迎、最为受益的一

件实事"。2018 年 9 月，浙江"千万工程"获联合国"地球卫士奖"。习近平总书记多次做出重要批示："浙江'千村示范、万村整治'工程起步早、方向准、成效好，不仅对全国有示范作用，在国际上也得到认可。2019 年 3 月，中共中央办公厅、国务院办公厅转发《中央农办、农业农村部、国家发展改革委关于深入学习浙江"千村示范、万村整治"工程经验扎实推进农村人居环境整治工作的报告》。

13.1.2   生态文明体制改革走在前列

（1）强化地方政府生态文明建设责任

为改变环境保护监督管理体制不顺、职责不明的状况，按照"管生产必须管环保，管行业必须管环保"的原则，三省一市围绕明晰职责、完善考评体系、推动环保督察等方面不断创新改革，压实地方政府生态文明建设责任。上海市完成新一轮机构改革，新组建市生态环境局和生态环境综合执法机构；制定了《生态文明建设目标评价考核办法》、绿色发展指标体系和生态文明建设考核目标体系，出台并修订《上海市生态环境保护工作责任规定》，加快推进第一轮和第二轮中央生态环境保护督察整改，基本完成第一轮市级环保督察，有力推动环境保护和绿色发展的党政同责、一岗双责和失职追责。江苏的环保制度改革一直走在全国前列，被原环境保护部确定为全国唯一的生态环境保护制度综合改革试点省份。江苏省出台生态环境保护工作责任规定和生态环境损害责任追究办法，建立省级环保督察机制，实施《江苏高质量发展监测评价指标体系与实施办法》，大幅增加资源能耗、环境损害、生态效益等指标考核权重，切实扭转部分干部头脑中的"GDP 崇拜"和速度情结。浙江绿色发展政绩考评体系进一步优化，修订出台了《关于改进市、县（市、区）党政领导班子和领导干部实绩考核评价工作的意见》和《市党政领导班子实绩考核评价指标体系》。在调整优化的指标中，增加环境保护、生态建设、资源节约、循环经济等方面的权重，对 26 个欠发达县市取消了 GDP 考核，并将实绩考核评价结果作为市、县党政领导班子和领导干部年度考核的重要依据；印发了《浙江省生态文明建设目标评价考核办法》，建立了省级绿色发展指标体系；出台了《浙江省生态环境保护有关单位主要职责》，以实施细则附件的形式印发，明确了 44 家相关单位的生态环境保护工作责任，防止责任滑落或转嫁，确保权责一致；印发实施了《关于全面建立生态环境状况报告制度的意见》，探索建立省、市、县、乡镇四级全覆盖的生态环境状况报告制度，形成政府自觉履行环保责任、主动接受人大监督的常态化机制，进一步调动地方政府在生态保护和环境治理方面的积极性。

（2）环境审批制度改革深入推进

上海市实施环评改革试点，印发《上海市环境影响评价制度改革实施意见》等"1+8+5"

政策文件，落实分类管理、源头减量、优化简化、强化监管、优化服务，覆盖 80%以上的建设项目，1/4 的项目豁免环评，其他项目审批时间缩短一半以上。浙江省以"最多跑一次"改革为引领，全力做好放管服工作，对环保行政许可事项全面推行"在线咨询、网上申请、快递送达"办理模式。目前，省生态环境厅实施的 16 项事项均已实现"最多跑一次"，平均减少材料数量 45%，办理时间缩短 32%。特别是在环评审批制度改革方面，浙江省生态环境厅把 97.5%的环评审批权限下放至市县，自 2017 年起，在省级特色小镇、省级及以上开发区（产业集聚区）全面推行"区域环评＋环境标准"改革，在高质量编制区域规划环评、制定区域统一的环境标准和环评审批负面清单的基础上，通过采取减免环评手续、网上在线备案、创新环保"三同时"监管等措施，使环评编制时间平均缩减 65%，编制费用平均降低 70%。

（3）生态环境损害赔偿制度改革稳步推进

江苏省率先启动生态环境损害赔偿制度改革，出台生态环境损害赔偿制度改革"1+8"文件。自 2018 年以来，损害赔偿金累计 4.4 亿元，居全国第一。浙江省自 2016 年起以绍兴市为试点，探索建立生态环境损害赔偿制度体系，累计开展 51 起生态环境损害鉴定评估案例、15 起损害赔偿磋商案例，收缴环境污染损害赔偿金 820 万元；印发《浙江省生态环境损害赔偿制度改革实施方案》，建立完善调查评估、赔偿磋商诉讼、生态环境修复、损害鉴定评估、资金管理等规则，积极指导全省各地全面试行生态环境损害赔偿制度。

（4）生态环境空间管制制度改革全面开展

浙江省以生态保护红线为基准，编制《浙江省环境功能区划》，形成 "一个区划一张图"和覆盖全省的环境空间管制机制，实现分区差别化管理；突出一条红线管控的刚性约束，出台《关于全面落实划定并严守生态保护红线的实施意见》，划定陆域生态保护红线 2.48 万 km^2、海洋生态红线 1.41 万 km^2，陆海红线占全省陆域和管辖海域的 26%；建立健全配套措施，严控功能调整，严格禁止一切不符合主体功能区定位的开发活动。江苏省率先划定省级生态保护红线，配套出台监管考核和生态补偿办法。实施主体功能区战略，严格按照主体功能区定位推动发展，划定 16 大类 480 块国家生态保护红线区域，扎实推进"三线一单"划定工作，划定 4 208 个环境管控单元。省财政累计安排省级生态保护红线生态补偿资金 110 亿元，严格保护生态空间。

（5）自然资源资产负债表编制试点和领导干部自然资源资产离任审计试点稳步推进

浙江省先后印发实施《浙江省开展编制自然资源资产负债表改革试点工作方案》《浙江省开展领导干部自然资源资产离任审计试点实施方案》。实施完成湖州市、丽水市、开化县、桐庐县等地党政领导干部自然资源资产离任审计试点，总结梳理出 9 个审计技术方法，创新了后台数据处理、现场审计与外业踏勘核实相结合的审计模式，为正式推行此项审计工作打下了较好的基础。

13.1.3　生态环境保护力度不断加大

（1）生态环境监测网络不断完善

江苏省建立了全国最为完善的监测网络体系。形成了大气污染综合立体观测网，分布在全省城乡各区域的 207 个空气质量监测站组网运行，实现区域、指标全覆盖。水质自动监测网络实现太湖、长江、淮河三大流域全覆盖，在全国率先建成流域地表水环境监控网络，构建了先进的流域水环境监测预警体系。"天空地一体化"生态遥感监测网络初步构建，覆盖全省土壤环境质量的监测网络基本建成。

（2）生态环境治理力度不断加大

上海市近年来把生态环境保护摆在突出位置，自 2017 年以来，全社会环保投入累计超过 2 300 亿元，占 GDP 比重始终不低于 3%。浙江省历任省委、省政府主要领导都亲自担任生态省建设、美丽浙江建设领导小组组长，全省上下层层建立党委领导、政府负责、人大政协推动、部门协同、社会公众参与的生态文明建设大格局。坚持把生态环境污染整治作为突破口，坚决守住生态良好底线，打出"五水共治"组合拳，全面打响污染防治攻坚战，环境治理力度和改善幅度在全国领先。把解决人民群众反映强烈的水体"黑臭脏"问题放在首要位置，强力推进"清三河"，全省河道感官污染基本消除，全面消除劣 V 类水质断面，提前三年完成国家"水十条"下达的消劣任务；"水十条"考核在全国名列前茅。提前全面淘汰黄标车，完成所有大型燃煤机组超低排放技术改造，圆满完成 G20 峰会环境质量保障任务，率先建立清新空气（负氧离子）监测发布体系。全省生态环境发生了优质水提升、劣质水下降，蓝天提升、$PM_{2.5}$ 下降的明显变化。生态环境质量公众满意度持续提高，绿水青山成为浙江最亮丽的金名片。江苏省全面落实国务院三个"十条"，组织开展大规模的治污行动，超额完成国家下达的减排任务。抓住中央生态环境保护督察整改契机，实施力度更大、针对性更强的"263"专项行动，解决了一大批长期想解决而没有解决的突出环境问题。坚持环保整治和产业转型统筹考虑，推动"重化围江"和苏北小化工问题联动解决。出台生态环境监测监控系统、环境基础设施、生态环境标准体系 3 个基础性工程建设方案。2015—2019 年，全省累计关停退出钢铁、水泥、平板玻璃产能 1 931 万 t、水泥产能 1 755 万 t、平板玻璃产能 1 510 万 t。2018 年，关闭高能耗、高污染及"散乱污"企业 3 600 多家，关停低端落后化工企业 1 200 家以上，推动历经几轮整治都没有整治到位的灌河口化工园区彻底"脱胎换骨"。

（3）环境立法执法力度全国领先

上海市修订出台了《上海市环境保护条例》《上海市大气污染防治条例》等地方性法规和《上海港船舶污染防治办法》等市政府规章。对标欧盟等国际先进水平，制定发布了 9 项地方标准和两项技术规范，大幅提高治理要求。2018 年，上海市环保系统查处案件 3 047 件，处罚金额近 5.3 亿元，同比增长 11.07%。浙江省环境执法力度连续十多年保持全国领先，刑事打击力度位列全国首位。近年来，不断加强环境执法与司法联动体系，与公检法等部门完善了案件调查取证、移送、行政拘留等工作规程，推进环保警察队伍的组建，在全国率先实现省级层面公检法机关驻环保联络机构全覆盖，全省所有市、县实现环保公安联络室或警务室全覆盖。2017 年，全省共查处环境违法案件 18 611 件，罚款 8.05 亿元，行政拘留 727 人，刑事拘留 1 048 人，执法力度再创新高。近 5 年，江苏省人大对涉及环保方面的 10 部地方性法规进行了 12 次修改，出台《江苏省挥发性有机物污染防治管理办法》，开展水污染防治法执法检查等；严格执行新环保法，在全省范围内以生态功能区为单位设立 9 家环境资源法庭，建立环境司法联动机制和"2+N"重大环境案件联合调查处理机制，加强行政执法与刑事司法衔接，以"零容忍"态度查处环境违法行为。2018 年，江苏省立案查处环境违法案件 1.9 万件，侦办环境犯罪案件 537 件，抓获犯罪嫌疑人 1 575 人，依法查处了"辉丰案""灌河口案"等一批重大违法案件，有力震慑了环境违法分子。出台"543"工作法和现场执法"八步法"，在全国率先全面使用移动执法系统，所有执法数据均实时上传，避免人为干扰，持续提升执法规范化、精准化水平。确立环保信任保护原则，强化"环保干好干坏不一样"的鲜明导向，对 428 家守法情况好的企业，给予减少检查频次、简化项目环评程序、优先安排补助资金等激励政策；对 1 118 家环保信用好、治污水平高的企业实施环保应急管控停限产豁免，实行动态调整。

（4）生态环境监管力度不断加大

浙江省推行"区域环评+环境标准"改革，截至 2018 年，全省已实施改革的区域共 236 个，其中省级以上各类开发区 132 个、省级特色小镇 104 个。建立最严格的环境准入制度，构建空间准入、总量准入、项目准入"三位一体"和专家评价、公众评议"两评结合"的环境准入体系。推进自然生态空间用途管制试点，印发《浙江省自然生态空间用途管制试点工作方案》，选择杭州市滨江区、临安区、安吉县以及温州生态园作为自然生态空间用途管制试点。开展钱江源国家公园体制试点，印发《钱江源国家公园集体林地地役权改革实施方案》，钱江源国家公园内公益林扩面和集体林租赁工作稳步推进。江苏省针对部分地区 $PM_{2.5}$ 浓度不降反升、臭氧污染以及通航河道船舶排放、港口码头扬尘污染问题，先后开展降尘治车、溯源提质、溯源增优、江河碧空 4 个蓝天保卫战专项行动。针对常州工业园区借泄洪偷排等问题，推广水平衡、废平衡专项执法，严查偷排漏排。实施"锦囊式"暗访执法，提前打捞问题线索，制成锦囊，抵达检查地区前公布检查企业名单，直奔检查对象，确保一查一个准。

13.1.4　环境保护市场机制较为完善

（1）着力深化产权制度改革

浙江省推进水权试点，全省首批水权证正式核发，在杭州大江东产业集聚区等9个园区先行开展区域水资源论证+水耗标准管理试点。深化林权流转机制改革，创新推广多种林权抵押贷款模式，累计发放贷款超过400亿元。实施差别化土地资源要素配置政策，推进"标准地"改革，提高土地利用亩均效益。深化矿产资源有偿使用制度改革，建立矿产资源权益金制度改革协调机制。

（2）反映资源稀缺程度、生态环境治理成本的资源环境价格形成机制健全深化

浙江省实施了燃煤机组超低排放电价补偿政策，对各类可再生能源发电实施不同程度的价格补贴。对8大高能耗行业按照产业政策要求，区分淘汰类、限制类、允许和鼓励类企业，实行差别电价政策。积极推进非居民用水超计划累进加价和差别化水价政策，较大幅度提高了污水处理费标准。全面推行与四项主要污染物排放总量挂钩的财政收费制度，2017年起，按每吨3 000元收费，收缴的费用纳入省与市县财政年终结算，统筹用于生态环境保护。江苏省率先实施企业环保信用评价，配套实施差别水价电价政策；全省参评企业达3.45万家，同比增长15%，这一做法已在全国推广。

（3）健全生态补偿机制

上海市制定《上海市饮用水水源保护条例（草案）》《青浦区2009年度对部分镇实施生态补偿等专项转移支付的意见》等文件，针对饮用水水源地保护探索实施市级和区级两级生态补偿。制定《上海市生活垃圾跨区县转运处置环境补偿资金管理办法》（沪府办〔2011〕109号），探索垃圾处置环境补偿。浙江省实施《关于建立省内流域上下游横向生态保护补偿机制的实施意见》，钱塘江流域、浦阳江流域上下游地区已建立横向生态补偿机制。启动实施"绿水青山就是金山银山"财政专项激励政策，建立覆盖所有水系源头地区的生态补偿制度，已累计安排省级生态环境保护财力转移支付资金155.2亿元。江苏省在实施主体功能区战略的基础上，配套出台生态补偿办法，省财政累计安排补偿资金110亿元；率先推行水环境资源"双向"补偿，运用经济杠杆激发各地治污动力。《南京市生活垃圾大型处置设施区域生态补偿暂行办法》于2015年1月1日开始施行，探索生活垃圾处置生态补偿。浙江省与安徽省联合，在全国率先实施跨省流域水环境（浙皖新安江流域）生态补偿试点。2011年10月，财政部和环境保护部联

合印发了《新安江流域水环境补偿试点实施方案》，期限为 2012—2014 年，在浙江、安徽两省开展全国首个跨省流域水环境补偿试点工作。第一轮补偿后，流域水质得到了显著改善，2011—2013 年，新安江流域总体水质为优。2015 年 10 月，财政部、环境保护部下发《关于明确新安江流域上下游横向补偿试点接续支持政策并下达 2015 年试点补助资金的通知》，明确中央财政 2015—2017 年继续对新安江流域上下游横向生态补偿试点工作给予支持。2017 年年底，二轮试点结束，浙皖两省联合监测的最新数据显示，新安江上游流域总体水质为优；下游的千岛湖湖体水质总体稳定保持为Ⅰ类，营养状态指数由中营养变为贫营养，与新安江上游水质变化趋势保持一致。生态环境部环境规划院的专项评估报告认为，新安江已经成为全国水质最好的河流之一。为进一步巩固试点成效，目前正在启动第三轮新安江生态协同治理。

（4）排污权有偿使用和交易深入推进

上海市是国内最早探索排污权交易的城市，浙江和江苏则是国家排污权有偿使用和交易试点省份，尤其浙江，排污权有偿使用和交易累计金额占全国2/3 以上。浙江省深入推进排污权交易，排污权有偿使用和交易累计金额在全国试点省份中名列前茅。将氨氮和氮氧化物两项约束性指标纳入排污权有偿使用和交易范围。进一步完善排污权有偿使用价格体系，排污权有偿使用和交易总额持续提升，排污权配额累计成交金额达 61 亿元，约占全国 10 个试点省份总额的 2/3。江苏省率先开展排污权有偿使用和交易，发挥市场机制有效调配环境资源，全省 21 个行业基本完成排污权确权工作。从长三角区域现有试点进展来看，各地排污交易制度的主要架构基本形成，试点方案各具特色，试点领域不断拓展。[①]

（5）碳排放权交易深入推进

浙江省探索发展碳排放权交易制度和用能权交易制度，出台《浙江省碳排放权交易市场建设实施方案》和《浙江省用能权有偿使用和交易试点工作实施方案》。上海市积极开展碳排放权交易试点，全国碳交易系统落户上海；出台《上海碳排放管理试行办法》等，碳交易管理制度日趋完善，市场运行稳健，企业碳排放控制和管理意识、参与市场的能力显著提升，整体情况良好。2013—2019 年，碳交易连续 6 年实现 100%履约。2018履约年度，上海碳市场实现二级市场总成交量达 2 684.94 万 t，总成交额 2.95 亿元。其中配额成交量为 696.88 万 t，相对 2017 履约年度增长 21.79%；成交额为 2.33 亿元，相对 2017 履约年度增长 40.84%。

---

① 关于推进长三角区域主要大气污染物排污交易的建议[EB/OL]. http：//www.shszx.gov.cn/node2/node5368/node5376/node5388/u1ai98780.html.

（6）绿色金融深入发展

江苏省出台绿色金融"33条"，在全国率先推出"环保贷"，设立总规模800亿元的生态环境保护发展基金，有效解决融资难、融资贵问题。2018年，江苏省生态环境厅、财政厅、金融办、发改委等9个部门联合推出《关于深入推进绿色金融服务生态环境高质量发展的实施意见》，通过信贷、证券、担保、发展基金、保险、环境权益等10大项33条具体措施，对绿色金融的发展提出明确的方向。联合印发《江苏省绿色债券贴息政策实施细则（试行）》《江苏省绿色产业企业发行上市奖励政策实施细则（试行）》《江苏省环境污染责任保险保费补贴政策实施细则（试行）》《江苏省绿色担保奖补政策实施细则（试行）》4个文件，明确绿色债券贴息、绿色产业企业上市奖励、环责险保费补贴、绿色担保奖补等政策的支持对象、奖补金额及申请程序，推进企业绿色发展。浙江省湖州市、衢州市被国务院列为国家绿色金融改革创新试验区，要求通过建设绿色金融改革创新试验区，探索具有区域特色的绿色金融发展模式，以绿色金融服务支持地方经济的绿色转型。两年多来，试验区积累了绿色金融改革创新的一系列成功经验，包括建立绿色金融地方标准和项目库、成立绿色金融行业自律机制、建设一体化信息管理平台、创新绿色金融产品等经验做法。

13.1.5　生态环境保护意识较高

（1）广泛开展生态创建活动

浙江省充分发挥"绿水青山就是金山银山"理念发源地的优势，推进生态文明创建先行先试，率先构建绿色系列创建体系。累计建成1个国家生态文明建设示范市、10个国家生态文明建设示范县、5个国家"绿水青山就是金山银山"实践创新基地、2个国家级生态市、39个国家级生态县（市、区）、691个国家级生态乡镇，总数位居全国前列。积极推进绿色家庭、绿色学校、绿色企业、绿色矿山等"绿色细胞"创建，形成一大批国家和省级绿色细胞。江苏省累计建成国家生态园林城市5个、国家生态市县63个、国家生态工业示范园区21个、国家生态文明建设示范市县9个，数量均居全国前列；泗洪县被评为全国首批"绿水青山就是金山银山"实践创新基地。

（2）全方位推进生态文明宣传教育

上海市在上海环境网站建立"重大决策"和"民意征集"栏目，加大决策公开力度，广泛征求民意；积极推进环保一网通工作，推进"技术接入标准化""线上线下一体化""数据服务云端化""整合共享清单化"，实现以环保部门管理为中心向以用户服务为中心转变。浙江省在全国设立首个省级生态日，将6月30日设定为"浙江生态日"，省四套班子领导出席每年的"浙江生态日"系列活动。加强生态环境保护的媒体报道和新闻传播，"浙江环保"官方微博、微信影响力位居全国环保类微博、微信排行榜前列。致力构建环保统一战线，成立环保联合会，深化与环保民间组织、志愿者及公众的交流、合作和互动，支持引导民间环保组织和环保志愿者参与生态文明建设。连续开展生态环境质量公众满意度调查，公众对生态环境质量的满意度逐年上升。江苏省建立全省统一的"企业环保接待日"制度，累计帮助 1 484 家企业解决 1 658 项治理难题，建立企业环保治理需求发布平台，免费为中小企业发布需求信息，每年召开国际生态环境保护新技术大会，为企业污染治理提供支持；牵头举办"环保项目银企对接会"，促成 159 家企业 185 个项目对接合作，意向融资达 169 亿元。先后出台秋冬季大气污染防治攻坚便民服务"十二条"、畜禽养殖规范"九条"，指导地方提前做好清洁能源供应，确保群众温暖过冬，明确禁养区内畜禽养殖场在完成养殖档期后再关闭搬迁，对保护地理标志产品提出要求。

13.1.6　区域环境协作机制基础良好

（1）成立长三角区域合作办公室

自 2008 年起，长三角政府层面实行决策层、协调层和执行层"三级运作"的区域合作机制，进一步明确了区域合作新的机制框架和重点合作事项，确立了"主要领导座谈会明确任务方向、联席会议协调推进、联席会议办公室和重点专题组具体落实"的机制框架，环境保护也成为区域合作的重要专题之一。与区域合作相衔接，由各省（市）环保部门轮值牵头，负责区域大气联防联控、流域水污染综合治理、跨界污染应急处置、区域危险废物环境管理 4 个方面合作。"三级运作"的区域合作机制实际上是一个对话沟通、协商交流的机制。2018 年年初，三省一市联合组建的长三角区域合作办公室正式挂牌成立，由安徽、浙江、江苏和上海抽调的人员组建而成，办公地点在上海。长三角区域合作办公室作为三省一市共同组成的机构，带有管理职能，能够进行统筹协调。其成立是朝管理的方向迈出的关键性一步，与以前的"三级运作"机制的性质完全不一样，为区域生态环境共同保护提供了管理机构支持。主要任务是把长三角建设成为贯彻落实新发展理念的引领示范区，成为在全球有影响力的世界级城市群，成为能够在全球配置资源的亚太门户。一体化示范区建立"理事会+执委会+发展公司"三层次架构，形成"业界共治+机构法定+市场运作"的治理格局。

（2）大气和水污染防治协作机制不断完善

自 2013 年年底以来，根据国家"大气十条""水十条"的要求，长三角大气和水污染防治协作机制相继成立，组长由上海市委书记担任，副组长由三省一市政府主要领导和环境保护部（现生态环境部）部长担任，苏浙沪皖和 13 个国家部委共同参与。协作机制下设办公室，办公室主任由上海市分管副市长和生态环境部分管副部长兼任，办公室日常工作由上海市承担。到目前为止，已召开 8 次协作小组会议、9 次办公室全体会议和 30 多次各类专题会议。自 2018 年以来，根据中央对长三角一体化合作的更高要求，以打好污染防治攻坚战为核心，努力做足"联"字文章。修订了协作小组工作章程，完善了工作机制，并加强了与长三角一体化合作平台的联动协同，国家指导、地方担责、区域协作、部省协同，以协作分工为基础协同治理的工作机制基本形成（表 13-1）。

表 13-1　区域共保已有机制/平台梳理

主要领域	已有协作机制	已有协作平台	三省一市已有平台
综合协作	1）2008 年年底，召开苏浙沪主要领导座谈会 2）2018 年，成立长三角区域合作办公室 3）2018 年，签署《长三角区域环境保护标准协调统一工作备忘录》 4）印发《长三角区域一体化发展三年行动计划（2018—2020 年）》，环保为 12 个专题之一 5）印发《规划纲要》		
大气	1）2013 年，建立长三角大气污染防治协作小组；2018 年，修订协作小组章程 2）区域柴油货车污染协同治理和港口专项治理 3）2016 年起，上海、江苏、浙江两省一市率先落实船舶排放控制区 4）区域重污染天气应急联动方案 5）区域重大活动保障机制	1）2013 年，设立长三角区域空气质量预测预报中心 2）2018 年，完成长三角区域空气质量预测预报系统平台建设 3）2018 年，建成长三角区域环境气象一体化平台 4）上海牵头成立区域机动车信息共享平台，推进区域高污染车辆现行执法	
水	1）2015 年，成立长三角区域水污染防治协作小组 2）新安江跨省流域生态补偿机制 3）上海、嘉善跨区域应急水源调度 4）跨界突发环境事件应急机制	太湖流域水环境综合治理信息共享平台	南京市溧水区、高淳区和马鞍山市博望区、当涂县签订《石臼湖共治联管协议》
固体废物/危险废物	危险废物跨省转移行政审批协作机制		
科研保障		1）2017 年，国家环境保护城市大气复合污染成因与防治重点实验室通过验收 2）2019 年，成立长三角区域生态环境联合研究中心 3）组建扬子江生态文明创建中心	
信用	2018 年，签署《长三角区域环境保护领域实施信用联合奖惩合作备忘录》		

主要领域	已有协作机制	已有协作平台	三省一市已有平台
执法	1）2018 年，首创跨省水源地和大气执法互督互学的联合执法新模式 2）2018 年，签署《关于建立长三角区域生态环境保护司法协作机制的意见》		
信息共享		1）厅系统数据资源交换与共享体系 2）区域环境气象一体化平台 3）区域机动车信息共享平台 4）太湖流域水环境综合治理信息共享平台	

（3）推动长三角区域环境标准一体化

区域环境标准一体化是环境规划、环境执法一体化的基础，也是绿色发展一体化的重要保障。目前，长三角区域正在探索推动环境保护标准一体化进程。2018 年，长三角区域大气污染防治协作小组第七次工作会议暨长三角区域水污染防治协作小组第四次工作会议期间，签署《长三角区域环境保护标准协调统一工作备忘录》。建立标准一体化工作推进联络机制，梳理"十四五"标准一体化清单。2019 年 11 月，在上海召开了长三角环境标准一体化工作讨论与座谈会，三省一市生态环境厅（局）及所属环科院、监测中心、上海市市场监督管理局及华东理工大学等单位共同参加，重点交流讨论了长三角区域环境标准一体化规划和工作规程，以及初步拟定的制药工业、工业涂装、LDAR技术规范 3 个一体化标准建议。

（4）推动区域污染防治协同执法

联合开展区域大气和水源地执法互督互学，交流提升执法能力。一是完善区域污染防治互督互学工作机制。以临界地区省级以下生态环境协作机制建设为基础，完善区域污染防治互督互学工作机制。2018 年，三省一市生态环境厅（局）先后在上海、浙江嘉兴、江苏溧阳和安徽滁州等地，联合开展四轮饮用水水源地和大气污染防治执法互督互学工作。二是推进区域生态环境保护司法协作。2018 年 5 月，三省一市检察机关在皖共同签署《关于建立长三角区域生态环境保护司法协作机制的意见》，建立长三角重大环境污染案件提前介入机制，重点打击跨省倾倒固体废物的犯罪，统一生态环境保护司法尺度和证据认定标准，进一步筑牢长三角区域生态环境保护法治屏障。三是推进区域环境行政处罚自由裁量规则统一。为贯彻落实长三角区域更高水平一体化发展的要求，进一步加强区域生态环境执法协作，创新生态环境执法制度，逐步统一区域生态环境违法案件的法律适用标准和处罚尺度，推动形成统一规范、公平公正的长三角区域生态环境执法监督体系，三省一市生态环境部门根据《中华人民共和国行政处罚法》《环境行政处罚办法》《关于进一步规范适用环境行政处罚自由裁量权的指导意见》等规定，结合长三角区域实际，共同制定了《长三角区域生态环境行政处罚自由裁量基准规定（试行）》，目前正在征求意见，旨在统一区域环保领域严重失信行为认定标准、联合奖惩措施。

13.2 面临的问题和挑战

目前，长三角区域一体化主要靠规划、机制、项目推动，围绕"生态环境保护一体化"的目标，跨区域共建共享共保共治机制尚不健全，很多深层次的问题亟待解决。

13.2.1 属地管理制约区域治理体系建设

（1）区域环境治理体系缺乏系统性和协调性

我国生态环境治理实行属地管理，环保目标、环保法规、环保标准、治理措施、绩效考核等都以行政区为单位，自成体系，不协调、不一致的现象非常普遍。虽然长三角区域自 2008 年起开始推进环境保护合作，但基本以对话沟通、协同交流为主，区域合作机构缺乏权威性。具体操作层面，三省一市均以各自利益为出发点，制定相应政策、制度，政策缺乏系统性、整体性和协调性，忽视跨行政区域重要生态保护区的协同保护。目前，三省一市各自出台了近 50 项地方环境标准，在准入、排放、排污费征收等方面的标准和排放限值各不相同，直接影响了长三角区域污染联防联控的行动一致。

专栏 13-1 长三角区域污水处理厂对比分析[①]

上海市在 2016 年 4 月由上海市环境保护局和上海市水务局联合发布了"关于全市污水处理厂新建、扩建和提标改造项目污染物排放标准有关事项的通知"，要求污水处理厂尾水排放标准按不低于一级 A 的指标控制。由于上海水环境中氨氮、总磷问题突出，特此明确：向内陆水体排水且尚未建设（尚未批复认可）的污水处理厂，氨氮和总磷必须执行地表水Ⅳ类水标准，即氨氮 1.5 mg/L（水温＞12℃）和 3.0 mg/L（水温≤12℃），总磷 0.3 mg/L，同时对其他指标在建设空间布局上进行总体预留考虑。

江苏省在 2018 年 5 月发布了新版的《太湖地区城镇污水处理厂及重点工业行业主要水污染物排放限值》（DB 32/1072—2018）。太湖地区包括苏州市、无锡市、常州市，南京市溧水区、高淳区，镇江市丹阳市、句容市和丹徒区。该标准相对原 2007 版提高了太湖流域一级、二级保护区内主要水污染物（化学需氧量、氨氮、总氮和总磷）的排放限值，也提高了太湖地区其他区域内部分工业行业的废水排放限值。

浙江省在 2018 年 12 月发布了《城镇污水处理厂主要水污染物排放标准》

---

① 长三角区域污水厂提标改造怎么做？[EB/OL]. http://huanbao.bjx.com.cn/news /20191111/1019761.shtml.

（DB 33/2169—2018），对全省现有城镇污水处理厂和新建城镇污水处理厂分别提出了不同的排放标准要求，主要涉及化学需氧量、氨氮、总氮和总磷共 4 项指标。

安徽省在 2016 年 9 月发布了《巢湖流域城镇污水处理厂和工业行业主要水污染物排放限值》（DB 34/2710—2016），要求巢湖流域（包括巢湖市、肥西县、肥东县、舒城县和合肥市庐阳区、瑶海区、蜀山区、包河区的全部行政区域，以及长丰县、庐江县、含山县、和县、无为县、岳西县、芜湖市鸠江区、六安市金安区行政区域）的城镇污水处理厂执行该标准。该标准按城镇污水处理厂是现有还是新建、进水中工业废水比例是否超 50%设定了不同的排放标准。同样规定了化学需氧量、氨氮、总氮和总磷共 4 项指标。

长三角城镇污水处理厂执行标准及主要水污染物排放限值　　　　　单位：mg/L

区域	执行标准号	适用范围	化学需氧量	总氮	氨氮	总磷
上海	GB 18918—2002	全市	50	15	1.5（3）[①]	0.3
江苏	DB 32/1072—2018	太湖一级、二级保护区	40	10（12）[①]	3（5）[①]	0.3
		太湖流域其他区域	50	12（15）[①]	4（6）[①]	0.5
浙江	DB 33/1072—2018	全省现有污水处理厂	40	12（15）[②]	2（4）[②]	0.3
		全省新建污水处理厂	30	10（12）[②]	1.5（3）[②]	0.3
安徽	DB 34/2710—2016	巢湖流域进水中工业废水量＜50%的现有污水处理厂	50	15	5（8）[①]	0.5
		巢湖流域进水中工业废水量≥50%的现有污水处理厂	100	15	5（8）[①]	0.5
		巢湖流域进水中工业废水量＜50%的新建污水处理厂	40	10（12[①]）	2（3）[①]	0.3
		巢湖流域进水中工业废水量≥50%的新建污水处理厂	50	15	5	0.5

注：①括号外数值为水温＞12℃的控制指标，括号内数值为水温≤12℃的控制水温；②括号内数值为每年 11 月 1 日至次年 3 月 31 日执行。

第一，从适用范围来看，上海和浙江标准的适用范围最广，均适用于全市和全省。而江苏省的标准仅适用于太湖流域，安徽省的标准仅适用于巢湖流域。

第二，三省一市的排放标准相比较，浙江省的标准最严。新建污水处理厂的 COD、氨氮和总磷均为地表水Ⅳ类水标准，总氮按 10（12）mg/L 控制，也基本是目前国内污水处理厂的最高标准。现有污水处理厂的排放标准也在一级 A 基础上作了较大的提升。

第三，安徽省的排放标准相对宽松且对不同污水处理厂的类型做了详细区分，包括现有厂和新建厂的区分，进水中工业废水量比例是否大于50%的区分等。对于进水中工业废水量≥50%的现有污水处理厂，排放标准甚至比一级 A 标准还要宽松。

（2）行政部门间条块分割现象仍然存在①

除了行政边界对环境治理整体性的分割,还有部门间的治理体系、责任体系不顺,生态环境保护职能分散在多个职能部门。以自然保护区的保护和管理为例,长三角区域三省一市共有 174 个各级自然保护区,分属林业、环保、农业、国土、海洋等部门管理（图 13-1）。除林业部门占比高达 72.4%外,环保、国土和农业部门管理的自然保护区占比同样不低。各地生态环境保护职能分散在多个职能部门,区域环境协作首先需要在区域内部及区域之间协调多个部门的职责,无形中增加了区域环境协同治理的难度和复杂性。

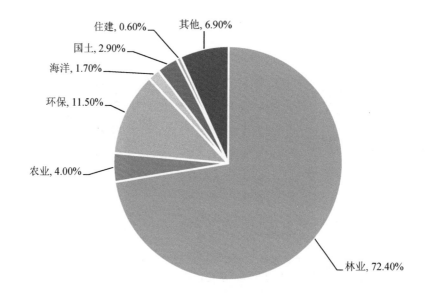

图 13-1 长三角区域自然保护区主管部门分布情况

（3）区域治理缺乏重大政策决策机制

长三角区域城市群内部的"竞争"特性导致生态环境保护标准不一致、绿色发展的意愿和诉求不一致、相关的绿色规制水平不一致等。加之三省一市尚未走出"现有行政区"藩篱,区域层面的环境与发展综合决策机制尚未形成。区域生态环境保护合作模式与区域能源、产业、交通城镇化等发展战略的融合协同不够,依靠绿色发展来实现污染源头管控有待进一步加强。具体来看,城乡布局与产业发展缺乏整体统筹设计,产业准入、污染物排放标准、环保执法力度、污染治理水平存在差异,环境管理协调不足、缺乏联动;跨行政区生态环境基础设施建设和运营管理的协调机制尚未建立,废弃物协同

---

① 张道根,李宏利,等.2018 年新时代发展的长三角[M]. 北京:社会科学文献出版社,2019:117-121.

处置性差；各自生态环境保护的权利责任界定不清晰，缺乏利益协调、合作共赢的生态补偿制度保障，难以真正形成生态环境协同保护的利益平衡。

（4）尚未建立区域环境共同治理绩效考核机制

多年来，GDP 数据是地方政府主要的政绩考核指标，部分地方政府官员在具体落实执政政策时，往往会结合政绩追求。区域生态环境治理的高成本投入和回报长期性与官员自身追求的显著政绩间存在冲突和矛盾，加之生态环境治理的负外部性，部分官员可能会对生态环境共同保护治理持消极态度。目前，区域层面正在编制生态环境共同保护规划，将设定共同保护目标。但若不建立区域环境共同治理绩效考核机制，压实共同保护的责任，规划的落地实施成效将难以保证。

13.2.2　经济发展差距影响环境共保合力

（1）区域经济社会发展差距导致环境诉求不一

长三角区域各省（市）经济发展水平差距大，区域发展不平衡不充分的矛盾依然突出。整体来看，2018 年，上海、江苏、浙江、安徽人均 GDP 分别为 13.50 万元、11.52 万元、9.86 万元、4.77 万元（图 13-2），差距明显；分城市看，2018 年长三角区域人均 GDP，最高的城市是最低城市的 8 倍，仅有 17 个城市的人均 GDP 高于区域平均水平。因此，长三角各地区的资源禀赋、产业结构、经济基础和环境基础状况有很大差异，存在的生态环境问题各不相同，对区域经济发展和环境质量改善的理解和需求并不一样，既有以追求美好的生态产品为主要目标和任务的地区，也有以加大污染减排力度为主要目标和任务的地区。环境诉求的区域差异明显，使得形成共同的目标导向、责任分工与协作机制，难度较大。

（2）区域经济社会发展差距导致环保投入能力不一

在空间分布上，沪宁、沪杭和杭甬沿线地区经济发展水平较高，与中部省区毗邻地区经济社会发展相对落后。其中，上海、杭州、苏州、无锡等城市经济发展在长三角区域处于领先水平，具有极强的环境治理资源投入和配置能力。安徽大部分城市经济实力相对较弱，与沿海沿江城市具有一定差距。区域经济发展差距使得各地区的环保投入能力不同，各地环境管理的技术手段参差不齐，环保系统能力建设的差距较大，部分地区环境监测等基础设施布点不足，并且没有实现有效的互联共享，给区域环境决策带来难度。

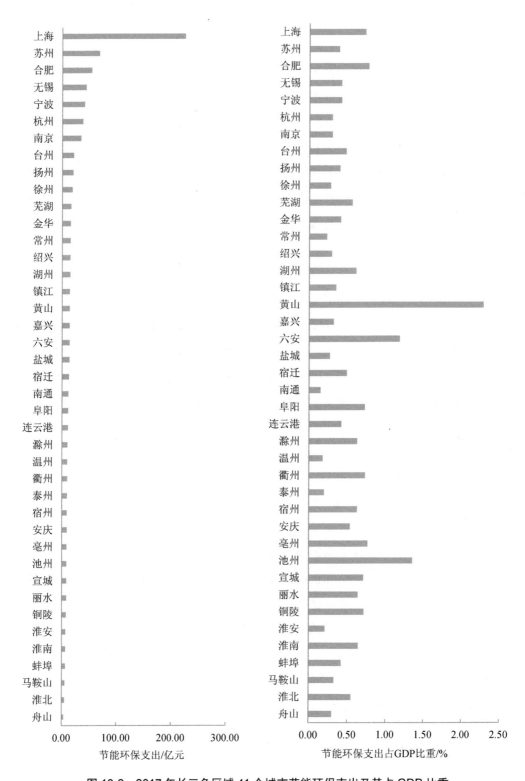

图 13-2　2017 年长三角区域 41 个城市节能环保支出及其占 GDP 比重

13.2.3　区域生态环境共同保护力度不足

（1）生态环境保护与绿色发展的协同有待加强

未来几年仍是我国推进城镇化的重要阶段，也是长三角建设世界级城市群的关键时期。由于区域内部各地市处于不同的发展阶段，经济社会发展过程中所积累下来的环境问题类型多样、成因复杂，并表现出一定的空间重叠特征。长三角既要解决区域性雾霾、流域水污染、生态退化等传统的生态环境问题，还要应对气候变化、生态安全、城市水安全、优质生态产品供给等生态环境保护新形势和新要求，加大了区域生态环境保护治理的难度。生态环境一体化与经济社会一体化发展密不可分，越来越多地依靠绿色发展来实现污染源头管控，也需要在更大的合作领域实现跨区域的利益平衡和交换。在区域层面上，目前生态环境保护的合作模式与区域能源、产业、交通城镇化等发展战略的融合协同还需进一步加强。

（2）生态环境共保联治机制有待进一步强化

长三角区域在大气污染防治协作机制和区域水污染防治协作机制建设方面积累了丰富的经验，各省（市）在多个环保领域达成合作共识并进行具体的合作部署，定期研究区域环保合作重大事项，不断推动区域环境保护合作进程，并取得了明显成效。但是，长三角区域大气和水污染协作机制总体上还较为松散，主要是非制度化的区域环境合作协调机制，在应对环境合作问题时，区域间一般采取集体磋商或应急联络形式，没有固定的谈判机制，在涉及实质性利益问题时存在无法进行实质性操作的可能，对于区域环境质量协同治理的深层次开展作用有限，影响了区域整体环境绩效的提升。在水方面，与大气相比，更依赖于流域上下游的协同配合，归根结底是区域发展和利益平衡问题。如水源地的风险防控问题，长三角区域饮用水水源地临江、河、湖而设，沿江重化工布局、排污口设置以及水运航道等，稍有管控疏失就会影响水源地水质，存在安全风险。又如流域水质同步改善问题，随着长三角城市群快速发展，上下游水质的联动影响更为明显。再如上下游水体功能保护目标协调性问题，如太浦河，上游江苏把它作为泄洪通道，下游上海连着水源地，在功能、标准、管理上存在不协调的问题。在固体废物方面，各类废物管理分割明显，城市间缺乏协同处置联动机制，基本上都立足于自身行政职能和本地利益，尚未形成统筹规划，跨区域、跨部门的监管协作机制尚未建立。固体废物跨省转移审批流程多，耗时长，效率低，且监管力量薄弱，易形成监管盲区。地方调研过程中也发现，尽管苏浙沪有固体废物、危险废物处置需求，安徽一些企业有处置产能，但由于政府固体废物、危险废物跨区域转移合作空间未打开，致使处置需求和处置产能不匹配。在生态保护和近岸海域污染治理方面，尚未形成有力的共保共治机制。

（3）成本共担、利益共享的生态补偿机制有待建立完善

区域之间双向生态补偿机制等成本共担、利益共享的协作机制有待进一步完善。太湖、淮河等诸多重要水域还没有建立有效的生态补偿机制，协同防治的责任共担机制难以落到实处。以太湖流域为例，随着太湖水质的改善，沪浙对太湖取水要求也不断加大。目前，沪浙太湖取水总规模达 436 万 t/d，根据水利部太湖局水量分配方案，远期规划达 865 万 t/d。而自 2007 年太湖水危机暴发以来，江苏省设立每年 20 亿元省级专项资金，引导地方开展太湖治理工作。治太 12 年以来，江苏各地投入治太资金总额超 2 000 亿元。下阶段，太湖清淤、捞藻、水资源调度以及提标改造投资较大，高强度投入难以为继。随着下游上海、浙江对太湖取水需求的剧增，下游地区享受太湖治理成果的同时，如何开展生态补偿、共同承担治太责任至关重要。

（4）生态环境监管执法保障能力有待提高

首先，区域现有环境执法标准不一，《长三角区域生态环境行政处罚自由裁量基准规定（试行）》尚在征求意见阶段，区域内一定程度上存在"同案不同罚"的情况。其次，生态环境执法涉及部门多，职责分割严重，缺乏协调，分散执法观念根深蒂固，整合难度较大。再次，生态环境监管执法能力呈现"倒金字塔"特征，越到基层，力量不足的问题越突出，"小马拉大车"现象未得到根本改观，在社会基层出现比较严重的生态环境治理失效。

13.2.4　区域市场培育体系尚有发展空间

（1）市场化机制有待健全

政府和市场关系尚未理顺。在生态环境保护中，政府和市场职能错位，行政管制的手段和措施应用多，市场调节、社会管理的手段和措施应用少，没有形成良好的公共管理或者治理结构所需要的制度体系。相比苏浙沪市场先发、机制先行的优势，市场在环境资源配置中的激励约束作用尚未有效发挥。尽管近年来在污水处理厂、垃圾焚烧厂等领域推广政府与社会资本合作（PPP）模式，取得了一些成效，但总体上，公益性项目的生态环境保护资金仍主要依赖财政投入，金融产品和服务创新还不够，使用者付费和吸引社会资本投入的盈利机制还比较缺乏。一些地方还没有建立起建制镇污水处理收费机制，严重影响污水处理设施正常运行。第三方运营、第三方检测等机制还不够完善，环保社会化、市场化步伐有待进一步加快。

（2）尚未形成区域排污权、碳排放权交易市场[①]

区域之间的排污权、碳交易等公共资源交易市场各自独立，尚未激发出市场主体参与的积极性。各地排污权交易方案各具特色，关于总量控制目标的设定囿于原有行政区划的分割，排污权指标无法自由流通，导致交易范围、流动性、交易规模受限。目前以地方治理为主，区域条块联动尚未形成，各地在推进排污权交易过程中存在"重初始分配，轻交易""重有偿使用，轻二级市场建设"等问题，难以发挥市场机制在环境资源配置中的积极作用。

13.2.5　多元主体共同参与机制尚未建立

部分地区部门监管责任落实不到位。各级领导干部绿色政绩观还没有牢固树立，有时存在形式上重视、行动上不重视，上级要求的重视、没有要求的就不重视，领导关注的重视、领导不关注的不重视，时而重视时而忽视、时紧时松等现象。所以，从现实情况看，共抓环境保护还没有达到像抓平安维稳、安全生产那样的重视程度。同时，生态环境保护工作综合性强，职能交集多，多头管理问题突出，存在责任主体不明晰、职责交叉等问题，加上部门协作机制不健全，日常管理存在监管缺位和职能错位的现象。

企业的自觉守法意识淡薄。部分企业经营者的环境索取意识远高于社会责任意识，守法治污的自觉性不足。一些企业受经济利益驱动，铤而走险，超标排放，甚至存在私设暗管偷排漏排、非法倾倒危险废物等恶意违法行为。2014 年，温州市中金岭南科技环保有限公司多次向瓯江倾倒化学污泥，数量达 4 200 t，造成严重环境污染，11 名涉案人员被依法判刑，企业危险废物经营许可证被依法吊销。2016 年年底，嘉兴海盐、海宁分别有 2 000 t 和 900 t 生活垃圾在外运安徽、江苏途中，被不法中间商倾倒在长江水域，社会影响恶劣。

公众参与引导机制有待深化。政府环境信息公开还不能满足群众的知情需求，环境质量、环境评价、环境执法等信息公开的广度、深度有待提高，企业主动公开环境意识不强。生态环境领域自律自治的治理机制仍有待加强，公众对环境质量的要求与自身环保自觉意识之间存在差距，对生态环境保护的关注大多停留在与自身利益相关的层面，自觉参与、主动践行环保的责任意识仍比较薄弱。环保社会监督机制还不够健全，环境公益诉讼尚处于起步阶段，对环保社会组织培育引导仍显不足。

13.2.6　区域生态环境治理能力有待提升

（1）尚未形成统一的生态环境监测体系

从生态环境监测能力上看，存在着精细化支撑不够、监测网络规划布局不统一、信息公开与共享不充分等问题。从环境质量、污染源和执法监测，转变到生态单元、生态功能和生态系统监测，技术体系与技术能力亟须提升。农业、水利、自然资源等部门为支撑本部门业务工作，也开展了一些环境监测活动，但由于缺乏统一规划布局，不同部门间职能、职责、监测网络均有一些重叠、交叉，造成有限资源的浪费且存在数据"打架"等问题。

（2）区域生态环境数据共享机制尚未完全建立

由于各地政府存在利己主义思想，有效的信息交流在合作治理过程中不能进行，区域间可能存在竞争利益关系而导致信息孤岛现象发生，造成环境治理信息碎片化。从当前看，我国跨区域生态环境治理共享机制尚不健全。具体到长三角区域内，虽然在部分生态环境协作领域内建成了区域地级城市空气质量预报信息平台、环境气象一体化平台、区域机动车信息共享平台、太湖流域水环境综合治理信息共享平台等，但尚未建立区域内统一的生态环境信息共享平台，在区域生态环境质量监测、生态保护监测、固体废物、危险废物处置、环境风险源排查、环境应急、环境执法等领域尚未实现数据共享，生态环境管理信息化水平有待进一步提高。

13.3　总体要求

13.3.1　总体思路

推进长三角生态环境治理体系和治理能力现代化是建设绿色美丽长三角的关键所在，是区域生态文明建设的根本保障。长三角区域生态环境治理现代化建设应坚持以习近平生态文明思想为指导，践行"绿水青山就是金山银山"的理念，贯彻"山水林田湖草是生命共同体"的思想，以改善提升区域生态环境质量为核心，紧扣区域生态环境共建共享共保共治机制存在的障碍和生态环境领域一体化的建设需求，强化制度创新和体制机制改革，推进区域环境协同监管，搭建生态环境信息共享平台，落实各类主体责任，提高市场主体和公众参与的积极性，形成区域生态环境保护大格局，建设现代化、一体化环境治理体系的先行区和示范区。

13.3.2　总体目标

综合考虑国家 2035 年基本实现国家治理体系和治理能力现代化的总体要求，以及《规划纲要》中 2025 年生态环境领域基本实现一体化发展的目标，基于三省一市生态环境治理现代化建设基础和区域先行、示范的定位，区域近期、中期、远期生态环境治理现代化目标如下：

近期，到 2025 年，区域生态环境保护工作基本实现一体化，全面建立区域一体化生态环境保护体制机制，环境污染联防联治机制和生态环境协同监管体系有效运行，生态补偿机制更加完善，区域生态环境治理现代化水平走在全国前列，上海生态环境治理体系和治理能力现代化初步实现。

中期，到 2030 年，区域生态环境治理现代化水平不断提升，上海生态环境治理体系和治理能力现代化基本实现，浙江省、安徽省、江苏省生态环境治理体系和治理能力现代化初步实现。

远期，到 2035 年，区域一体化生态环境保护体制机制更加完善，率先建成国家生态环境治理现代化的示范区，为绿色美丽长三角建设提供制度和能力保障，为全国其他区域推进治理体系和治理能力现代化探索有益经验。

13.4　重点任务措施

充分利用长三角监管基础较好、市场化氛围浓、创新要素集聚等优势，总结推广提升既有的改革做法，在统一标准、统一执法、信息共享、绿色金融、环境信用等方面重点突破；在责任机制上创新完善，以多元政策奖优惩劣、奖先惩后，激励各方主动作为、树立更高标准。

13.4.1　创新法规政策

（1）加强区域生态环境立法合作

目前，三省一市没有统一的生态环境立法机关，应通过立法层面合作推进区域环境治理法律法规层面的协同。一是由长三角区域合作办公室牵头，三省一市全面梳理现行生态环境保护法规规章中与加快推进长三角区域生态环境保护一体化不相适应或有冲突的规定，以共同解决区域重大环境问题为出发点，编制区域环境立法行动方案。二是在长三角区域层面，建立地方人大、政府生态环境保护法律法规制修订沟通协商机制，加强地方立法规划、年度立法计划和具体立法项目协作，探索地方人大执法检查工作协同机制，为长三角一体化高质量发展提供有力的法治保障。

（2）加强区域生态环境标准协同

三省一市各自出台了近 50 项地方环境标准，在准入、排放、排污费征收等方面的标准和排放限值各不相同，直接影响了长三角区域污染联防联控的行动一致。在区域生态环境保护一体化进程中，推进生态环境标准协同，完善区域标准统一研究、立项、发布、实施机制是破除生态环境共建共享共保共治机制存在障碍的一项基础性工作。一是率先开展环淀山湖、太湖、千岛湖等重点区域环境标准统一管理，到 2025 年，力争一体化示范区环境标准基本实现统一。二是基于现有"十四五"一体化研究可行性标准目录清单，以"共同的环境质量目标和经济结构调整导向"和"共同的污染防治攻坚问题和联防联控技术需求"为原则，同时考虑区域经济结构差异化、环境治理步序差异化，开展现有环境准入、污染排放、清洁生产和绿色产品等标准评估，共同研究制定《长三角区域生态环境保护标准一体化建设规划》，明确生态环境标准一体化推进的顶层设计，制定标准一体化建设工作规程，以重点行业大气和水污染物排放标准以及行业污染管控技术规范为重点，加快推进区域生态环境保护标准协调统一。三是率先启动内河港口、船舶生活污水接收处置相关规范标准和船舶尾气排放标准研究，启动船舶氮氧化物控制区研究，积极推动区域内河低压岸电接口标准统一。

（3）探索制定区域环境协同治理绩效考核机制

由于缺乏整体性设计和有效的沟通协调机制，特别是缺乏有效的绩效考核机制，当前，跨行政区生态环境协同治理效果需要继续提高。建立科学的跨行政区生态环境治理绩效评估和问责制度。对治理结果的科学奖惩，是促使目标任务顺利完成的重要保障措施。[1]为了提升长三角区域环境协同治理效率，需要建立健全长三角区域环境协同治理绩效考核与问责机制。通过构建长三角区域环境协同治理绩效评估体系，评价各地方政府环境协同治理能力、行为、绩效，切实提升长三角各地区环境协同治理绩效水平。

13.4.2　加强共保联治

（1）健全区域生态环境保护协作机制

统筹构建长三角区域生态环境保护协作机制，协同推动区域生态环境联防联控。研究解决跨区域、跨流域生态环境保护重大问题，推动重大政策实施、区域合作平台与合作机制建设，加强对一体化示范区生态环境保护和建设的指导。创新区域协作机制，强化规划、标准、监测评价、监督执法等方面协调统一。研究出台配套政策，加强协作机制运行保障。成立长三角区域生态环境保护专家委员会，强化绿色长三角论坛的作用。

---

① 司林波. 跨行政区生态环境协同治理——基于目标管理理论的视角[J]. 中国社会科学学报，2018.

健全信息公开渠道，建立基层生态环境听证会制度，完善健全社会公众和利益相关方参与决策机制。

（2）推动跨界水体共保联治

充分发挥相关流域管理机构作用，强化水资源统一调度、涉水事务监管和省际水事协调。推动跨界水体环境治理与水生态修复，继续实施太湖流域水环境综合治理。共同制定长江、新安江—千岛湖、京杭大运河、太湖、巢湖、太浦河、淀山湖等重点跨界水体联保专项治理方案，开展废水循环利用和污染物集中处理，建立长江、淮河等干流跨省联防联控机制，全面加强水污染治理协作；加强港口船舶污染物接收、转运及处置设施的统筹规划建设、统一监管与统一执法。

（3）全面深化固体废物、危险废物协同管理

一是执行统一的固体废物、危险废物防治标准。加强联防联治，落实危险废物产生申报、规范储存、转移、利用、处置的一体化标准和管理制度。二是加强监管危险废物跨区域的转移。加强危险废物协作处置，积极推行跨省转移网上审批制度。推动长三角区域省级固体废物管理系统数据互通，全面运行危险废物转移电子联单，加快健全生活垃圾、工业废物、危险废物一体的信息化监管体系和跨区域非法倾倒监管联动机制。实施固体废物源头可追溯机制，依托物联网及信息化手段，全生命周期及全程严格监管固体废物跨区域转移行为，落实跨区域固体废物、危险废物处置补偿制度，完善固体废物跨区域非法倾倒的快速响应处置机制。三是统筹规划固体废物处置设施建设，建立跨区域固体废物处置设施生态补偿机制，实现固体废物设施共建共享。

（4）加强生态空间共同保护

加强省际跨界区域生态保护红线、生态屏障（皖西大别山区和皖南—浙西—浙南山区）、生态廊道及重要生态功能区的生态共同保护，以及省内、地市之间，跨界重要生态功能区之间的生态共同保护。探索跨区域生物多样性协同保护机制，建立跨区域省、市、县、乡镇多级联动机制，深化区域生物多样性保护协同监管，建立区域生物多样性联保联管机制和预警应急体系。

13.4.3　健全市场机制

（1）积极探索完善跨流域、跨区域的生态补偿机制

一是健全跨流域、跨区域生态补偿机制。进一步研究新安江流域生态补偿机制，实施新安江第四轮生态补偿，推动共建新安江—千岛湖生态补偿试验区，探索由资金"输血式"补偿向多元"造血式"补偿的转变模式。在总结新安江生态补偿、浙江生态省建设补偿、巢湖流域生态补偿等经验的基础上，探索太湖流域、长江流域等生态补偿机制，

实现开发地区、受益地区与保护地区横向生态补偿机制。二是探索跨区域固体废物处置生态补偿机制。总结上海、南京、杭州垃圾处置生态补偿经验，探索区域内固体废物处置生态补偿机制，明晰补偿标准。在此基础上，扩展到其他类型固体废物，涵盖一般工业固体废物、工业危险废物、生活源危险废物等。三是积极推动海洋生态补偿。研究建立海洋生态环境损害赔偿责任制度，积极鼓励地方开展多元化海洋生态补偿试点探索，引导沿海地区探索生态补偿模式，通过税收优惠、绿色信贷等方式推进海洋生态补偿工作。

（2）培育一体化生态环境保护市场

一是培育一体化环保产业市场。充分利用长三角区域民营企业集中、市场经济活跃等优势，探索建立区域统一的固体废物处置、生态环境监测、环境基础设施建设运行的市场，加大对龙头企业的培养，形成强大的环保产业支撑。探索区域环保产业科技创新融合的新模式与新途径，加强生态环境保护产业协作创新。二是建设区域排污权交易体系①。建议将上海、江苏、浙江、安徽三省一市统一纳入排污权交易试点范围，统一区域 MRV（监测、报告、核查）体系，初始排污权及配额的分配以统一规则下的排污许可证核发为基础，突破原有行政区划边界，允许排污权指标自由流动，充分发挥市场作用。三是加强长三角碳交易市场能力建设。依托已经落户上海的全国碳交易系统，以发电行业为突破口，完善区域碳排放权交易制度，逐步扩大参与碳市场的行业范围和交易主体范围，增加交易品种，加强区域碳交易市场建设，积极推进和参与全国碳排放交易市场建设工作。四是推进区域公共资源交易。鼓励金融机构开发基于环境权益的抵（质）押融资产品。充分发挥国家公共资源交易平台作用，统筹自然资源、环境资源、公共资源的管理，规范市场交易行为。探索实行公共资源的公开竞价及拍卖方式，形成价格水平随供求关系波动的市场化定价机制。研究建立区域公共资源交易规则和工作机制，推进信息、场所、专家等资源共享。五是推行市场化环境治理模式。创新企业运营模式，在市政公用领域，大力推行特许经营等 PPP 模式；在工业园区和重点行业，推行环境污染第三方治理模式，积极推广燃煤电厂第三方治理经验。推行综合服务模式，推动政府由过去购买单一治理项目服务向购买整体环境质量改善服务转变；鼓励企业为流域、城镇、园区、大型企业等提供定制化的综合性整体解决方案；在生态保护领域，探索实施政府购买必要的设施运行、维修养护、监测等服务。

（3）探索实现生态产品价值的机制

目前，科学评价生态产品的技术和核算体系还未形成，使得生态服务市场交易制度、

---

① 农工党上海市委. 关于推进长三角区域主要大气污染物排污交易的建议[EB/OL]. http://www.shszx.gov.cn/node2/node5368/node5376/node5388/u1ai98780.html.

生态转移支付制度、生态补偿制度、环境污染责任保险等促进生态产品价值实现的制度机制的建立缺乏科学依据。以生态产品产出能力为基础，建立生态资源价值评价体系，研究形成森林、流域、湿地、海洋等不同类型生态系统服务价值的核算方法和核算技术规范，建立地区实物账户、功能量账户和资产账户，并将有关指标作为实施地区生态补偿和绿色发展绩效考核的重要内容。支持丽水开展生态产品价值实现机制试点，建立生态产品价值科学核算体系，培育生态产品交易市场。

（4）完善绿色金融体系

一是设立长三角区域绿色发展基金。整合三省一市现有各种绿色发展基金，推进设立长三角区域绿色发展基金，三省一市政府共同出资，突出财政资金的综合统筹、优化使用，也可引入社会资本，突出资本市场的引入。在区域绿色发展基金框架下，根据区域共保需要，设立太湖基金等子基金。二是健全绿色资本市场。健全绿色信贷指南、企业环境风险评级标准、上市公司环境绩效评估等标准和规范，构建区域绿色项目库，推广"绿色优先，一票否决"的管理原则，禁止向不符合绿色标准的项目发放贷款。鼓励企业、金融机构发行绿色债券，募集资金主要用于支持生态修复、污染治理、绿色产业发展等领域。实施绿色金融激励政策，强化财政税收政策与绿色金融的协同，建立绿色投融资财政支持机制，对绿色金融活动给予税收优惠；出台支持绿色债券的财政激励政策，补贴绿债发行。推动开展区域船舶环境污染强制责任保险。三是完善绿色金融实施的信息机制。打通企业环境信用信息在银行金融等相关部门间的数据壁垒，在排污许可证信息系统平台的基础上，实现银行金融部门即时共享企业和工业园区环境信用数据，鼓励银行金融机构设立绿色金融数据中心。

13.4.4　推进协同监管

（1）推动生态环境执法一体化建设

一是统一标准。在征求意见的基础上，尽快出台《长三角区域生态环境行政处罚自由裁量基准规定（试行）》，共同研究制定区域生态环境保护执法工作规范，避免"同案不同罚"。二是联合行动。强化区域间生态环境保护执法司法协作，完善区域间生态环境保护执法互督互学长效机制。借鉴中央生态环境保护督察模式，针对长江、新安江等重点流域开展区域互督互查。探索建立跨区域生态环境保护、公安交管部门联合执法机制。完善生态环境保护综合执法机关、公安机关、检察机关、审判机关信息共享、案情通报、案件移送制度，推进环境保护执法机关、公安机关、检察机关等部门在内的信息共享。

（2）搭建区域生态环境保护信息共享平台

一是搭建平台。依托三省一市政府建设的数据统一共享交换平台，整合区域内各类政府部门环境管理平台，逐渐形成区域内生态环境保护大数据共享平台，支撑长三角生态环境综合决策。二是利用大数据实现智慧智能监管。长三角区域内科研机构集中，数字经济发达。在搭建生态保护信息共享平台的基础上，加大生态环境监测网络及信息基础能力建设投入。利用新一代信息基础设施建设和智能智慧应用的契机，加强生态环境保护大数据分析应用，提高生态环境监测、预报、预警等信息化能力建设水平，完善区域生态环境信息公开机制，实现区域生态环境保护智慧智能监管。

（3）推进区域环境信用管理一体化

企业信息披露和信用评价制度是推进区域环境信用管理一体化的基础。一是三省一市建立覆盖所有涉污企业的生态环境信息强制性披露制度。先期建立和完善上市公司和发债企业强制性环境信息披露制度，明确生态环境信息强制性披露的覆盖领域、责任主体、披露范围、披露形式、披露内容、规范标准、配套体系等，形成相应的管理体系和技术体系、信息鉴别与应用体系，争取"十四五"期间，建立覆盖所有涉污企业的生态环境信息强制性披露制度。二是健全环境信用评价制度。基于信息披露建立企业环境信用评价制度，设计评价标准与准则，引入第三方评价机构，分级建立企业环境信用评价体系，完善企业环境信用评价和违法排污黑名单制度，将环境违法企业纳入"黑名单"，将其环境违法信息记入社会诚信档案，并向社会公开。

（4）深化区域环境科技攻关

一是坚持联手攻关，积极建设长三角区域生态环境联合研究中心，推动建设三省一市分中心，共同推动科研资源共享、人才培养、技术成果转化等科技合作。二是加强大气和水等相关领域重点项目联合研究。加强太湖蓝藻治理研究，推进区域内有毒有害物质、臭氧前驱物、恶臭物质治理等联合技术研究。开展重大科技课题研发，提高科学化、精准化治理水平，提高管理效益。三是通过技术手段，有效促进绿色生产和绿色消费，强化生态环境治理的技术产业支撑。四是充分依托国家和长三角区域科研力量，形成更有效的科研攻关分工与合作，加快打造创新策源高地。

13.4.5　形成共保格局

（1）提升全民参与环境治理的意识和能力

三省一市积极宣传、大力弘扬社会主义生态道德文化，从中华传统文化中发掘天人合一、道法自然、万物和谐的生态历史文化。强化微信、微博、手机客户端等网络平台宣传方式，完善绿色传播网络，探索建立基于大数据和"互联网+"的生态环境保护宣教新模式，普及生态环境保护知识。畅通参与方式，广泛动员人民群众共同参与，提高公众参与度，提高公众的环境责任感。加强法律对环保组织的行为约束与保障，规范引导环保组织与社会公众、政府部门相互协作配合，发挥社会环保组织的治理力量。形成党委领导、政府主导、企业实施、社会参与的大生态环境治理格局。

（2）率先实施人民环保监督员制度

三省一市完善人民环保监督员选拔机制，确保人员的广泛有效参与。加大对人民环保监督员的宣教力度，从平台、经费等方面积极鼓励监督员主动作为。建立百分之百回应、百分之百落实的"双百"监督，保护监督员的主动性。加大与微博、微信等新时代自媒体、平台的结合创新程度，利用大数据、"互联网+"、物联网、云计算等多种方式和渠道放大人民环保监督员的作用，更好地发挥人民环保监督员制度的效能。

（3）开展绿色生活创建

三省一市深入实施节能减排全民行动、节俭养德全民节约行动，广泛开展节约型机关、绿色家庭、绿色学校、绿色社区创建活动，推广绿色出行，把建设美丽中国、美丽长三角转化为全体人民的自觉行动，推动全社会践行绿色生活、绿色消费，形成低碳节约、保护环境的社会风尚。

参考文献

[1] American Council for an Energy-Efficient Economy. State and Local Policy Database-San Francisco[DB/OL]. https：//database.aceee.org/city/san-francisco-ca，2020 .

[2] Huang Y，Ma Y G，Liu T，Luo M. Climate Change Impacts on Extreme Flows Under IPCC RCP Scenarios in the Mountainous Kaidu Watershed，Tarim River Basin[J]. Sustainability，2020，12（5）：2090.

[3] Jetoo，S.，Thorn，A.，Friedman，K.，Gosman，S.，& Krantzberg，G. Governance and geopolitics as drivers of change in the Great Lakes-St. Lawrence basin [J]. Journal of Great Lakes Research，2015，41，108-118.

[4] Jia T，Zhang X，Dong R. Long-Term Spatial and Temporal Monitoring of Cyanobacteria Blooms Using MODIS on Google Earth Engine：A Case Study in Taihu Lake[J]. Remote Sensing，2019，11（19）：2269.

[5] Jianyi，Lin，et al. Scenario analysis of urban GHG peak and mitigation co-benefits：A case study of Xiamen City，China[J]. Journal of Cleaner Production，2018，171：972-983.

[6] London City Hall. Climate change. https：//www.london.gov.uk/what-we-do/environment/climate-change.

[7] London City Hall. What is the new London Plan？[EB/OL]. https：//www.london.gov.uk/what-we-do/planning/london-plan/new-london-plan/what-new-london-plan，2020.

[8] London Climate Change Partnership[EB/OL]. http：//climatelondon.org/，2020.

[9] San Francisco Department of the Environment. San Francisco Climate Milestones[EB/OL]. https：//sfenvironment.org/climate-milestones，2020.

[10] Su B D，Zeng X F，Zhai J Q，Wang Y J，Li X C. Projected precipitation and streamflow under SRES and RCP emission scenarios in the Songhuajiang River basin，China[J]. Quaternary International，2015，380–381，95-105.

[11] Wang J R，Hu L T，Li D D，Ren M F，Karacostas T. Potential Impacts of Projected Climate Change under CMIP5 RCP Scenarios on Streamflow in the Wabash River Basin[J]. Advances in Meteorology，2020（4）：1-18.

[12] Wang Q，Xu Y P，Wang Y F，Zhang Y Q，Xiang J，Xu Y，Wang J. Individual and combined impacts

of future land-use and climate conditions on extreme hydrological events in a representative basin of the Yangtze River Delta，China[J]. Atmospheric Research，2020，236，104805.

[13] Xing S，Ma J. Application of traditional water conservancy wisdom in the landscape of Suzhou Grand Canal[C]//IOP Conference Series：Earth and Environmental Science. IOP Publishing，2019，349（1）：012029.

[14] Zhang Y，Liu X，Qin B，et al. Aquatic vegetation in response to increased eutrophication and degraded light climate in Eastern Lake Taihu：Implications for lake ecological restoration[J]. Scientific reports，2016，6：23867.

[15] Zhang Y，Ma R，Liang Q，et al. Secondary impacts of eutrophication control activities in shallow lakes：Lessons from aquatic macrophyte dynamics in Lake Taihu from 2000 to 2015[J]. Freshwater Science，2019，38（4）：802-817.

[16] Zhang Y，Qin B，Zhu G，et al. Profound Changes in the Physical Environment of Lake Taihu From 25 Years of Long‐Term Observations：Implications for Algal Bloom Outbreaks and Aquatic Macrophyte Loss[J]. Water Resources Research，2018，54（7）：4319-4331.

[17] Zhu M，Paerl HW，Zhu G et al. The role of tropical cyclones in stimulating cyanobacterial（Microcystis spp.） blooms in hypertrophic Lake Taihu，China. Hamful Algae，2014，39：310-321.

[18] 安徽省人民政府办公厅. 安徽省 2014-2015 年节能减排低碳发展行动方案[EB/OL]. https：//www.ah.gov.cn/szf/zfgb/8128171.html，2014-12-09.

[19] 安徽省人民政府办公厅. 大力倡导低碳绿色出行的指导意见[EB/OL]. http：//www.ah.gov.cn/public/1681/7946221.html，2015-01-13.

[20] 安徽省人民政府. 安徽省土壤污染防治工作方案[EB/OL]. https：//www.ah.gov.cn/public/1681/7928461.html，2017-01-11.

[21] 白栋. 特大城市低碳空间策略的经验借鉴——以伦敦、东京、纽约为例[J]. 南方建筑，2013（04）：13-17.

[22] 白音包力皋，许凤冉，高士林，邓欢欢，商栅. 日本琵琶湖水环境保护与修复进展[J]. 中国防汛抗旱，2018，28（12）：42-46.

[23] 陈洁敏，赵九洲，柳根水，孔翔. 北美五大湖流域综合管理的经验与启示[J]. 湿地科学，2010，8（02）：189-192.

[24] 陈丽娜，吴俊锋，凌虹. 基于水生态健康的太湖流域工业结构调控对策研究——以宜兴区域为例[J]. 安徽农学通报，2018，24（02）：56-59.

[25] 陈维肖，段学军，邹辉. 大河流域岸线生态保护与治理国际经验借鉴——以莱茵河为例[J]. 长江流域资源与环境，2019，28（11）：2786-2792.

[26] 陈亚华，黄少华，刘胜环等. 南京地区农田土壤和蔬菜重金属污染状况研究[J]. 长江流域资源与环境，2006，15（3）：356-360.

[27] 成沥. 淀山湖年际水质评价及变化趋势分析[J]. 环境与发展，2019，31（07）：149-150.

[28] 初晓波. 日本的低碳城市建设——以东京都为中心的研究[C]. 北京市社会科学界联合会. 转变经济发展方式 奠定世界城市基础——2010 城市国际化论坛论文集. 北京市社会科学界联合会：北京市社会科学界联合会，2010：197-207.

[29] 船舶大气排放控制措施选择决策方法研究[R]. 上海海事大学中国（上海）自贸区供应链研究院，2018-11.

[30] 崔晶，马江聆. 区域多主体协作治理的路径选择——以京津冀地区气候治理为例[J]. 中国特色社会主义研究，2019（01）：77-84+108.

[31] 戴晶晶，尚钊仪，李昊洋. 太浦河跨界合作管理模式研究[J]. 水资源护，2016，32（01）：142-147.

[32] 董爱平，金彬，王笑等. 宁波市近郊蔬菜产区土壤环境质量研究[J]. 商品与质量，2012（5）：341-345.

[33] 段学军，王晓龙，徐昔保，黄群，肖飞，梁双波，张继飞，邹辉. 长江岸线生态保护的重大问题及对策建议[J]. 长江流域资源与环境，2019，28（11）：2641-2648.

[34] 冯潇雅，李惠民，杨秀. 城市适应气候变化行动的国际经验与启示[J]. 生态经济，2016，32（11）：120-124+135.

[35] 付小峰. 淮河流域水环境现状和防治建议[J]. 陕西水利，2019（11）：83-85.

[36] 高永年，高俊峰，陈坰烽，许妍，赵家虎. 太湖流域水生态功能三级分区[J]. 地理研究，2012，31（11）：1941-1951.

[37] 谷孝鸿，曾庆飞，毛志刚，陈辉辉，李红敏. 太湖 2007-2016 十年水环境演变及 "以渔改水" 策略探讨[J]. 湖泊科学，2019，31（02）：305-318.

[38] 广东省发展改革委、经济和信息化委、国土资源厅、环境保护厅、住房城乡建设厅、交通运输厅、水利厅、林业厅. 珠三角城市群绿色低碳发展 2020 年愿景目标[EB/OL]. http://www.gov.cn/xinwen/2017-09/08/content_5223740.htm，2017-09-08.

[39] 广东省发展改革委. 广东省应对气候变化 "十三五" 规划[EB/OL]. http://drc.gd.gov.cn/fzgh5637/content/post_845090.html，2017-09-15.

[40] 广州、珠海、佛山等九市. 珠三角城市群绿色低碳发展深圳宣言[EB/OL]. http://cn.chinagate.cn/news/2015-06/19/content_35866523.htm，2015-06-18.

[41] 郭玉华. 太湖流域跨界水生态现状及演化的原因分析[J]. 生态经济，2009（02）：158-160+164.

[42] 国家统计局. 中国统计年鉴 2019[M]. 北京：中国统计出版社，2019.

[43] 韩乐琼，韩哲，李双林. 不同代表性浓度路径（RCPs）下 21 世纪长江中下游强降水预估[J]. 大

气科学学报，2014，37（05）：529-540.

[44] 贺晓英，贺缠生. 北美五大湖保护管理对鄱阳湖发展之启示[J]. 生态学报，2008，28（12）：6235-6242.

[45] 胡开明，王水，逄勇. 太湖不同湖区底泥悬浮沉降规律研究及内源释放量估算[J]. 湖泊科学，2014，26（2）：191-199.

[46] 季海萍，吴浩云，吴娟. 1986-2017 年太湖出，入湖水量变化分析[J]. 湖泊科学，2019，31（6）：1525-1533.

[47] 贾更华. 日本琵琶湖治理的"五保体系"对我国太湖治理的启示[J]. 水利经济，2004，22（4）：14-16.

[48] 江苏省环境监测中心. 江苏省船舶大气污染物排放研究[R]. 南京：江苏省环境监测中心，2014.12.

[49] 江苏省人民政府办公厅. 江苏省"十三五"能源发展规划[EB/OL]. http：//www.jiangsu.gov.cn/art/2017/5/22/art_46484_2557495.html，2017-05-22.

[50] 江苏省人民政府. 2017-2018 年江苏省低碳发展报告[EB/OL]. http：//www.jiangsu.gov.cn/art/2019/6/20/art_60096_8366404.html，2019-06-20.

[51] 姜允芳，Eckart Lange，石铁矛，李莉. 城市规划应对气候变化的适应发展战略——英国等国的经验[J]. 现代城市研究，2012，27（01）：13-20.

[52] 交通运输部. 2019 年上半年国内沿海货运船舶运力分析报告[EB/OL]. https：//xxgk.mot.gov.cn/2020/jigou/syj/202006/t20200623_3314843.html，2019-09-19.

[53] 交通运输部.2018 年交通运输行业发展统计公报 [EB/OL]. https：//xxgk.mot.gov.cn/2020/jigou/zhghs/202006/t20200630_3321179.html，2019-04-12.

[54] 景守武，张捷. 新安江流域横向生态补偿降低水污染强度了吗？[J]. 中国人口•资源与环境，2018，28（10）：152-159.

[55] 赖文光. 我国集装箱铁水联运发展现状、存在问题及建议[J]. 中国港口，2019（10）：21-25.

[56] 李正泉，肖晶晶，马浩，冯涛. 中国海域近海面风速未来变化降尺度预估[J]. 海洋技术学报，2016，35（06）：10-16.

[57] 凌虹，吴俊锋，周燕，任晓鸣. 江苏省太湖流域化工行业氮磷减排政策调控建议[J]. 环境科技，2014，27（02）：53-57.

[58] 刘春腊，刘卫东，陆大道. 生态补偿的地理学特征及内涵研究. 地理研究，2014,33（5），803-816.

[59] 刘文茹，陈国庆，曲春红，居辉，刘勤.RCP 情景下长江中下游麦稻二熟制气候生产潜力变化特征研究[J]. 生态学报，2018，38（01）：156-166.

[60] 刘晓红，虞锡君. 长三角地区重金属污染特征及防治对策研究[J]. 生态经济，2010（10）：160-162.

[61] 刘志彪，孔令池. 长三角区域一体化发展特征、问题及基本策略[J]. 安徽大学学报（哲学社会科

学版），2019，43（03）：142-152.

[62] 卢沈煜. 引江济太对保障太湖流域供水安全的作用探讨[J]. 工程技术研究，2019（3）：124.

[63] 罗永霞，高波，颜晓元，姜小三，逯超普. 太湖地区农业源对水体氮污染的贡献——以宜溧河流域为例[J]. 农业环境科学学报，2015，34（12）：2318-2326.

[64] 梅青，冯大蔚. 引江济太对保障太湖流域供水安全的作用分析[J]. 中国水利，2015（21）：24-27.

[65] 孟华. 太湖流域水质改善的政策影响因素分析[J]. 福建农林大学学报（哲学社会科学版），2019，22（02）：60-68.

[66] 南京大学，江苏省环境科学研究院，江苏省环境监测中心. 太湖治理总体方案水质目标可达性研究总报告[R].2019 年 11 月.

[67] 倪胜如 总编，安徽统计年鉴，中国统计出版社，2016，年鉴.

[68] 倪中应，石一珺，谢国雄等. 杭州市典型农田土壤镉铜铅汞的化学形态及其污染风险评价[J]. 浙江农业科学，2017（10）.

[69] 牛小丹. 基于上下游合作的跨界河流水环境保护研究[D]. 上海：华东师范大学.2016

[70] 欧阳志云，郑华，岳平. 建立我国生态补偿机制的思路与措施. 生态学报，2013，33（3），686-692.

[71] 潘灶林，黄应邦，吴洽儿，陈余海. 浅谈中国船舶柴油机排放面临的阻碍[J]. 珠江水运，2019（22）：107-109.

[72] 秦伯强，朱广伟，张路，等. 大型浅水湖泊沉积物内源营养盐释放模式及其估算方法——以太湖为例[J]. 中国科学（D 辑：地球科学），2005，35：33-44.

[73] 秦磊. 宁波舟山港江海联运发展展望[J]. 港口经济，2016（12）：18-20.

[74] 任婧宇，赵俊侠，马红斌，彭守璋，李炳垠. 2015-2100 年黄土高原四季气候变化的时空分布趋势预测[J]. 水土保持通报，2019，39（05）：262-271+347-348.

[75] 上海市船舶及港口大气污染排放情况调查[R]. 上海市环境监测中心，同济大学.2014.12.

[76] 上海市人民政府. 上海市节能和应对气候变化"十三五"规划[EB/OL]. https：//www.shanghai.gov.cn/shssswzxgh/20200820/0001-22403_51762.html，2017-03-30.

[77] 上海市应对气候变化及节能减排工作领导小组办公室. 上海市 2018 年节能减排和应对气候变化重点工作安排[EB/OL]. https：//www.cdmfund.org/20559.html，2018-06-05.

[78] 尚钊仪. 平原河网水系连通多尺度评价及调控对策研究[D]. 华东师范大学，2015.

[79] 施加春，刘杏梅，于春兰. 浙北环太湖平原耕地土壤重金属的空间变异特征及其风险评价研究[J]. 土壤学报，2007，44（5）：824-830.

[80] 水利部太湖流域管理局. 太湖健康状况报告 2018[EB/OL]. http：//www.tba.gov.cn/slbthlyglj/thjkzkbg/content/slth1_09f7d6b21629439f9891c7fd70ad49d8.html，2019-12-05.

[81] 水利部太湖流域管理局.2018 太湖流域及东南诸河水资源公报[EB/OL]. http：//www.tba.gov.cn/

slbthlyglj/szygb/content/slth1_7b417848365f411f8f5f0200e3cec1a3.html，2019-08-19.

[82] 水利部太湖流域管理局.2018 太湖流域片水情年报[EB/OL]. http：//www.tba.gov.cn/slbthlyglj/
sqnb/content/slth1_aa64df585842462d8a581a1010c94e98.html，2019-08-20.

[83] 水利部太湖流域管理局. 太湖流域水环境综合治理总体方案（2013 年修编）[EB/OL]. http://www.
tba.gov.cn//slbthlyglj/upload/4c0f0fd9-92cb-4a46-8e44-1357333e18fc.pdf，2014-07-24.

[84] 水利部太湖流域管理局.2018 太湖流域引江济太年报 [EB/OL]. http：//www.tba.gov.cn/
slbthlyglj/yjjtnb/content/slth1_e86d4e29df8e421b8360e551575137be.html，2019-08-14.

[85] 水利部太湖流域管理局. 太湖流域综合规划（2012-2030 年）[EB/OL]. http://www.tba.gov.cn/
slbthlyglj/upload/1b7e982e-bcbc-4c5c-88df-d2a163dc2893.pdf，2017-09-13.

[86] 水专项太湖项目组. 太湖总磷与水华的十年变化及防控对策[R].2019 年 5 月.

[87] 斯文，维·雷，郭建钦. 北美五大湖污染的控制[J]. 水资源保护，1987（04）：90-95.

[88] 苏伟忠，汝静静，杨桂山. 流域尺度土地利用调蓄视角的雨洪管理探析[J]. 地理学报，74（05）：
114-127.

[89] 孙超，毕春娟，陈振楼等. 上海市崇明岛农田土壤重金属的环境质量评价（英文）[J]. Journal of
Geographical Sciences（地理学报（英文版），2010，64（1）：619-628.

[90] 太湖流域管理局水利发展研究中心. 太浦河水质影响因素分析报告[R]. 上海：太湖流域管理局水
利发展研究中心，2015.

[91] 太湖流域水资源保护局. 太浦河水资源保护规划（草稿)[R]. 上海：太湖流域水资源保护局，2016.

[92] 谭东烜. 太湖流域水环境保护利益相关者博弈研究[D]. 南京大学，2016.

[93] 王华，陈华鑫，徐兆安，等.2010-2017 年太湖总磷浓度变化趋势分析及成因探讨[J]. 湖泊科学，
2019，31（4）：919-929.

[94] 王建平，朱章海 主编，上海统计年鉴，中国统计出版社，2016，年鉴.

[95] 王金南，王玉秋，刘桂环，赵越. 国内首个跨省界水环境生态补偿：新安江模式[J].. 环境保护，
2016，44（14）：38-40.

[96] 王磊之，胡庆芳，胡艳，等.1954—2013 年太湖水位特征要素变化及成因分析[J]. 河海大学学报：
自然科学版，2016（1）：13-19.

[97] 王鲁星. 中国船供油行业面临的挑战及前景展望[J]. 国际石油经济，2015，23（11）：62-66.

[98] 王水，胡开明，周家艳. 望虞河引清调水改善太湖水环境定量分析[J]. 长江流域资源与环境，2014，
23（07）：1035-1040.

[99] 王婷，任庚坡. 东京应对气候变化建设低碳城市的进程与启示[J]. 上海节能，2013（04）：32-37.

[100] 邬娜. 基于水生态约束的产业布局优化研究——以太湖流域常州市为例[C]. 中国环境科学学会、
中国环境科学研究院.2016 全国水环境污染控制与生态修复技术高级研讨会论文集. 中国环境科

学学会、中国环境科学研究院：中国环境科学学会，2016：195-199.

[101] 吴建国，徐天莹. 气候变化对河北坝上地区草地土壤风蚀扬尘季节和年排放速率的影响[J]. 气象与环境学报，2019，35（03）：68-78.

[102] 吴晓东，孔繁翔，张晓峰，等. 太湖与巢湖水华蓝藻越冬和春季复苏的比较研究[J]. 环境科学，2008，29（5）：1313-1318.

[103] 谢艾玲，徐枫，向龙，徐彬，林琳琛，王春雷. 环太湖主要入湖河流污染负荷量对太湖水质的影响及趋势分析[J]. 河海大学学报（自然科学版），2017，45（05）：391-397.

[104] 谢德体，张文，曹阳. 北美五大湖区面源污染治理经验与启示[J]. 西南大学学报：自然科学版，2008，30（11）：81-91.

[105] 徐伟伟，胡维平，邓建才，等. 菹草生物量控制对群落中沉水植物生长及水质的影响[J]. 生态环境学报，2015，24（7）：1222-1227.

[106] 徐昔保，杨桂山，江波. 湖泊湿地生态系统服务研究进展. 生态学报，2018，38（20），7149-7158.

[107] 徐昔保，马晓武，杨桂山. 基于生态系统完整性与连通性的生态保护红线优化探讨——以长三角为例. 中国土地科学，2020，34（5）：97-106.

[108] 徐莹，樊燕超 主编，江苏统计年鉴，中国统计出版社，2016.

[109] 许晨，万荣荣，马倩，杨桂山.2017. 太湖西北部湖区入湖河流氮磷水质标准修正方案研究[J]. 长江流域资源与环境，26（08）：1180-1188.

[110] 杨桂山，于秀波. 国外流域综合管理的实践经验[J]. 中国水利，2005（10）：59-61.

[111] 杨楠楠. 长三角地区土壤重金属的空间分异特征及风险评价研究[D]. 山东师范大学，2010.

[112] 易娟，徐枫，高怡，向龙，毛新伟.2007 年以来环太湖 22 条主要河流水质变化及其对太湖的影响. 湖泊科学，2016，28（06）：1167-1174.

[113] 曾爱斌，王春华，阮俊安. 京杭大运河杭州段水质历史分析与污染治理对策[J]. 沈阳农业大学学报，2005（05）：631-633.

[114] 张慧，高吉喜，宫继萍，等. 长三角地区生态环境保护形势、问题与建议[J]. 中国发展，2017，17（2）：3-9.

[115] 张奇谋，王润，姜彤，陈松生.RCPs 情景下汉江流域未来极端降水的模拟与预估[J]. 气候变化研究进展，2020，（3）：278-286.

[116] 张姗姗，刘存丽，张落成. 苏南太湖流域污染企业空间布局演化及未来产业发展方向研究[J]. 经济地理，2018，38（02）：162-171.

[117] 张婉璐. 东京的低碳城市发展：经验与启示[C]. 中国科学技术协会、福建省人民政府. 经济发展方式转变与自主创新——第十二届中国科学技术协会年会（第一卷）. 中国科学技术协会、福建省人民政府：中国科学技术协会学会学术部，2010：1554-1559.

[118] 张宇，谢飞. 太湖流域水生态修复策略探讨[J]. 污染防治技术，2019，32（03）：57-59.

[119] 章强，陈扬，陈舜. 多层级治理视野下中国船舶排放控制区政策研究——以长三角区域核心港口为例[J]. 大连海事大学学报（社会科学版），2017，16（05）：56-61.

[120] 赵东方，车驰东. 船用柴油机废气排放控制法规介绍及应对[J]. 中国水运（下半月），2018，18（12）：30-31+71.

[121] 浙江省人民政府办公厅. 浙江省能源发展"十三五"规划[EB/OL]. https://www.zj.gov.cn/art/2016/9/12/art_1229019365_61536.html，2016-09-12.

[122] 浙江省应对气候变化工作小组办公室.2015 年浙江省低碳发展报告——"十二五"回顾与"十三五"展望[J]. 浙江经济，2016，（12）：21-23.

[123] 浙江省统计局，国家统计局，浙江调查总队.2015 浙江统计年鉴[M]. 北京：中国统计出版社，2016.

[124] 环境保护部机动车排污监控中心. 中国船舶大气污染物排放清单报告[R]. 北京：环境保护部机动车排污监控中心，2016-09.

[125] 钟睿，张晓燕，戴肖云，张建勋. 太浦河界标断面水质达标综合治理对策[J]. 环境监控与预警，2018，10（04）：59-62.

[126] 周宏伟，黄佳聪，高俊峰，闫人华，彭焱梅，曹菊萍，尚钊仪. 太湖流域太浦河周边区域突发水污染潜在风险评估[J]. 湖泊科学，2019，31（03）：646-655.

[127] 周松，肖友洪，朱元清. 内燃机排放与污染控制[M]. 北京：北京航空航天大学出版社，2010：179.

[128] 朱广伟，秦伯强，高光. 强弱风浪扰动下太湖的营养盐垂向分布特征[J]. 水科学进展，2004，15（6）：775-780.

[129] 朱广伟，秦伯强，张运林，等.2005-2017 年北部太湖水体叶绿素 a 和营养盐变化及影响因素[J]. 湖泊科学，2018，30（2）：279-295.

[130] 朱广伟，邹伟，国超旋，等. 太湖水体磷浓度与赋存量长期变化（2005-2018 年）及其对未来磷控制目标管理的启示[J]. 湖泊科学，2020，32（1）：21-35.

[131] 朱广伟，邹伟，国超旋，秦伯强，张运林，许海，朱梦圆. 太湖水体磷浓度与赋存量长期变化（2005-2018 年）及其对未来磷控制目标管理的启示[J]. 湖泊科学，2020，32（01）：21-35.

[132] 朱玫. 太湖流域治理十年回顾与展望[J]. 环境保护，2017，45（24）：34-38.

[133] 邹辉，段学军. 长江沿江地区化工产业空间格局演化及影响因素[J]. 地理研究，2019，38（04）：884-897.